高等院校规划教材

房屋构造

FANGWU GOUZAO

■ 李东锋　王文杰　周慧芳　主　编
■ 曹艳霞　唐志宇　陈永杰　副主编

化学工业出版社
·北京·

"房屋构造"是土木建筑类专业的一门专业基础课程。本书是高校土木建筑类房屋构造课程的教学用书，结合建筑行业对高校技术应用型人才的要求编写，详细介绍了概述，基础与地下室，墙体，楼地层及阳台、雨篷，楼梯与电梯，窗和门，变形缝，屋顶，工业建筑等9个章节的内容。

　　本书适合高等院校土木建筑专业师生使用，也可作为相关专业培训教材及参考书。

图书在版编目（CIP）数据

　　房屋构造/李东锋，王文杰，周慧芳主编. —北京：化学工业出版社，2014.1（2018.2重印）

　　高等院校规划教材

　　ISBN 978-7-122-19269-1

　　Ⅰ.①房…　Ⅱ.①李…②王…③周…　Ⅲ.①房屋结构-高等职业教育-教材　Ⅳ.①TU22

　　中国版本图书馆CIP数据核字（2013）第298048号

责任编辑：吕佳丽　　　　　　　　　　　　装帧设计：韩　飞

责任校对：宋　夏

出版发行：化学工业出版社（北京市东城区青年湖南街13号　邮政编码100011）

印　　装：三河市延风印装有限公司

787mm×1092mm　1/16　印张14　字数363千字　2018年2月北京第1版第3次印刷

购书咨询：010-64518888（传真：010-64519686）　　售后服务：010-64518899

网　　址：http://www.cip.com.cn

凡购买本书，如有缺损质量问题，本社销售中心负责调换。

定　　价：29.80元

版权所有　违者必究

本书编写人员名单

主　　编　李东锋　王文杰　周慧芳

副 主 编　曹艳霞　唐志宇　陈永杰

编写人员　李东锋　王文杰　周慧芳　曹艳霞　唐志宇　陈永杰

　　　　　葛文慧　王小强　戴斌成

前　言

　　"房屋构造"是土木建筑类专业的一门专业基础课程，本书结合建筑行业对高校技术应用型人才的要求编写，科学处理知识、能力、素质三者之间的关系，以求基础理论以够用为度，加强学生专业技能的训练和培养。

　　本书主要内容包括概述，基础与地下室，墙体，楼地层及阳台、雨篷，楼梯与电梯，窗和门，变形缝，屋顶，工业建筑9个章节的内容。

　　其中，第1章由江苏建筑职业技术学院周慧芳编写，第2章由广东工程职业技术学院王文杰编写，第3章由桂林航天工业学院唐志宇编写，第4章由山西职业技术学院曹艳霞编写，第5、6章由广东工程职业技术学院陈永杰、戴斌成编写，第7、8章由广东工程职业技术学院李东锋编写，第9章由山西职业技术学院葛文慧编写。全书由李东锋统稿，赵冬教授审稿。

　　由于编者水平所限，书中如有不足之处敬请使用本书的师生与读者批评指正，以便修订时加以改进。如读者在使用本书的过程中有其他意见或建议，恳请向编者（winterman2544@sina.com）提出宝贵意见。

广东工程职业技术学院　李东锋

CONTENTS

目 录

1 概述 ………………………………………………………………… 1

1.1 房屋构造研究的对象 ………………………………………… 2
1.2 民用建筑的构造组成及作用 ………………………………… 2
1.3 民用建筑的分类和分级 ……………………………………… 4
　1.3.1 民用建筑的分类 ………………………………………… 4
　1.3.2 民用建筑的分级 ………………………………………… 4
1.4 建筑标准化和模数协调 ……………………………………… 7
　1.4.1 设计标准化 ……………………………………………… 7
　1.4.2 建筑模数协调 …………………………………………… 7
1.5 定位轴线 ……………………………………………………… 10
　1.5.1 墙体的平面定位轴线 …………………………………… 10
　1.5.2 建筑构件的竖向定位 …………………………………… 12
　1.5.3 框架结构的定位轴线 …………………………………… 13
1.6 影响建筑构造的因素及设计原则 …………………………… 14
　1.6.1 影响建筑构造的因素 …………………………………… 14
　1.6.2 建筑构造设计的基本原则 ……………………………… 15

2 基础与地下室 ……………………………………………………… 17

2.1 地基与基础的概念 …………………………………………… 18
　2.1.1 地基与基础的概念 ……………………………………… 18
　2.1.2 地基与基础设计原则 …………………………………… 19
2.2 基础的埋置深度及影响因素 ………………………………… 19
　2.2.1 基础的埋置深度的定义 ………………………………… 19
　2.2.2 影响基础埋深的因素 …………………………………… 20
2.3 地基与基础的构造与分类 …………………………………… 21
　2.3.1 地基土的分类及特性 …………………………………… 21
　2.3.2 基础的类型 ……………………………………………… 22
2.4 地下室构造 …………………………………………………… 29
　2.4.1 地下室的分类 …………………………………………… 30
　2.4.2 地下室的构造组成 ……………………………………… 30
　2.4.3 地下室的防潮、防水构造 ……………………………… 32

3 墙体 40

3.1 墙体的类型及设计要求 41
  3.1.1 墙体的类型 41
  3.1.2 墙体的作用 42
  3.1.3 墙体的设计要求 43
3.2 砌体墙细部构造 47
  3.2.1 砌体墙材料 47
  3.2.2 砖墙的砌筑原则 50
  3.2.3 砖墙的细部构造 51
3.3 隔墙的基本构造 60
  3.3.1 块材隔墙 60
  3.3.2 轻骨架隔墙 63
  3.3.3 轻质板材隔墙 66

4 楼地层及阳台、雨篷 71

4.1 楼地层概述 71
  4.1.1 楼地层的作用及构造层次 71
  4.1.2 楼板的类型 72
  4.1.3 楼板层的设计要求 73
4.2 钢筋混凝土楼板 74
  4.2.1 现浇钢筋混凝土楼板 74
  4.2.2 预制装配式钢筋混凝土楼板 77
  4.2.3 装配整体式钢筋混凝土楼板 81
4.3 楼地面防水、隔声构造 83
  4.3.1 楼地面防潮防水构造 83
  4.3.2 楼地面的隔声处理 84
4.4 阳台与雨篷 85
  4.4.1 阳台 85
  4.4.2 雨篷 89

5 楼梯与电梯 92

5.1 楼梯的组成及形式 93
  5.1.1 楼梯的组成 93
  5.1.2 楼梯的形式 93
  5.1.3 楼梯的尺度 95
5.2 钢筋混凝土楼梯 98
  5.2.1 现浇式钢筋混凝土楼梯 98
  5.2.2 预制装配式钢筋混凝土楼梯 99
5.3 楼梯设计 103

5.4 楼梯的细部构造 …………………………………………………… 104
　5.4.1 踏步面层及防滑处理 ……………………………………… 104
　5.4.2 楼梯栏杆扶手 ……………………………………………… 105
5.5 台阶与坡道 …………………………………………………… 108
　5.5.1 室外台阶 …………………………………………………… 108
　5.5.2 坡道 ………………………………………………………… 108
5.6 电梯与自动扶梯 ……………………………………………… 110
　5.6.1 电梯 ………………………………………………………… 110
　5.6.2 自动扶梯 …………………………………………………… 113

6 窗和门 …………………………………………………………… **116**

6.1 窗的构造 ……………………………………………………… 117
　6.1.1 窗的形式 …………………………………………………… 117
　6.1.2 窗的尺度 …………………………………………………… 118
　6.1.3 窗的材料 …………………………………………………… 118
　6.1.4 窗的设置要求 ……………………………………………… 118
　6.1.5 木窗的组成和尺度 ………………………………………… 118
6.2 门的构造 ……………………………………………………… 122
　6.2.1 门的功能 …………………………………………………… 122
　6.2.2 门的形式 …………………………………………………… 123
　6.2.3 门的材料及技术用途 ……………………………………… 124
　6.2.4 门的尺度 …………………………………………………… 125
　6.2.5 平开木门的组成和尺度 …………………………………… 125

7 变形缝 …………………………………………………………… **130**

7.1 伸缩缝 ………………………………………………………… 131
7.2 沉降缝 ………………………………………………………… 132
7.3 防震缝 ………………………………………………………… 132
7.4 变形缝的构造 ………………………………………………… 133
　7.4.1 墙体变形缝 ………………………………………………… 133
　7.4.2 楼地层变形缝 ……………………………………………… 134
　7.4.3 屋顶变形缝 ………………………………………………… 135
　7.4.4 基础变形缝 ………………………………………………… 136

8 屋顶 …………………………………………………………………… **138**

8.1 概述 …………………………………………………………… 139
　8.1.1 屋顶的设计要求 …………………………………………… 139
　8.1.2 屋顶的类型 ………………………………………………… 139
　8.1.3 屋面防水及防水等级 ……………………………………… 140
　8.1.4 屋顶排水设计 ……………………………………………… 141

8.2　平屋顶构造 ··· 145
　8.2.1　刚性防水屋面 ·· 145
　8.2.2　柔性防水屋面 ·· 150
　8.2.3　涂膜防水屋面 ·· 155
　8.2.4　平屋顶的保温与隔热 ·································· 157
8.3　坡屋顶构造 ··· 162
　8.3.1　坡屋顶的承重结构 ···································· 162
　8.3.2　坡屋顶的面材 ·· 164
　8.3.3　坡屋顶的屋面细部构造 ································ 165
　8.3.4　坡屋顶的保温与隔热 ·································· 167

9　工业建筑 ·· 170

9.1　工业建筑的特点与分类 ······································ 171
　9.1.1　工业建筑的特点 ······································ 171
　9.1.2　工业建筑的分类 ······································ 171
9.2　单层工业建筑构造 ·· 172
　9.2.1　单层工业建筑的组成 ·································· 172
　9.2.2　单层工业建筑的结构类型和选择 ······················ 173
　9.2.3　单层工业厂房定位轴线 ································ 175
　9.2.4　基础、基础梁及柱 ···································· 181
　9.2.5　吊车梁、连系梁、圈梁 ································ 185
　9.2.6　外墙构造 ·· 188
　9.2.7　屋面及天窗构造 ······································ 193
　9.2.8　侧窗、大门构造 ······································ 206
　9.2.9　地面及其他节点构造 ·································· 208

参考文献 ·· 216

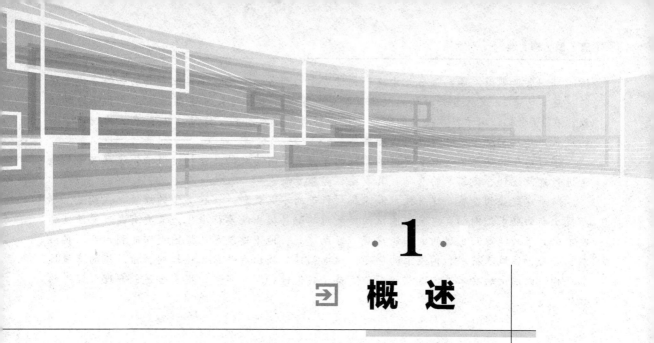

·1· 概 述

🎯 教学目标

　　掌握建筑的主要分类和等级划分，理解建筑模数的概念并了解模数的基本应用，了解建筑物的构造组成及其作用，熟练掌握影响建筑构造的主要因素及建筑构造的设计原则。

📑 教学要求

知识要点	能力要求	相关知识	所占分值（100分）	自评分数
建筑的分类和等级	掌握建筑的主要分类和等级划分	建筑使用功能、建筑力学、建筑防火规范	20	
建筑模数	1. 了解建筑工业化概念； 2. 掌握建筑模数概念和应用	建筑行业相关知识、建筑工业化、建筑制图	20	
建筑的构造组成	1. 了解建筑物的构造组成； 2. 了解建筑各构造组成部分的作用	建筑使用功能、建筑材料	20	
影响建筑构造的因素	熟练掌握影响建筑构造的主要因素	建筑力学中荷载的概念、建筑的使用功能	30	
建筑构造的设计原则	掌握建筑构造设计的原则	建筑方针和行业相关知识	10	

👥 章节导读

　　中国先秦典籍《周礼·考工记》对当时营造宫室的屋顶、墙、基础和门窗的构造已经有了记述。唐代的《大唐六典》、宋代的《木经》和《营造法式》、明代的《鲁班经》和清代的清工部《营造则例》等，都有关于建筑构造方面的内容。公元前1世纪罗马的维特鲁威著述的《建筑十书》、文艺复兴时期的《建筑四论》等著作均有对当时建筑结构体系和构造的记载。在19世纪，由于科学技术的进步，建筑材料、建筑结构、建筑施工和建筑物理等学科的成长，建筑构造学科也得到充实和发展。

学习房屋的建筑构造就是要通过系统的学习去了解房屋的具体构造做法。了解房屋构造是进行建筑设计、施工等的基础，其重要性毋庸置疑。

随着建筑业的发展，建筑技术和建筑材料等的不断更新，各种类型的建筑都在构造上不断提出新的要求。例如，建筑工业化的发展对构配件提出既要标准化，又要有高度灵活性的要求；为节约能源而出现的太阳能建筑、绿色建筑、地下建筑等，提出太阳能利用和深层防水、导光、通风等技术和构造上的问题；核电站建筑提出有关防止核辐射、核污染的建筑技术及构造做法上的要求等，这些问题都有待于我们进行深入研究，提出合适、合理、经济的做法。

1.1 房屋构造研究的对象

建筑构造是研究建筑物各组成的构造原理和构造方法的学科，具有实践性强和综合性强的特点，在内容上对实践经验的高度概括，涉及建筑材料、建筑物理、建筑力学、建筑构造、建筑施工以及建筑经济等有关方面的知识。

解剖一座建筑物，不难发现它是由许多部分构成的，这些构成部分在建筑工程上被称为构件或配件。房屋构造是一门综合多方面的技术知识，根据多种客观因素，以选材、选型、工艺、安装为依据，研究各种构、配件及其细部构造的合理性（包括适用、安全、经济、美观），以及能更有效地满足建筑使用功能的理论。

1.2 民用建筑的构造组成及作用

一幢建筑，一般由基础、墙或柱、楼地层、楼梯、屋顶和门窗等六大部分所组成，如图1-1所示。

（1）基础　基础是建筑物最下部承重构件，其作用是承受建筑物的全部荷载，并将这些荷载传给地基。因此，基础必须具有足够的强度，并能抵御地下各种有害因素的侵蚀。

（2）墙体、柱　墙体分为承重墙和非承重墙。承重墙承受着自重及建筑物由屋顶或楼板传来的荷载，并将这些荷载传给基础。非承重墙只能承受其自重，主要起围护和分隔空间的作用。因此，墙体需要具有足够的强度、稳定性、保温、隔热、防水、防火、耐久及经济等性能。

柱是建筑结构的主要承重构件，承受屋顶和楼板传来的荷载，因此必须具有足够的强度和刚度。

（3）楼地层　楼板层由结构层和装饰层构成。楼板是建筑水平方向的承重构件，按房间层高，整幢建筑物沿水平方向分为若干层；楼板承重家具、设备和人体荷载以及本身的自重，并将这些荷载传给墙或柱，同时对墙体起着水平支撑的作用。因此要求楼板应具有足够的抗弯强度、刚度和隔声能力，厕浴间等有水侵蚀的房间楼板层要具备防水、

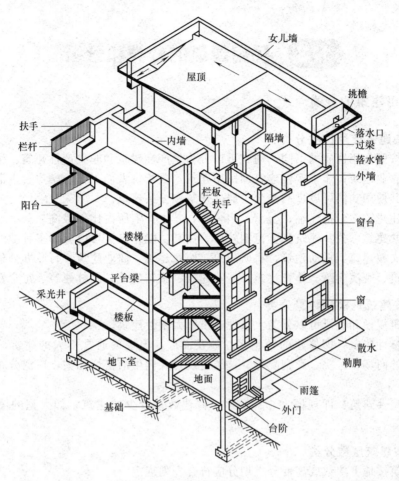

图 1-1　建筑的构造组成

防潮能力。

　　地坪层是建筑底层房间与下部土层相接触的部分，它承担着底层房间的地面荷载。地坪要具备耐磨、防潮、防水和保温的性能。

　　(4) 楼梯　楼梯是建筑的垂直交通设施，供人们上下楼层和紧急疏散之用。因此楼梯应具有足够的通行能力，并且要防滑、防水。现在很多建筑物因为交通或舒适的需要安装了电梯，但同时也必须有楼梯作交通和防水疏散之用。

　　(5) 屋顶　屋顶具有承重和围护双重功能，要能抵御风、霜、雨、雪、冰雹等的侵蚀和太阳辐射热的影响，能承受自重与雪荷载及施工、检修等屋顶荷载，并将这些荷载传给墙或柱。屋顶形式主要有平顶、坡顶和其他形式。屋顶应具有足够的强度、刚度及防水、保温、隔热等能力。

　　(6) 门与窗　门与窗均属非承重构件。按照材质不同可分为木门窗、塑钢门窗、铝合金门窗等。门主要供人们内外交通和分隔房间用，窗主要起通风、采光、分隔、眺望等作用。处于外墙上的门窗又是围护构件的一部分，要满足保温、隔热等要求；某些特殊要求房间的门、窗还应具有隔声、防火的能力。

　　一幢建筑物除了上述六大基本组成部分以外，对不同使用功能的建筑物，还有许多特有的构件和配件，如阳台、雨篷、台阶等。

民用建筑的分类和分级

1.3.1 民用建筑的分类

1.3.1.1 按建筑使用性质分类

建筑物按照使用性质的不同，通常可以分为生产性建筑和非生产性建筑。生产性建筑指工业建筑和农业建筑；非生产性建筑即民用建筑，是指供人们工作、学习、生活、居住的建筑物，根据其使用功能可以进一步分为居住建筑和公共建筑。

（1）居住建筑　包括住宅、公寓、宿舍等，其中住宅所占比例最高。

（2）公共建筑　公共建筑涵盖范围较广，按其功能特点又可以分为多种类型，如生活服务性建筑、文教建筑、托幼建筑、科研建筑、医疗建筑、商业建筑、行政办公建筑、交通建筑、通信建筑、观演建筑、体育建筑、展览建筑、旅馆建筑、园林建筑、纪念性建筑等。

1.3.1.2 按建筑规模和数量分类

按照建筑规模和数量可以分为大量性建筑和大型性建筑。

（1）大量性建筑：即修建的数量多、涉及面广，但规模通常不大的建筑，如住宅、学校、中小型的商场、医院、影剧院等。这类建筑与人们生活密切相关，广泛分布在大中小城市及村镇。

（2）大型性建筑：即规模大、耗资多、修建数量较少的建筑，如大型的体育馆、航空站、火车站等。

1.3.1.3 按建筑层数分类

民用建筑按地上层数或高度分类划分应符合下列规定。

（1）住宅建筑按层数分类：一层至三层为低层住宅，四层至六层为多层住宅，七层至九层为中高层住宅，十层及十层以上为高层住宅。

（2）除住宅建筑之外的民用建筑，高度不大于24m者为单层和多层建筑，大于24m者为高层建筑（不包括建筑高度大于24m的单层公共建筑）。

（3）建筑高度大于100m的民用建筑为超高层建筑。

1.3.2 民用建筑的分级

民用建筑根据建筑物设计使用年限、防火性能、规模大小和重要性不同来划分等级。

1.3.2.1 按建筑的设计使用年限

根据国家标准《民用建筑设计通则》（GB 50352—2005），民用建筑的设计使用年限应符合表1-1的规定。

表1-1　设计使用年限分类

类别	设计使用年限/年	示　例
1	5	临时性建筑
2	25	易于替换结构构件的建筑
3	50	普通建筑和构筑物
4	100	纪念性建筑和特别重要的建筑

1.3.2.2 按建筑的重要性和规模分级

按照《民用建筑工程设计收费标准》的规定，我国目前将各类民用建筑按照其重要性、规模、复杂程度等不同划分为特级、一级、二级、三级、四级、五级，共六个级别。具体划分见表1-2。

表1-2 民用建筑工程等级

工程等级	工程主要特征	工程范围举例
特级	1. 列为国家重点项目或以国际活动为主的特高级大型公共建筑 2. 有全国性历史意义或技术要求特别复杂的中小型公共建筑 3. 30层以上建筑 4. 高大空间有声、光等特殊要求的建筑物	国宾馆、国家大会堂、国际会议中心、国际体育中心、国际贸易中心、国际大型空港、国际综合俱乐部、重要历史纪念建筑、国家级图书馆、博物馆、美术馆、剧院、音乐厅；三级以上人防
一级	1. 高级大型公共建筑 2. 有地区性历史意义或技术要求复杂的中小型公共建筑 3. 16层以上29层以下或超过50m高的公共建筑	高级宾馆、旅游宾馆、高级招待所、别墅、省级展览馆、博物馆、图书馆、科学实验研究楼（包括高等院校）、高级会堂、高级俱乐部。不小于300床位医院、疗养院、医疗技术楼、大型门诊楼、大中型体育馆、室内游泳馆、室内滑冰馆、大城市火车站、航运站、候机楼、摄影棚、邮电通信楼、综合商业大楼、高级餐厅；四级人防、五级平战结合人防
二级	1. 中高级、大中型公共建筑 2. 技术要求较高的中小型建筑 3. 16层以上29层以下住宅	大专院校教学楼、档案楼、礼堂、电影院、部、委省级机关办公楼、300床位以下医院、疗养院、地市级图书馆、文化馆、少年宫、俱乐部、排演厅、报告厅、风雨操场、大中城市汽车客运站、中等城市火车站、邮电局、多层综合商场、风味餐厅、高级小住宅等
三级	1. 中级、中型公共建筑 2. 7层以上（包括7层）15层以下有电梯住宅或框架结构的建筑	重点中学、中等专科学校、教学、试验楼、电教楼、社会旅馆、饭馆、招待所、浴室、邮电所、门诊部、百货大楼、托儿所、幼儿园、综合服务楼、一二层商场、多层食堂、小型车站等
四级	1. 一般中小型公共建筑 2. 7层以下无电梯的住宅，宿舍及砖混结构建筑	一般办公楼、中小学教学楼、单层食堂、单层汽车库、消防车库、消防站、蔬菜门市步、粮站、杂货店、阅览室、理发室、水冲式公共厕所等
五级	一、二层单功能，一般小跨度结构建筑	同特征

1.3.2.3 按建筑物的防火性能分级

我国的《建筑设计防火规范》（GB 50016—2006）、《高层民用建筑设计防火规范》（GB 50045—1995，2005年版），根据建筑材料和构件的燃烧性能及耐火极限，把建筑的耐火等级分为四级。

（1）燃烧性能 建筑构件的燃烧性能分为三类：非燃烧体、难燃烧体和燃烧体。

非燃烧体：是指用非燃烧材料做成的构件，在空气中受到火烧或高温作用时不起火、不微燃、不炭化的材料，如天然石材、人工石材、金属材料等。

难燃烧体：指用不易燃烧的材料做成的建筑构件，或者用燃烧材料做成但用非燃烧材料作为保护层的构件，如沥青混凝土构件、木板条抹灰等。

注：不易燃烧材料是指在空气中受到火烧或高温作用时难起火、难燃烧、难炭化，当火源移走后燃烧或微燃立即停止的材料。

燃烧体：指用容易燃烧的材料做成的建筑构件，在空气中受到火烧或高温作用时立即起火或燃烧，且火源移走后继续燃烧或微燃的材料，如木材、纸板、胶合板等。

（2）耐火极限 建筑构件的耐火极限是指对任何一种建筑构件按时间-温度标准曲线进行耐火试验，从受到火的作用时起，到失去支承能力（木结构），或完整性被破坏（砖混结构），或失去隔火作用（钢结构）时为止的这段时间，用小时表示。现行《建筑设计防火规范》、《高层民用建筑设计防火规范》规定，不同耐火等级建筑物主要构件的燃烧性能和耐火极限不应低于表 1-3 和表 1-4 的规定。

表 1-3　建筑构件的燃烧性能和耐火极限（普通建筑）

燃烧性能和耐火极限		耐火等级			
构件名称		一级	二级	三级	四级
墙	防火墙	非燃烧体 4.00	非燃烧体 4.00	非燃烧体 4.00	非燃烧体 4.00
	承重墙,楼梯间、电梯井的墙	非燃烧体 3.00	非燃烧体 2.50	非燃烧体 2.50	非燃烧体 0.50
	非承重墙、疏散走道两侧的隔墙	非燃烧体 1.00	非燃烧体 1.00	非燃烧体 0.50	非燃烧体 0.25
	房间隔墙	非燃烧体 0.70	非燃烧体 0.50	非燃烧体 0.50	非燃烧体 0.25
柱	支承多层的柱	非燃烧体 3.00	非燃烧体 2.50	非燃烧体 2.50	非燃烧体 0.05
	支承单层的柱	非燃烧体 2.50	非燃烧体 2.00	非燃烧体 2.00	燃烧体
梁		非燃烧体 2.00	非燃烧体 1.50	非燃烧体 1.00	难燃烧体 0.50
楼板		非燃烧体 1.50	非燃烧体 1.00	非燃烧体 0.50	难燃烧体 0.25
屋顶承重构件		非燃烧体 1.50	非燃烧体 0.50	燃烧体	燃烧体
疏散楼梯		非燃烧体 1.50	非燃烧体 1.00	非燃烧体 1.00	燃烧体
吊顶(包括吊顶隔栅)		非燃烧体 0.25	难燃烧体 0.25	难燃烧体 0.25	燃烧体

表 1-4　建筑构件的燃烧性能和耐火极限（高层建筑）

燃烧性能和耐火极限/h	耐火等级	
构件名称	一级	二级
墙 防火墙	不燃烧体 3.00	不燃烧体 3.00
承重墙,楼梯间、电梯井和住宅单元之间的墙	不燃烧体 2.00	不燃烧体 2.00
非承重外墙、疏散走道两侧的隔墙	不燃烧体 1.00	不燃烧体 1.00
房间隔墙	不燃烧体 0.75	不燃烧体 0.50
柱	不燃烧体 3.00	不燃烧体 2.50
梁	不燃烧体 2.00	不燃烧体 1.50
楼板、疏散楼梯、屋顶承重构件	不燃烧体 1.50	不燃烧体 1.00
吊顶	不燃烧体 0.25	不燃烧体 0.25

知识提示

（1）失去支持能力。指构件在受到火焰或高温作用下，由于构件材质性能的变化，使承载能力和刚度降低，不能承受原设计的荷载而破坏。例如受火作用后的钢筋混凝土梁失去支承能力，钢柱失稳破坏；非承重构件自身解体或垮塌等，均属失去支持能力。

（2）完整性被破坏。指薄壁分隔构件在火中高温作用下形成穿透裂缝或孔洞，火焰穿过构件，使其背面可燃物燃烧起火，发生爆裂或局部塌落。例如受火作用后的板条抹灰墙，内部可燃板条先行自燃，一定时间后，背火面的抹灰层龟裂脱落，引起燃烧起火；预应力钢筋混凝土楼板使钢筋失去预应力，发生炸裂，出现孔洞，使火苗蹿到上层房间。

（3）失去隔火作用。指具有分隔作用的构件，背火面任一点的温度达到220℃时，构件失去隔火作用。例如，一些燃点较低的可燃物（纤维系列的棉花、纸张、化纤品等）烤焦后导致起火。

1.4　建筑标准化和模数协调

建筑业是我国国民经济的支柱产业之一，迫切需要提高建筑业的生产效率，逐步改变目前建筑业劳动力密集、手工作业的落后局面，实现建筑工业化。建筑工业化的内容包括：设计标准化、构配件生产工厂化、施工机械化。设计标准化是实现其余两个方面目标的前提，只有实现了设计标准化，才能够简化建筑构配件的规格类型，为工厂生产商品化的建筑构配件创造基础条件，为建筑产业化、机械化施工打下基础。

1.4.1　设计标准化

设计标准化主要包括两个方面：首先是应制定各种法规、规范、标准和指标，使设计有章可循；其次是在诸如住宅等大量性建筑的设计中推行标准化设计。设计标准化设计者根据工程的具体情况选择国家或地区通用的标准图集，避免无谓的重复劳动。构件生产厂家和施工单位也可以根据标准构配件的应用情况组织生产和施工，形成规模效益，提高生产效率。

实行建筑标准化，可以有效地减少建筑构配件的规格，在不同的建筑中采用标准构配件，进而提高施工效率，保证施工质量，降低造价。

1.4.2　建筑模数协调

由于建筑设计单位、施工单位、构配件生产厂家往往是各自独立的企业，为协调建筑设计、施工及构配件生产之间的尺度关系，以达到简化构件类型、降低建筑造价、保证建筑质量、提高施工效率的目的，我国制定有《建筑模数协调统一标准》（GBJ 2—86），用以约束和协调建筑的尺度关系。

建筑模数是建筑设计中选定的标准尺寸单位。它是建筑物、建筑构配件、建筑制品以及有关设备尺寸相互间协调的基础。

（1）基本模数　基本模数是模数协调中选用的基本单位，其数值为100mm，符号为M，即1M＝100mm。建筑物和建筑构件以及建筑组合件的模数化尺寸，应是基本模数的倍数。

（2）导出模数　由于建筑中需要用模数协调的各部位尺度相差较大，仅仅靠基本模数不能满足尺度的协调要求，因此在基本模数的基础上又发展了相互之间存在内在联系的导出模数。导出模数包括扩大模数和分模数。

①扩大模数：水平扩大模数基数为3M、6M、12M、15M、30M、60M，其相应的尺寸分别为300mm、600mm、1200mm、1500mm、3000mm、6000mm；竖向扩大模数的基数为3M与6M，其相应的尺寸为300mm和600mm。

②分模数：分模数基数为1/10M、1/5M、1/2M，其相应的尺寸为10mm、20mm、50mm。

（3）模数数列及应用　模数数列是以选定的模数基数为基础而展开的模数系统，它可以保证不同建筑及其组成部分之间尺度的统一协调，有效减少建筑尺寸的种类，并确保尺寸具有合理的灵活性。建筑物的所有尺寸除特殊情况之外，均应满足模数数列的要求。表1-5为我国现行的模数数列。

表1-5　模数数列表

基本模数	扩大模数						分模数		
1M	3M	6M	12M	15M	30M	60M	1/10M	1/5M	1/2M
100	300						10		
200	600	600					20	20	
300	900						30		
400	1200	1200	1200				40	40	
500	1500			1500			50		50
600	1800	1800					60	60	
700	2100						70		
800	2400	2400	2400				80	80	
900	2700						90		
1000	3000	3000		3000	3000		100	100	100
1100	3300						110		
1200	3600	3600	3600				120	120	
1300	3900						130		
1400	4200	4200					140	140	
1500	4500			4500			150		150
1600	4800	4800	4800				160	160	
1700	5100						170		
1800	5400	5400					180	180	
1900	5700						190		
2000	6000	6000	6000	6000	6000	6000	200	200	200
2100	6300							220	
2200	6600		6600					240	
2300	6900								250
2400	7200	7200	7200					260	
2500	7500			7500				280	

续表

基本模数	扩大模数				分模数	
2600	7800				300	300
2700	8400				320	
2800	9000		9000	9000	340	
2900	9600	9600				350
3000			10500		360	
3100		10800			380	
3200		12000	12000	12000	12000	400	400
3300			15000			450
3400			18000	18000	500	
3500			21000			550
3600				24000	24000	600
主要用于建筑物层高、门窗洞口和构配件截面	1. 主要用于建筑物的开间或柱距、进深或跨度、层高、构配件截面尺寸和门窗洞口等处； 2. 扩大模数 30M 数列按 3000mm 进级，其幅度可增至 360M；60M 数列按 6000mm 进级，其幅度可增至 360M				1. 主要用于缝隙、构造节点和构配件截面等处； 2. 分模数 1/2M 数列按 50mm 进级，其幅度可增至 10M	

 知识拓展

（1）几种尺寸　为了保证建筑制品、构配件等有关尺寸间的统一与协调，《建筑模数协调统一标准》规定，在建筑模数协调中尺寸分别为标志尺寸、构造尺寸、实际尺寸。

（2）标志尺寸　用以标注建筑物定位轴线之间的距离（如跨度、柱距、层高），以及建筑制品、构配件、有关设备位置界限之间的尺寸。标志尺寸应符合模数数列的规定。

（3）构造尺寸　是建筑制品构配件等生产的设计尺寸。一般情况下，构造尺寸加上缝隙尺寸等于标志尺寸。缝隙尺寸的大小，也应符合模数数列的规定。

（4）实际尺寸　是建筑制品、建筑构配件等的生产实有尺寸。实际尺寸与构造尺寸之间的差数（误差），不同尺度和精度要求的制品与构配件各应由其允许偏差值加以限制。

标志尺寸、构造尺寸和缝隙尺寸之间的关系，如图 1-2 所示。

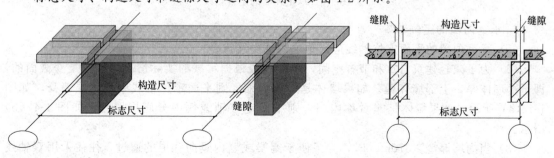

图 1-2　标志尺寸和构造尺寸的关系

1.5 定位轴线

定位轴线是用来确定建筑物主要结构构件位置及其标志尺寸的基准线，同时也是施工放线的基线，用于平面时称为平面定位轴线；用于竖向时称为竖向定位轴线。

以下主要介绍砖混结构的定位轴线，其他结构建筑的定位轴线也可以此为参考。

1.5.1 墙体的平面定位轴线

1. 承重外墙的定位轴线

（1）当底层墙体与顶层墙体厚度相同时，平面定位轴线与外墙内缘距离为120mm，如图1-3（a）所示。

（2）当底层墙体与顶层墙体厚度不同时，平面定位轴线与顶层外墙内缘距离为120mm，如图1-3（b）所示。

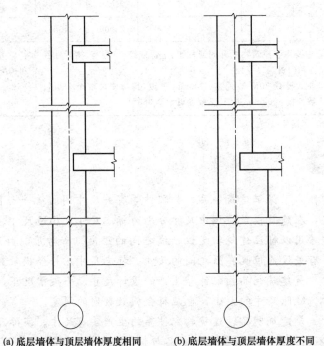

(a) 底层墙体与顶层墙体厚度相同   (b) 底层墙体与顶层墙体厚度不同

图1-3 承重外墙的定位轴线

2. 承重内墙的定位轴线

（1）承重内墙的平面定位轴线应与顶层内墙中线重合。

（2）为了减轻建筑自重和节省空间，承重内墙根据承载的实际情况，往往是变截面的，即下部墙体厚，上部墙体薄。如果墙体是对称内缩，则平面定位轴线中分底层墙身，如图1-4（a）所示。如果墙体是非对称内缩，则平面定位轴线偏中分底层墙身，如图1-4（b）所示。

（3）当内墙厚度≥370mm时，为了便于圈梁或墙内竖向孔道的通过，往往采用双轴线形式，如图1-4（c）所示。有时根据建筑空间的要求，把平面定位轴线设在距离内墙某一外缘120mm处，如图1-4（d）所示。

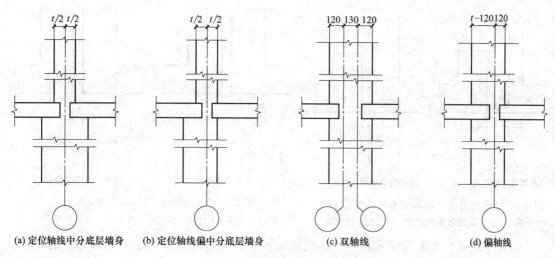

(a) 定位轴线中分底层墙身　(b) 定位轴线偏中分底层墙身　　(c) 双轴线　　　　(d) 偏轴线

图 1-4　承重内墙的定位轴线

t—顶层砖墙厚度

（4）带壁柱外墙的墙身内缘与平面定位轴线相重合或距墙身内缘 120mm 处与平面定位轴线相重合，如图 1-5 所示。

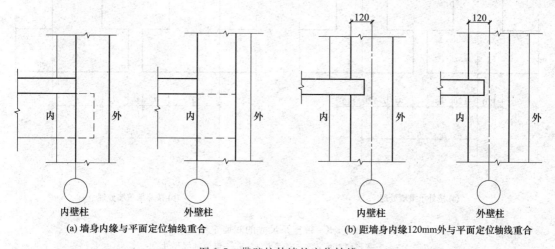

内壁柱　　　　　　外壁柱　　　　　　　　　内壁柱　　　　　　外壁柱

(a) 墙身内缘与平面定位轴线重合　　　　　(b) 距墙身内缘120mm外与平面定位轴线重合

图 1-5　带壁柱外墙的定位轴线

3. 非承重墙的定位轴线

由于非承重墙没有支承上部水平承重构件的任务，因此平面定位轴线的定位就比较灵活。非承重墙除了可按承重墙定位轴线进行定位之外，还可以使墙身内缘与平面定位轴线相重合。

4. 变形缝处的定位轴线

（1）变形缝一侧为墙体一侧墙垛时，墙垛的外缘应与平面定位轴线重合。墙体是承重外墙时，平面定位轴线距顶层墙内缘 120mm，如图 1-6（a）所示；墙体是非承重墙时，则平面定位轴线应与顶层墙内缘重合，如图 1-6（b）所示。

（2）变形缝两侧为墙体时：如两侧墙体均为承重墙，平面定位轴线应分别设在距顶层墙体内缘 120mm 处，如图 1-7（a）所示；如果两侧墙体均为非承重墙，平面定位轴线应分别与顶层墙体内缘重合，如图 1-7（b）所示。

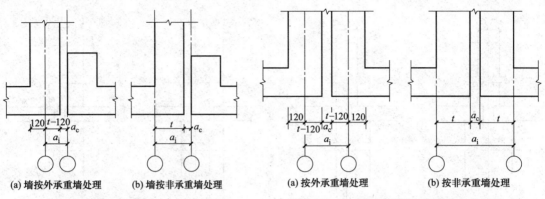

(a) 墙按外承重墙处理	(b) 墙按非承重墙处理

图 1-6 变形缝外墙与墙垛交界处的定位轴线
t—墙厚；a_i—定位轴线间尺寸；a_c—变形缝宽度

(a) 按外承重墙处理	(b) 按非承重墙处理

图 1-7 变形缝处两侧为墙体的定位轴线
t—墙厚；a_i—定位轴线间尺寸；a_c—变形缝宽度

（3）带连系尺寸的双墙定位：当两侧墙按承重墙处理时，顶层定位轴线均应距墙内缘 120mm；当两侧墙按非承重墙处理时，定位轴线均应与墙内缘重合，如图 1-8 所示。

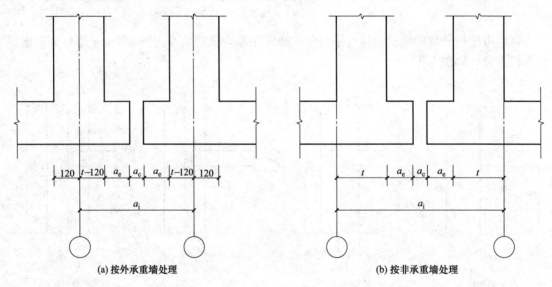

(a) 按外承重墙处理	(b) 按非承重墙处理

图 1-8 带连系尺寸的双墙定位
a_c—变形缝宽度；a_e—连系尺寸；a_i—定位轴线尺寸

5. 建筑高低层分界处的墙体定位轴线

（1）建筑高低层分界处不设变形缝时，应按高层部分承重外墙定位轴线处理，平面定位轴线应距墙体内缘 120mm，并与底层定位轴线相重合，如图 1-9 所示。

（2）建筑高低层分界处设变形缝时，应按变形缝处墙体平面定位处理。

1.5.2 建筑构件的竖向定位

（1）楼地面竖向定位应与楼（地）面面层上表面重合，即用建筑标高标注，如图 1-10 所示。

（2）门窗洞口的竖向定位与洞口结构层表面重合，为结构标高，如图 1-10 所示。

（3）屋面的竖向定位应为屋面结构层上表面与距墙内缘 120mm 处或与墙内缘重合处的外墙定位轴线相交处，即用结构标高标注，如图 1-11 所示。

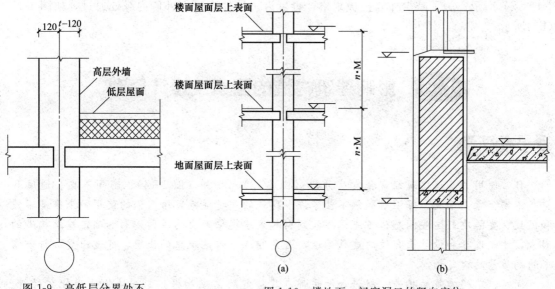

图 1-9 高低层分界处不
设变形缝时定位

图 1-10 楼地面、门窗洞口的竖向定位

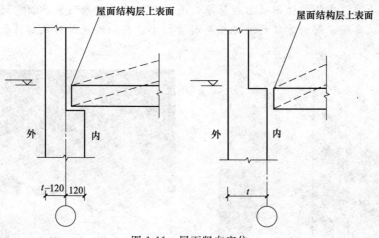

图 1-11 屋面竖向定位

1.5.3 框架结构的定位轴线

框架结构中间柱的定位轴线一般与顶层柱中心重合。边柱定位轴线除可同中柱外，如图

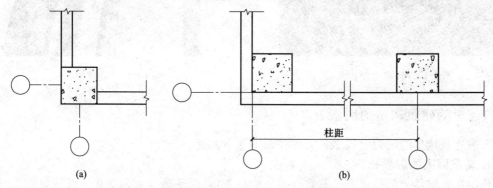

图 1-12 框架结构边柱的定位轴线

1-12（a）所示；为了减少外墙挂板规格，也可沿边柱外表面即外墙内缘处通过，如图 1-12（b）所示。

1.6 影响建筑构造的因素及设计原则

 引例

日常使用的房屋建筑经常会发生开裂（图 1-13）、渗漏（图 1-14）、密闭不良、通风和排气不畅、噪声干扰、保温或隔热不佳等许多建筑的质量通病，给人们的使用带来很多不便和困扰。要解决好这些问题，首先就要找到引起这些现象产生的原因、影响确定建筑构造的因素，才能选择和设计出合适的建筑构造，避免和减少这些现象的出现，建造出更加符合需求的高质量的建筑物。

同时，不同建筑的构造、材料和做法都有其特定的需求和根据，如墙体使用什么材料、墙厚多少、如何饰面、要不要敷设其他材料组合等，不仅关系到该墙体承受荷载的大小和性质，还关系到地域、建筑的使用功能和标准，关系到构造的复杂程度和材料的成本等等许多因素，因此要认真研究影响建筑构造的相关因素，才能在构造设计时找到符合要求且经济可行的构造方法。

图 1-13 外墙大面积开裂

图 1-14 墙体渗漏

1.6.1 影响建筑构造的因素

影响建筑构造的因素有很多，大体有以下几个方面。

1. 荷载因素的影响

作用在建筑物上的荷载有恒荷载（如结构自重），活荷载（如风荷载、雪荷载等），偶然

荷载（如爆炸力、撞击力等）三类，在确定建筑物构造的方案时，必须考虑荷载因素的影响。

2. 环境因素的影响

环境因素包括自然因素和人为因素。自然因素的影响是指风吹、日晒、雨淋、积雪、冰冻、地下水、地震等因素给建筑物带来的影响。为了防止自然因素对建筑的破坏，在构造设计时，必须采用相应的防潮、防水、保温、隔热、防温度变形、防震等构造措施。

人为因素的影响是指火灾、噪声、化学腐蚀、机械摩擦与振动等因素对建筑物的影响。在构造设计时，必须采用相应的保护措施。

3. 技术因素的影响

建筑技术主要是指建造房屋的手段，应包括建筑的结构技术、材料技术、设备及施工技术。建筑构造措施的具体实施一定会受到以上因素的影响，由于建筑材料、建筑结构技术、建筑施工技术的不断发展和进步，建筑构造技术也不断发展、日益丰富，例如索膜、索穹顶、张拉膜等新型空间结构，涂膜防水屋面，太阳能电池板，风力涡轮发电，水回收循环系统等。可以看出，建筑构造应不断适应新的建筑技术条件，因而在构造设计中要以构造原理为基础，在利用原有的、标准的、典型的建筑构造的同时，不断发展或创造新的构造方案。

4. 建筑标准的影响

建筑标准一般包括造价标准、设备标准等方面。标准高的建筑耐久等级高，装修质量好，设备齐全、档次较高，但是造价也相对较高，反之则低。不难看出，建筑构造方案的选择与建筑标准密切相关。一般情况下，大量性民用建筑多属于一般标准的建筑，构造的做法也多为成规做法。而大型公共建筑，标准要求较高，构造做法复杂，对美观方面的考虑比较多。

1.6.2　建筑构造设计的基本原则

(1) 满足建筑使用功能的要求　由于建筑物使用性质和所处条件、环境的不同，对建筑构造设计的要求亦不同。如北方的建筑在冬季要求能保温，南方的建筑则要求能够通风、隔热；对要求有良好声环境的建筑物，如影剧院等建筑，需要考虑吸声、隔声等。总之，为了满足使用功能要求，在建筑构造设计时，必须综合有关技术知识进行合理设计，以便选择经济合理的构造方案。

(2) 有利于结构安全　除按荷载大小及结构要求确定的基本断面尺寸外，对一些零部件的设计，如阳台、栏杆、顶棚、门窗与墙体的连接及抗震加固等构造设计，都必须保证建筑物在使用时的安全。

(3) 技术先进　在进行建筑构造设计时，应大力改进传统的建筑方式，从材料、结构、施工等方面引入先进技术，选用各种新型建筑材料，采用标准设计和定型构件，为构配件的生产工厂化、现场施工机械化创造有利条件。

(4) 讲求建筑经济的综合效益　各种构件设计，均要注重整体建筑物的经济、社会和环境的综合效益。在经济上注重节约建筑构件，降低材料的能源消耗，尤其是要注意节约钢材、水泥、木材三大材料，在保证质量的前提下尽可能降低造价。

(5) 注意美观　建筑物的形象除了适宜的体型组合和立面外，一些建筑细部的构造设计对整体美观也有很大影响。总之，在构造设计中，应全面考虑坚固适用、技术先进、经济合理、美观大方的原则。

本章小结

1. 建筑物通常按使用功能分为民用建筑、工业建筑和农业建筑；按建筑的规模和数量分为大量性建筑和大型性建筑；按层数分为低层、多层、高层建筑。

2. 民用建筑根据建筑物设计使用年限、防火性能、规模大小和重要性不同来划分等级。

3. 建筑工业化的内容是：设计标准化、构配件生产工厂化、施工机械化。

4. 建筑模数是指选定的尺寸单位，作为尺度协调中的增值单位。基本模数的数值规定为100mm，符号表示为 M，即 1M＝100mm。导出模数分为扩大模数和分模数。其中扩大模数的基数为 3M、6M、12M、15M、30M、60M；分模数的基数为 M/10、M/5、M/2。模数数列是指以选定的模数基数为基础展开的数值序列。

5. 在建筑模数协调中几种尺寸分别为标志尺寸、构造尺寸、实际尺寸。定位轴线是确定主要承重构件的位置及其标志尺寸的基线，是施工定位放线的主要依据。定位轴线分水平定位轴线和竖向定位轴线，其中水平定位轴线又分为横向定位轴线和纵向定位轴线。

6. 一般民用建筑是由基础、墙或柱、楼地层、楼梯、屋顶、门窗等六大主要部分组成的。

7. 影响建筑构造的主要因素，可分为外界环境的影响、建筑技术条件的影响和经济条件的影响三个方面。其中外界环境因素又分房屋结构上的作用、气候条件的影响、人为因素的影响三部分。房屋结构上的作用，是指使结构产生效应（结构或构件的内力、应力、位移、应变、裂缝等）的各种因素的总称，包括直接作用和间接作用。

8. 建筑构造设计是房屋建筑构造内容的重要组成部分，建筑构造设计必须最大限度地满足建筑物的使用功能，这也是整个设计的根本目的。建筑构造的设计应遵循：结构安全、技术先进、经济合理、美观大方的原则。

 复习思考题

1. 建筑物按使用功能（用途）如何分类？

2. 建筑物按设计使用年限如何分类？

3. 建筑物的耐火等级分为几级？什么是建筑构件的燃烧性能和耐火极限？

4. 什么是建筑工业化？实行建筑模数协调统一标准的意义何在？

5. 什么是建筑模数、基本模数、扩大模数和分模数？什么是模数数列？掌握各数列的适用范围。

6. 建筑模数协调中有哪三种尺寸？几种尺寸的关系如何？

7. 什么是定位轴线？定位轴线有哪几种形式？砖混结构的墙身定位轴线如何划分？

8. 建筑物有哪些基本组成部分？它们的主要作用是什么？

9. 影响建筑构造的主要因素有哪些？房屋结构上的作用具体有哪些形式？

10. 建筑构造的设计原则是什么？

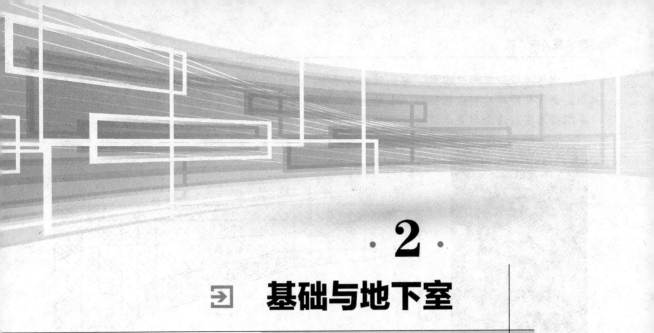

·2· 基础与地下室

➡

教学目标

了解建筑物地基与基础在工程中的重要性，熟练掌握地基及基础的相关概念，熟练掌握基础的主要分类和构造形式，熟悉基础的埋置深度及影响因素，掌握地下室的防潮、防水措施。

教学要求

知识要点	能力要求	相关知识	所占分值 （100分）	自评 分数
地基与基础概念	掌握地基与基础的概念	建筑地基、建筑力学、建筑防火规范	20	
基础的分类与构造	1. 了解建筑工业化概念； 2. 掌握建筑模数概念和应用	建筑行业相关知识、建筑工业化、建筑制图	40	
基础设计注意事项	掌握基础设计注意的问题	基础验槽时局部软弱地基时的处理、浅基础不同埋深的处理、管道穿越基础时的处理措施	20	
基础埋置深度	1. 了解基础埋置深度的影响因素； 2. 了解建筑各构造组成部分的作用	建筑使用功能、建筑材料	20	

章节导读

虎丘塔位于苏州市西北虎丘公园山顶，原名云岩寺塔，落成于宋太祖建隆二年（公元961年），距今已有1000多年悠久历史。全塔七层，高47.5m。塔的平面呈八角形，由外壁、回廊与塔心三部分组成。虎丘塔全部砖砌，外形完全模仿楼阁式木塔，每层都有八个壶门，拐角处的砖特制成圆弧形，十分美观，在建筑艺术上是一个创造。1961年3月4日国务院将此塔列为全国重点文物保护单位。如图2-1所示。

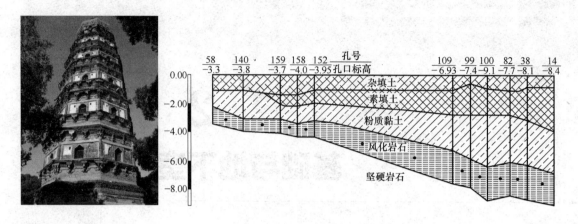

图 2-1　苏州虎丘塔

据考证，虎丘塔自建造时即产生不均匀沉降并导致塔身向北倾斜，后经多次修复，均不能改变不均匀沉降和倾斜的发展。20世纪80年代，政府组织力量对塔身进行了全面加固，基本控制塔身的倾斜和沉降。

究其沉降的原因，经勘探发现，该塔位于倾斜基岩上，覆盖层一边深3.8m，另一边为5.8m。由于在一千余年前建造该塔时没有采用扩大基础，直接将塔身落于地基上，造成了不均匀沉降，引起塔身倾斜，危及安全。

2.1　地基与基础的概念

2.1.1　地基与基础的概念

万丈高楼平地起，一切建筑物均以地球为依托。无论建筑物的使用要求、荷载条件如何，其所有的荷载最后均由其下的地层来承担，如图2-2所示。

基础位于建筑物的最下部，承受上部传来的所有荷载，并把这些荷载传给地基。基础是房屋的主要受力构件，其构造要求是坚固，稳定，耐久，能经受冰冻、地下水及所含化学物质的侵蚀，保持足够的使用年限。

（1）地基：是支承基础的土体或岩体。地基承受建筑物荷载而产生的应力和应变随着土层的深度增加而减小，在达到一定深度以后可以忽略不计。

（2）基础：是将结构所承受的各种荷载传递到地基上的结构组成部分，是建筑物的重要组成部分。

（3）持力层：地基中直接承受建筑物荷载的地层。

（4）下卧层：持力层以下的土层。

（5）地基承载力：地基在建筑物荷载作用下能承受荷载的能力，并且要保证在防止整体破坏方面有足够的安全储备。

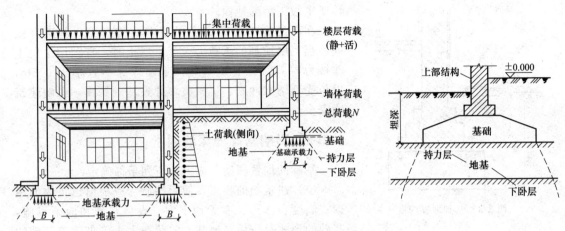

图 2-2　地基、基础与荷载的传递

2.1.2　地基与基础设计原则

根据建筑物地基基础设计等级及长期荷载作用下地基变形对上部结构的影响程度，地基基础设计应符合下列规定：

（1）地基承载力要求　建筑物的建造地址尽可能选在地基土的允许承载力较高且分布均匀的地段，如岩石地基等，应优先考虑天然地基。所有建筑物的地基计算均应满足承载力计算的有关规定。

（2）地基变形要求　允许地基有均匀的压缩量，保证均匀下沉。若地基土质不均匀，地基处理不当，将会使建筑物发生不均匀沉降，引起墙身开裂，影响建筑物使用。

（3）地基稳定要求　要求地基有防止滑坡、倾斜方面的能力。必要时（比如有较大高差），应加设挡土墙，防止滑坡变形的出现。对经常受水平荷载作用的高层建筑、高耸结构和挡土墙等，以及建造在斜坡上或边坡附近的建筑物和构筑物，尚应验算其稳定性。基坑工程应进行稳定验算。

（4）基础强度与耐久性的要求　基础是建筑物的重要承重构件，对整个建筑的安全起保证作用，因此，基础所用的材料必须有足够的强度，才能保证基础能够承担建筑物的荷载并传递给地基。另外，基础是埋在地下的隐蔽工程，在土中受潮、浸水，建成后检查和加固都很困难，所以选择基础的材料和构造形式要与上部结构的耐久性相适应。

（5）基础工程经济问题　基础工程约占建筑总造价的 $10\% \sim 40\%$，降低基础工程的投资是降低工程总投资的重要一环。因此，在设计中应选择较好的土质地段，对需要特殊处理的地基尽量选用恰当的形式和构造方法，从而节约工程投资。

2.2　基础的埋置深度及影响因素

2.2.1　基础的埋置深度的定义

建筑物基础的埋置深度，一般是指设计室外地面至基础底面的垂直距离，如图 2-3 所示。

室外地面分为自然地面和设计地面。自然地面是指施工场地自然地面，设计地面是指设

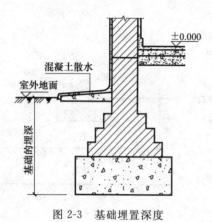

图 2-3　基础埋置深度

计要求竣工后的地面。

在满足地基稳定和变形要求的前提下，基础宜浅埋，当上层地基的承载力大于下层土时，宜利用上层土作持力层。除岩石地基外，基础埋深不宜小于 0.5m，以免受到雨水冲刷、机械破坏导致基础暴露，影响建筑物安全。

2.2.2　影响基础埋深的因素

基础的埋置深度，应该按下列条件确定：

（1）建筑物的特点及使用性质　应根据建筑物的用途、高度和体形，有无地下室、设备基础和地下设施，基础的形式及作用在地基上的荷载大小等来确定基础的埋置深度。

一般来说，高层建筑筏形和箱形基础的埋置深度应满足地基承载力、变形和稳定性要求。在抗震设防区，除岩石地基外，天然地基上的箱形和筏形基础其埋置深度不宜小于建筑物高度的 1/15；桩箱或桩筏基础的埋置深度（不计桩长）不宜小于建筑物高度的 1/20～1/18。

（2）工程地质条件的影响　当地基的土层较好，承载力高，基础可以浅埋，但是不宜浅于 0.5m。如果地基土质差，承载能力较低，应将基础埋置于合适的土层上，或采用地基加固的方法进行处理。

（3）水文地质条件的影响　地基土含水量对基础的影响体现在两个方面：一方面，含水量的大小影响地基土的承载力；另一方面，地下水里侵蚀性物质对基础会产生腐蚀。另外，对于某些特殊种类的土质，如高岭土等，遇水膨胀严重，影响地基安全。

当地下水位较高时，基础宜埋置在地下水位以上；当基础必须埋在地下水位以下时，应采取一定的防水防腐蚀措施，且宜将基础埋置于最低水位线以下至少 200mm，不应使基础底面处于地下水位的变化范围之内，如图 2-4 所示。同时，地下水位以下的基础及地下室应验算地下水浮力的影响。

（4）相邻建筑物基础埋深的影响　当存在相邻建筑物时，新建筑物的基础埋深不宜大于原有建筑物的基础埋深。当埋深大于原有建筑物基础时，两基础之间应保持一定距离，其数值应根据荷载大小、土质情况而定，一般取相邻基础底面高差的 1～2 倍，如图 2-5 所示。若

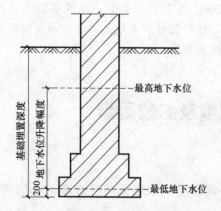

图 2-4　基础埋深与地下水位关系

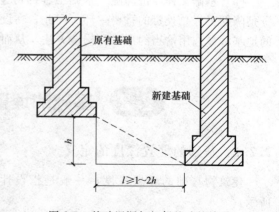

图 2-5　基础埋深与相邻基础的关系

其间距不满足，也可采取加固原有建筑物地基或分段施工、设临时加固支撑、地下连续墙等施工措施。

（5）地基土冻胀和融陷的影响　地面以下冻结土和非冻结土的分界线称为冰冻线，冰冻线的深度称为冻结深度，主要由当地气候决定。由于各地的气温不同，冻结深度也不同。

如果基础位于冰冻线以上，当土壤冻结时，冻胀力可以将房屋拱起，融化后又会引起房屋下沉。由于土中各处冻结和融化并不均匀，建筑物会产生变形，如墙身开裂、门窗变形等建筑病害。

土壤冻胀现象及其严重程度与地基土颗粒粗细、含水量、地下水位的高低等因素有关。碎石、卵石、粗砂、中砂等土壤颗粒较粗，地下水的毛细作用不明显，地基冻而不胀，此类土壤可不考虑冻胀的影响。粉砂、粉质黏土土壤颗粒细，毛细作用明显，应考虑冻胀的影响。因此基础底面必须设置于冰冻线以下 200mm，如图 2-6 所示。

（6）设备管线对建筑物基础的影响　当设备管线（如给水管、燃气管等）穿越条形基础时，如从基础墙上穿过，可在墙上留洞；如从基础放大脚穿过，则应将此段放大脚相应深埋。为防止建筑物沉降压断管道，管顶与预留洞上部应留有不小于建筑物最大沉降量的距离，一般不小于 150mm。如图 2-7 所示。

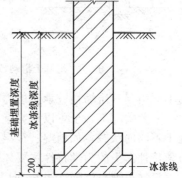

图 2-6　基础埋深和冰冻线关系

图 2-7　预留管道套管

另外还要注意，位于岩石地基上的高层建筑，其基础埋深应满足抗滑要求。当基础埋置在不易风化的岩层上，施工时应在基坑开挖后立即铺筑垫层。

2.3　地基与基础的构造与分类

2.3.1　地基土的分类及特性

地基承受荷载的能力有一定的限度，将地基上每平方米承受的最大压力，称为地基的允许承载力。当基础对地基的压力超过允许的承载力时，地基将出现较大的沉降变形，甚至地基土会滑动挤出而破坏。如图 2-8、图 2-9 所示。

地基承载力的大小主要根据地基本身岩土的力学特性确定。《建筑地基基础设计规范》（GB 50007—2011）中规定，作为建筑地基的岩土，可分为岩石、碎石土、砂土、粉土、黏性土和人工填土。每种类型的土，同类型、不同场地的土也因为组成成分、密度和含水量等

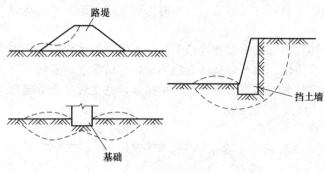

图 2-8　地基土滑动破坏示意 图 2-9　美国纽约某水泥仓库案例

的不同引起其压缩性、承载能力等力学性质的不同。

一般情况下，土可以认为是由固体颗粒、水和空气三部分组成。这三部分的比例反映土处于不同的状态，如稍湿、很湿、密实、松散等。土的三个组成部分的比例决定了地基土的力学特性。土的力学特性主要体现在：

（1）压缩与沉降　土在受压之后，将由于颗粒间的孔隙减少而产生垂直方向的沉降变形，称为土的压缩。地基在建筑物荷载的作用下，由于地基的压缩，使建筑物发生沉降。地基应具有能承担建筑物荷载的足够强度，同时保证在荷载作用下不会产生过大的变形，使土的压缩沉降控制在允许值范围内，并保证在地基稳定条件下使建筑物获得均匀沉降。

（2）抗剪与滑坡　土的抗剪强度是指土对应于剪应力的极限抵抗强度，即一部分土对另一部分土产生相对侧向位移时的抵抗能力。作为建筑地基，不允许因剪力而产生滑动变形。

（3）土中水及其对地基的影响　土中水对地基的工程影响很大，含水量是判断黏性土在天然状态下的状态和性质的重要指标，含水量的多少直接影响地基承载力。

一些可溶性岩石，在地下水作用下易形成溶洞，造成地面变形，水的渗漏对建筑物影响大。地下水含有的各种化学成分对混凝土、可溶性石材、管道及钢铁材料等都有侵蚀性。

根据建筑物上部荷载情况及地基的力学性质，地基分为天然地基和人工地基两大类。

（1）天然地基　天然地基指天然土层本身就具有足够的承载力，不需经人工改良或者加固即可以直接在上面建造房屋。如岩石、碎石土、砂土、黏性土等，一般均可以作为天然地基。

（2）人工地基　人工地基指天然土层的承载力较差或者虽然土层较好，但其上部荷载较大，不能在这样的土层上直接建造基础，必须对其进行人工加固以提高承载力。

人工地基常见的处理方法有：换土法、压实法、挤密法等。

2.3.2　基础的类型

2.3.2.1　按基础埋置深度划分

根据基础埋置深度的不同，基础可以分为浅基础和深基础。一般情况下，基础埋置深度不超过 5m 时，采用浅基础；超过 5m 时，要求采用深基础。

2.3.2.2　按所用材料及受力特点划分

基础应具有承受荷载、抵抗变形和适应环境（地下水侵蚀和低温冻胀等）的能力，即要求基础具有足够的强度、刚度和耐久性。选择基础材料，首先要满足这些技术要求，并与上部结构相适应。常用的基础材料有砖、毛石、灰土、三合土、混凝土和钢筋混凝土等。

基础按使用材料及其受力特点可分为无筋扩展基础（刚性基础）和扩展基础（柔性基础）。

1. 无筋扩展基础（刚性基础）

指用砖、毛石、混凝土、灰土和三合土等材料组成的，不需要配置钢筋的墙下条形基础或柱下独立基础，如图 2-10 所示。无筋扩展基础常用于建筑物荷载较小，地基承载力较好，压缩性较小的地基上。适用于多层民用建筑和轻型厂房。

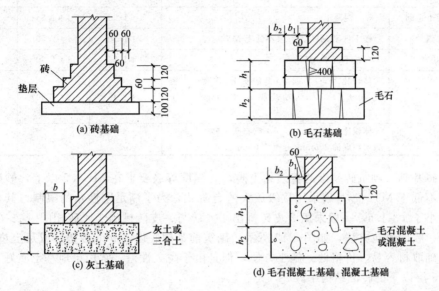

图 2-10　无筋扩展基础

由于刚性材料抗压强度大而抗拉强度小，所以此类基础只适合于受压而不适合于受弯、受拉、受剪。基础的剖面尺寸必须满足刚性角的要求。

【知识提示】

基础放大脚：由于地基承载力的限制，上部结构通过基础将其荷载传给地基时，为了使其单位面积上所传递的荷载满足地基承载力的要求，以台阶的形式逐渐扩大其传力面积，台阶称为基础放大脚。

刚性角：根据实验得知，刚性材料建成的基础在传力时只能在材料的允许范围内控制，这个控制范围的夹角称为刚性角，以 α 表示，控制基础挑出长度 b 与 H 之比（宽高比），如图 2-11 所示。

在刚性角范围内，基础底面不会产生拉应力，基础不会破坏。刚性基础宽度的增大受刚性角的限制，不同材料的刚性角见表 2-1。

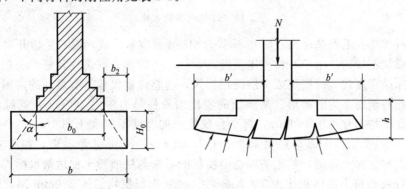

图 2-11　刚性基础的受力、传力特点

表 2-1　无筋扩展基础台阶宽高比的允许值

基础材料	质 量 要 求	台阶宽高比的允许值		
		$P_k \leqslant 100$	$100 < P_k \leqslant 200$	$200 < P_k \leqslant 300$
混凝土基础	C15 混凝土	1：1.00	1：1.00	1：1.25
毛石混凝土基础	C15 混凝土	1：1.00	1：1.25	1：1.50
砖基础	砖不低于 MU10，砂浆不低于 M5	1：1.50	1：1.50	1：1.50
毛石基础	砂浆不低于 M5	1：1.25	1：1.50	—
灰土基础	体积比为 3：7 或 2：8 的灰土，其最小干密度：粉土 1.55t/m³，粉质黏土 1.50t/m³，黏土 1.45t/m³	1：1.25	1：1.50	—
三合土基础	体积比 1：2：4～1：3：6（石灰：砂：骨料），每层约虚铺 220mm，夯至 150mm	1：1.50	1：2.00	—

（1）砖基础　砌筑砖基础的普通黏土砖，其强度等级要求在 MU7.5 以上，砂浆的强度等级一般不低于 M5。砖基础采用逐级放大的台阶式，为了满足刚性角的限制，其台阶的宽高比不应小于 1：1.5，一般采用 2 皮砖挑出 1/4 砖与一皮砖挑出 1/4 砖相间（二一间隔收）或者一皮一收的砌筑方法，如图 2-12 所示。砌筑前基槽底设 20mm 砂垫层或灰土垫层。

砖基础取材容易、价格低、施工方便，但是由于耐久性差，常用于地基土质好、地下水位较低、5 层以下的砖混结构中。

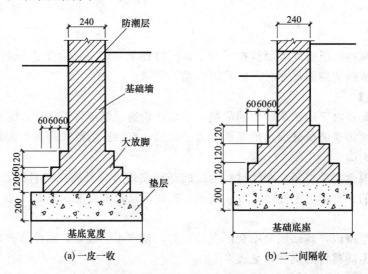

图 2-12　砖基础构造大样

（2）毛石基础　毛石基础由石材和不小于 M5 砂浆砌筑而成，毛石是指开采未经加工成形的石块，形状不规则。由于石材抗压强度高，抗冻、防水、耐腐性较好，一般可用于地下水位较高、冻结深度较大的底层或多层民用建筑，但整体性欠佳，有震动的房屋很少采用。

毛石基础的剖面多为阶梯形。基础顶面要比墙或柱每边多出 100mm，基础的宽度、每台阶挑出的高度均不宜小于 400mm，每个台阶挑出的宽度不应大于 200mm，台阶高宽比应小于 1：1.5～1：1.25，当基础底面宽度小于 700m 时，可做成矩形截面，如图 2-13 所示。

（3）灰土与三合土基础　灰土基础是由粉状的石灰与松散粉土加适量水搅拌而成。用于灰土基础的石灰和粉土的体积比为 3：7 或 4：6，灰土每层均需铺 220mm 厚，夯实后厚度为 150mm。由于灰土的抗冻、耐水性差，灰土基础适用于地下水位较低的低层建筑。

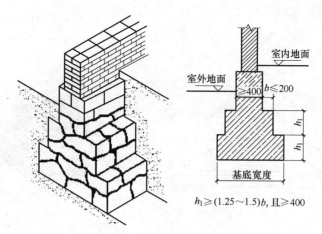

图 2-13　毛石基础构造示意图

$h_1 \geqslant (1.25 \sim 1.5)b$，且 $\geqslant 400$

三合土是指用石灰、砂、骨料（碎石、碎砖和矿渣），按体积比 $1:3:6$ 或 $1:2:4$ 加水拌和而成，三合土基础总厚度 H_0 大于 $300\mathrm{mm}$，宽度大于 $600\mathrm{mm}$。三合土基础用于南方地区，适用于 4 层以下的建筑。与灰土基础一样，应埋在地下水位以上，顶面应在冰冻线以下。灰土、三合土基础，如图 2-14 所示。

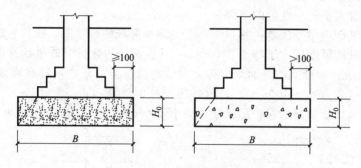

图 2-14　灰土、三合土基础

（4）混凝土基础　混凝土基础具有坚固、耐久、耐腐蚀、耐水好等特点，与前几种基础相比刚性角较大，可用于地下水位较高和有冰冻的地方。由于混凝土可塑性强，基础断面形式可做成矩形、阶梯形和锥形等。为了方便施工，当基础宽度小于 $350\mathrm{mm}$ 时，多做成矩形；当基础宽度大于 $350\mathrm{mm}$ 时，多做成阶梯形；当基础底面宽度大于 $2000\mathrm{mm}$ 时，可做成锥形，以节约混凝土，减轻自重，降低造价。如图 2-15 所示。

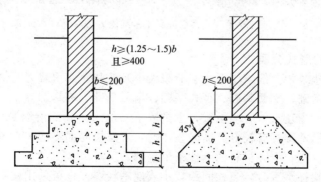

图 2-15　混凝土基础构造示意图

2. 扩展基础（柔性基础）

扩展基础指钢筋混凝土基础，如图 2-16 所示。

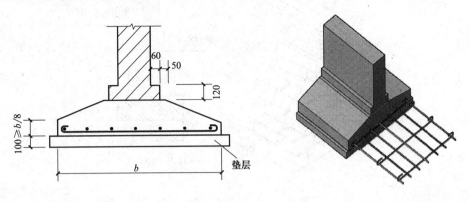

图 2-16　扩展基础（钢筋混凝土条形基础）

当建筑物的荷载较大、地基承载力较小时，基础底面 b 必须加宽。如果仍采用砖、混凝土等刚性材料做基础，势必加大基础的深度，增加土方量和材料的用量，非常不经济。可以在混凝土基础的下部配以钢筋，利用钢筋来承受拉应力，使基础底部能承受较大的弯矩，这时，基础宽度的加大不受刚性角的限制。

钢筋混凝土基础应尽量浅埋，相当于一个受均布荷载的悬臂梁，所以它的基础高度向外逐渐减小，最薄处的厚度应大于等于 2100mm，受力钢筋的数量应通过计算确定，但钢筋的直径不宜小于 8mm。为使基础底面均匀传递对地基的压力，常在基础底面采用 C15 的混凝土做垫层，其厚度宜为 60～100mm，如图 2-16、图 2-17 所示。

基础钢筋距离垫层顶面的保护层厚度不宜小于 40mm。

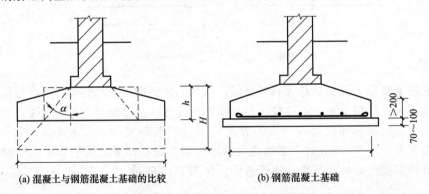

(a) 混凝土与钢筋混凝土基础的比较　　　　(b) 钢筋混凝土基础

图 2-17　钢筋混凝土基础受力特点

2.3.2.3　按基础的形式分类

基础形式根据建筑物上部结构形式、荷载大小及地基允许承载力的情况确定，常见的分为条形基础、独立基础、交叉基础、筏式基础、箱形基础、桩基础等。

（1）条形基础　当建筑物为墙承重，承重墙下一般采用基础沿墙身设置的长条形基础，称为条形基础。条形基础具有较好的纵向整体性，可减缓局部不均匀下沉。一般中小型建筑常采用砖、混凝土、三合土等材料的刚性条形基础。

当建筑物为框架柱承重时，若柱间距较小或地基较弱，也可采用柱下条形基础，将柱下的基础连接在一起，使建筑物具有良好的整体性。柱下条形基础还可以有效防止不均匀沉降，如图 2-18 所示。

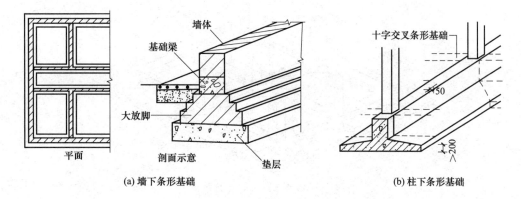

图 2-18　条形基础

（2）独立基础　当建筑物上部采用框架结构或单层排架结构承重，且柱间距较大时，基础常采用方形或者矩形的单独基础，这种基础称为独立基础。独立基础是柱下基础的基本形式，常用的断面形式有阶梯形、锥形、杯形等，如图 2-19 所示。

独立基础的优点是可减少土方量，便于管道穿过，节约材料。独立基础之间无构件连接，整体性差，适用于土质均匀、荷载均匀的框架结构建筑。当柱采用预制构件时，基础做成杯口形，柱插入杯口并嵌固在杯口内。

（3）交叉基础　当地质条件较差或上部荷载较大时，为了提高框架结构建筑的整体刚度，避免不均匀沉降，常将独立基础横向、纵向都连接起来，形成十字交叉基础。如图 2-20 所示。

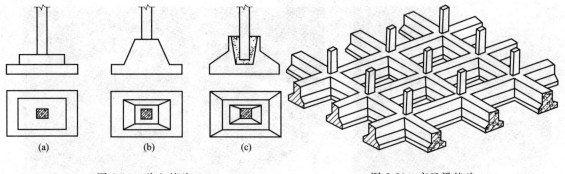

图 2-19　独立基础　　　　　　　　图 2-20　交叉梁基础

（4）筏板基础　当上部荷载较大、地基承载力较低，采用简单的条形基础或者交叉基础不能满足要求时，常将墙或柱下基础连成一片，用整片的筏板来承受建筑物的荷载，称为筏板基础。筏形基础有平板和梁式板两种，如图 2-21 所示。

（5）箱形基础　当地基条件较差、建筑物的荷载很大或荷载分布不均而对沉降要求严格时，也可以采用箱形基础。箱形基础是由底板、顶板、侧墙及一定数量的内墙构成的刚度较好的钢筋混凝土箱形结构，是高层建筑一种较好的基础类型。其内部空间可作为地下室的使用房间。在确定高层建筑的基础埋置深度时，应考虑建筑物的高度、体形、地基土质、抗震设防烈度等因素，并满足抗倾覆和抗滑移的要求。抗震设防区天然土质地基上的箱形和筏板基础，其埋深不宜小于建筑物高度的 1/15。如图 2-22～图 2-24 所示。

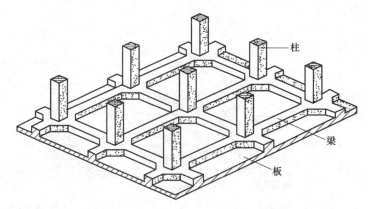

图 2-21　筏形基础（板式与梁板式）

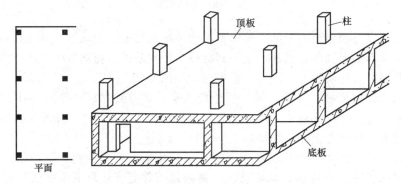

图 2-22　箱形基础

图 2-23　浇筑箱形基础底板

图 2-24　利用箱形基础空间

（6）桩基础　当建筑物荷载较大，地基的软弱土层厚度在 5m 以上，基础不能埋深在软弱土层上，或采用人工加固的方法处理困难或不经济时，常采用桩基础。桩基础具有承载力大、沉降小等特点。

① 桩基础的组成　桩基础由设置于土中的桩身和承接上部结构的承台共同组成，如图 2-25 所示。若桩顶全部埋于土中，承台底面与土接触，称为低承台桩。若桩身上部露出地面称为高承台桩，桩单独受力，称为单桩，也可以多根共同作用，称为群桩。

② 桩的分类　按受力状态可分为端承桩和摩擦桩。

端承桩是将桩尖直接支承在岩石或硬土上，用桩尖支承建筑物的荷载，这种桩适用于坚硬土层较浅、荷载较大的工程。摩擦桩则利用桩侧与地基土的摩擦力承担上部荷载，适用于土层较厚、荷载较小的工程。如图 2-26 所示。介于两者之间的有端承摩擦桩和摩擦端承桩。

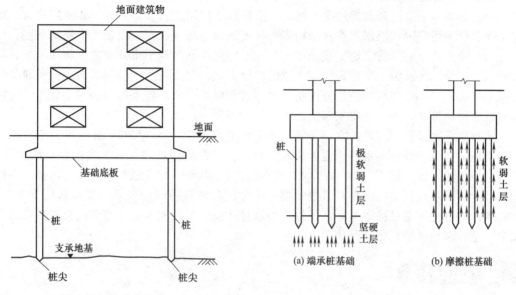

图 2-25　桩承台示意

图 2-26　端承桩与摩擦桩

按桩身材料可分为钢桩、混凝土桩、木桩等；按桩的形状可分为方桩、圆桩、管桩等；按成桩方法可分为非挤土桩、挤土桩等。

桩根据施工方法不同可分为预制桩（图 2-27）、灌注桩等。预制桩分为锤击、静压等不同的类型，灌注桩分为钻孔灌注桩、人工挖孔灌注桩、旋挖桩等不同的类型。

图 2-27　预应力管桩施工

2.4　地下室构造

通常建筑物地坪以下的空间称为地下室。它是建筑物首层以下的房间，可作为设备间、储藏间、商场、车库及战备工程等。高层建筑利用深基础还可建多层地下室，不仅可以增加使用面积，还可省去室内填土的费用。

2.4.1 地下室的分类

2.4.1.1 按使用性质分

（1）普通地下室 普通的地下空间，一般按地下楼层进行设计，如用作高层建筑的地下停车库、设备用房等，根据用途及结构需要还可做成一层或二层、三层、多层地下室。

（2）防空地下室 防空地下室是指具有战时防空功能的地下室，主要预防冲击波、早期核辐射、化学毒气及由上部建筑倒塌形成的倒塌荷载。对于冲击波和倒塌荷载主要通过结构厚度来解决；对于早期辐射防护通过结构厚度及相应的密闭措施来解决；对于化学毒气防护应通过密闭措施及通风、滤毒来解决。

防空地下室根据《人民防空地下室设计规范》（GB 50038—2005）分为甲、乙两类，甲类防空地下室设计必须满足其预定的战时对核武器、常规武器和生化武器的各项防护要求，规范适用于核4级、核4B级、核5级、核6级、核6B级、常5级、常6级。乙类防空地下室设计必须满足其预定的战时对常规武器和生化武器的各项防护要求，规范适用于常5级、常6级。防空地下室是按甲类，还是按乙类修建，应由当地的人防主管部门根据国家的有关规定，结合该地区的具体情况确定。

知识提示

为使人民防空地下室（以下简称防空地下室）的设计符合战时及平时的功能要求，做到安全、适用、经济、合理，国家人民防空办公室依据现行的《人民防空工程战术技术要求》制定了《人民防空地下室设计规范》（GB 50038—2005）。

规范适用于新建或改建的属于下列抗力级别（按防核爆炸冲击波地面超压的大小和抗常规武器的抗力要求划分）范围内的甲、乙类防空地下室，以及居住小区内的结合民用建筑易地修建的甲、乙类单建掘开式（采用明挖法施工建造，其上方没有永久性地面建筑物的人防工程）人防工程设计。

① 防常规武器抗力级别5级和6级（以下分别简称为常5级和常6级）。

② 防核武器抗力级别4级、4B级、5级、6级和6B级（以下分别简称为核4级、核4B级、核5级、核6级和核6B级）。

甲类防空地下室设计必须满足其预定的战时对核武器、常规武器和生化武器的各项防护要求。乙类防空地下室设计必须满足其预定的战时对常规武器和生化武器的各项防护要求。防空地下室设计除应符合本规范外，尚应符合国家现行有关标准的规定。

2.4.1.2 按埋入地下深度分

（1）全地下室 全地下室是指地下室地坪面低于室外地坪面的高度超过该房间净高1/2者。

（2）半地下室 半地下室是指地下室地坪面低于室外地坪面的高度超过该房间净高1/3，但不超过1/2者。

2.4.2 地下室的构造组成

地下室一般由墙体、底板、顶板、门、窗和采光井等部分组成，如图2-28所示。

（1）墙体 地下室的墙不仅承受上部的垂直荷载，还要承受土、地下水及土壤冻胀时产生的侧压力，所以地下室的墙厚度应经过计算确定。如采用混凝土或钢筋混凝土墙，其厚度

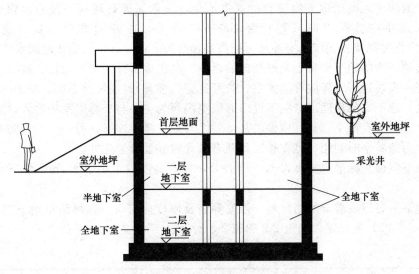

图 2-28　地下室的组成

一般不小于 250mm。

（2）顶板　地下室的顶板采用现浇或预制钢筋混凝土板。防空地下室的顶板，一般应用预制板，应用时，往往需在板上浇筑一层钢筋混凝土整体层，以保证顶板的整体性。

（3）底板　地下室的底板不仅承受作用于它上面的垂直荷载，在地下水位高于地下室底板时，还必须承受底板地下水的浮力，所以要求底板应具有足够的强度、刚度和抗渗能力，否则易出现渗漏现象，因此地下室底板常采用现浇钢筋混凝土板。

（4）门和窗　地下室的门、窗与地上部分相同。防空地下室的门应符合相应等级的防护和密闭要求，一般采用钢门或钢筋混凝土门。防空地下室一般不允许设窗。

（5）采光井　当地下室的窗在地面以下时，为达到采光和通风的目的，应设置采光井，一般每个窗设一个，当窗的距离很近时，也可将采光井连在一起。采光井由侧墙、底板、遮雨设施或铁算子组成。侧墙一般为砖墙，采光井底板则由混凝土浇筑而成，如图 2-29 所示。

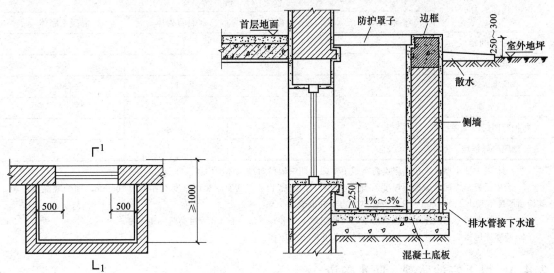

图 2-29　地下室采光井

采光井的深度，根据地下室窗台的高度而定，一般采光井底板顶面应比窗台低250～300mm，采光井在进深方向（宽）为1000mm左右，在开间方向（长）应比窗宽大1000mm。采光井侧墙顶面应比室外地面标高高出250～300mm，以防止地面水流入。

（6）其他　人防地下室属于箱形基础的范围，其组成部分同样有顶板、底板、侧墙、门窗及楼梯等。人防地下室还应有防护室、防毒通道（前室）、通风滤毒室、洗消间及厕所等。为保证疏散，地下室的房间出口应不设门而以空门洞为主。与外界联系的出入口应设置防护门，出入口至少应有两个。其具体做法是，一个与地上楼梯连接，另一个与人防通道或专用出口连接。为兼顾平时利用，可在外墙侧开有采光窗并设置采光井。

人防地下室面积标准应按每人1.0m²计算，净空高度应不小于2.2m，梁下净高不应小于2.0m。

人防地下室各组成部分所用材料、强度等级及厚度应符合《人民防空地下室设计规范》（GB 50038—2005）的规定，如表2-2和表2-3所示。

表2-2　材料强度等级

构件类别	混凝土		砌体			
	现浇	预制	砖	料石	混凝土砌块	砂浆
基础	C25	—	—	—	—	—
梁、楼板	C25	C25	—	—	—	—
柱	C30	C30	—	—	—	—
内墙	C25	C25	MU10	MU30	MU15	M5
外墙	C25	C25	MU15	MU30	MU15	M7.5

注：1. 防空地下室结构不得采用硅酸盐砖和硅酸盐砌块。

2. 严寒地区，饱和土中砖的强度等级不应低于MU20。

3. 装配填缝砂浆的强度等级不应低于M10。

4. 防水混凝土基础底板的混凝土垫层，其强度等级不应低于C15。

表2-3　结构构件最小厚度　　　　　　　　　　单位：mm

构件类别	材　料　种　类			
	钢筋混凝土	砖砌体	料石砌体	混凝土砌体
顶板、中间楼板	200	—	—	—
承重外墙	250	490(370)	300	250
承重内墙	200	370(240)	300	250
临空墙	250	—	—	—
防护密闭门门框墙	300	—	—	—
密闭门门框墙	250	—	—	—

注：1. 表中最小厚度不包括甲类防空地下室防早期核辐射对结构厚度的要求。

2. 表中顶板、中间楼板最小厚度系指实心截面。如为密肋板，其实心截面厚度不宜小于100mm；如为现浇空心板，其板顶厚度不宜小于100mm，且其折合厚度均不应小于200mm。

3. 砖砌体项括号内最小厚度仅适用于乙类防空地下室和核6级、核6B级甲类防空地下室。

4. 砖砌体包括烧结普通砖、烧结多孔砖以及非黏土砖砌体。

2.4.3　地下室的防潮、防水构造

地下室的外墙和底板都埋在地下，必然受到地潮和地下水的侵蚀，处理不当，会导致墙

面及地面受潮、生霉，面层脱落，严重者危及其耐久性。因此，解决地下室的防潮、防水成为其构造设计的主要问题。

2.4.3.1 地下室防潮构造

当设计最高地下水位低于地下室底板，且地下室的外墙和底板都埋在地下，必然受到地下水的侵蚀，处理不当，会导致墙面及地面受潮、生霉，面层脱落，严重者危及其耐久性，需进行防潮处理。

防潮的具体做法如下：

（1）外墙面 抹20mm厚1：2.5水泥砂浆，且高出地面散水300mm，再刷冷底子油一道、热沥青两道至地面散水底部；地下室外墙四周500mm左右回填低渗透性土壤，如黏土、灰土（1：9或2：8）等，并逐层夯实，在地下室地坪结构层和地下室顶板下高出散水150mm左右处墙内设两道水平防潮层，如图2-30（a）所示。

（2）地坪 地坪防潮构造如图2-30（b）所示。

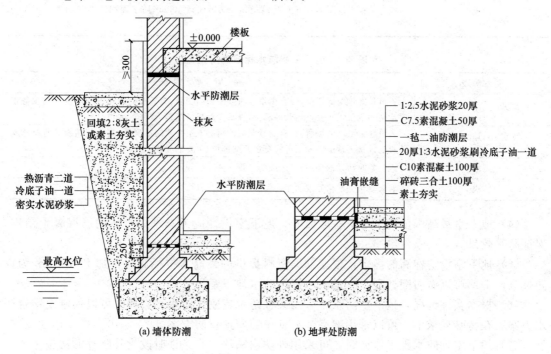

(a) 墙体防潮   (b) 地坪处防潮

图 2-30　地下室的防潮

2.4.3.2 地下室防水构造

当设计最高地下水位高于地下室底板标高且地面水可能下渗时，应采用防水措施。

1. 防水构造基本要求

（1）地下室防水工程设计方案，应该遵循以防为主、以排为辅的基本原则，因地制宜，设计先进，防水可靠，经济合理。根据《地下工程防水技术规范》（GB 50108—2008），地下室防水工程设防的要求应按规范要求进行设计（见表2-4和表2-5）。

（2）一般地下室防水工程设计，外墙主要起抗水压或自防水作用，需做卷材外防水（即迎水面处理），卷材防水做法应遵照国家有关规定施工。

（3）地下工程比较复杂，设计必须了解地下土质、水质及地下水位情况，设计时采取有效设防，保证防水质量。

表 2-4　地下工程防水标准

防水等级	防 水 标 准
一级	不允许渗水,结构表面无湿渍
二级	不允许渗水,结构表面可有少量湿渍 工业与民用建筑:总湿渍面积不应大于总防水面积(包括顶板、墙面、地面)的 1/1000;任意 100m² 防水面积上的湿渍不超过 2 处,单个湿渍的最大面积不大于 0.1m²; 其他地下工程:总湿渍面积不应大于总防水面积的 2/1000;任意 100m² 防水面积上的湿渍不超过 3 处,单个湿渍的最大面积不大于 0.2 m²;其中隧道工程还要求平均漏水量不大于 0.05L/(m²·d),任意 100m² 防水面积上的漏水量不大于 0.15L/(m²·d)
三级	有少量漏水点,不得有线流和漏泥沙 任意 100m² 防水面积上的湿渍不超过 7 处,单个漏水点的最大漏水量不大于 2.5L/(m²·d),单个湿渍的最大面积不大于 0.3m²
四级	有漏水点,不得有线流和漏泥沙 整个工程平均漏水量不大于 2L/(m²·d),任意 100m² 防水面积的平均漏水量不大于 4L/(m²·d)

表 2-5　地下工程防水标准适用范围

防水等级	适 用 范 围
一级	人员长期停留的场所;因有少量湿渍会使物品变质、失效的储物场所及严重影响设备正常运转和危及工程安全运营的部位;极重要的战备工程、地铁车站
二级	人员经常活动的场所;在有少量湿渍的情况下不会使物品变质、失效的储物场所及基本不影响设备正常运转和工程安全运营的部位;重要的战备工程
三级	人员临时活动的场所;一般设备工程
四级	对渗漏水无严格要求的工程

（4）地下室最高水位高于地下室地面时，地下室设计应考虑采用整体钢筋混凝土结构，保证防水效果。

（5）地下室设防标高的确定，根据勘测资料提供的最高水位标高，再加上 500mm 为设防标高。上部可以做防潮处理，有地表水按全防水地下室设计。

（6）根据实际情况，地下室防水可采用柔性防水或刚性防水，必要时可以用刚柔结合防水方案。在特殊要求下，可以采用架空、夹壁墙等多道设防方案。

（7）地下室外防水无工作面时，可采用外防内贴法，有条件时改为外防外贴法施工。

（8）地下室外防水层的保护，可以采取软保护层，如聚苯板等。

（9）对于特殊部位，如变形缝、施工缝、穿墙管、埋件等薄弱环节，要精心设计，按要求做细部处理。

2. 地下室防水构造做法

（1）卷材防水（柔性防水）　利用胶结材料将卷材黏结在基层上，形成防水层。

防水卷材有沥青防水油毡、改性沥青油毡、PVC 防水卷材、三元乙丙橡胶防水卷材等。沥青防水油毡韧性低、强度低、耐久性差，目前很少采用。改性沥青油毡如 SBS 改性沥青油毡，耐候性强，适应 −20~80℃，延伸率较大，弹性较好，施工方便，得到广泛应用。PVC 防水卷材，其耐耗性、耐化学腐蚀性、耐冲击力、延伸率等均较改性沥青油毡大大提高，且施工方便，防水性能强，在防水工程中得到广泛应用。三元乙丙橡胶防水卷材，适合冷作业，耐久性能极强，其拉伸强度约为改性沥青油毡的 2~3 倍，能充分适应基层伸缩、开裂变形。

卷材防水做法一般分为外防水和内防水两种。

① 外防水构造做法，如图 2-31（a）、（b）所示。

第一步，外抹 1∶3 水泥砂浆 20mm 厚，刷冷底子油一道。

第二步，铺贴防水卷材，并与地坪防水卷材搭接合为一体；防水卷材层数视地下水位高出地下室地坪高度 H 确定，当 $H \leqslant 3m$ 时，为 3 层；当 $3m < H \leqslant 6m$ 时，为 4 层；当 $6m < H < 12m$ 时，为 5 层；当 $H \geqslant 12m$ 时，为 6 层，同时铺贴高度应高出最高水位 500～1000mm 为宜。

第三步，在防水层外砌筑 120mm 厚护砖墙，其间用水泥砂浆填实，保护砖墙底部干铺油毡一层，沿长度方向约 8m 及转折处设垂直断缝一道，其作用是在土侧压力或地下水侧压力作用下，使保护墙能将力均匀传递给防水层，避免其受力不均而破坏。

第四步，距地下室外墙 500mm 左右回填低渗透土壤并夯实。

② 内防水构造做法，如图 2-31（c）所示。

内防水是将防水层贴在地下室外墙的内表面，这样施工方便，容易维修，但对防水不利。常用于维护修缮工程。

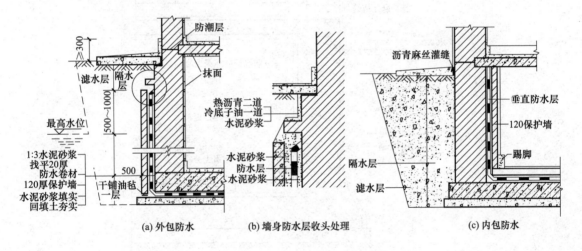

图 2-31　地下室卷材防水构造

③ 地下室地坪的防水构造。先浇混凝土垫层，厚约 100mm；再以选定的卷材层数在地坪垫层上做防水层，并在防水层上抹 20～30mm 厚的水泥砂浆保护层，以便在上面浇筑钢筋混凝土。为了保护水平防水层包向垂直墙面，地坪防水层必须留出足够的长度以便与垂直防水层搭接，同时要做好转折处卷材的保护工作，以免因转折交接处的卷材断裂而影响地下室的防水。

（2）刚性防水

① 防水混凝土防水　防水混凝土与普通混凝土配制是一样的，不同之处在于优化集料级配，合理提高混凝土中水泥砂浆含量，使之将骨料间的缝隙填实，堵塞混凝土中易出现的渗水通道。同时，加入适量外加剂，目前多采用以氯化铝、氯化镁等为主要成分的防水剂，提高混凝土的密实性，达到防水的作用。

目前，地下室已很少采用砖砌外墙，多采用钢筋混凝土墙。防水混凝土的施工配合比应通过试验确定，抗渗等级应比设计要求提高一级（0.2MPa），防水混凝土的设计抗渗等级应符合表 2-6 的规定。

表 2-6 防水混凝土设计抗渗等级

工程埋置深度/m	设计抗渗等级	工程埋置深度/m	设计抗渗等级
$H<10$	P6	$20\leqslant H<30$	P10
$10\leqslant H<20$	P8	$30\leqslant H$	P12

注：1. 本表适用于Ⅰ、Ⅱ、Ⅲ类围岩（土层及软弱围岩）。
 2. 山岭隧道防水混凝土的抗渗等级可国家现行有关标准执行。

对极少数采用砖砌外墙的地下室，其防水应采用卷材外包防水处理，采用钢筋混凝土者宜采用综合防水处理。防水混凝土结构底板的混凝土垫层强度等级不应小于 C15，厚度不小于 100mm，在软弱土层中不应小于 150mm。一般防水混凝土结构的结构厚度不应小于 250mm，否则会影响抗渗效果。为防止地下水对墙体的侵蚀，在墙外侧应抹水泥砂浆，然后涂刷防水材料，如图 2-32 所示。

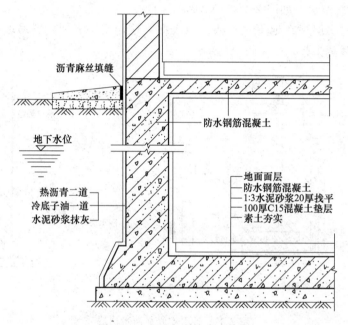

图 2-32 地下室刚性防水构造

② 水泥砂浆防水 一般规定：水泥砂浆防水层包括普通水泥砂浆、聚合物水泥防水砂浆、掺外加剂或掺合料防水砂浆等，宜采用多层抹灰法施工。水泥砂浆防水层可用于结构主体的迎水面或背水面。水泥砂浆防水层应在基础垫层、初期支护、围护结构及内衬结构验收合格后方可施工。

水泥砂浆品种和配合比设计应根据防水工程要求确定。

聚合物水泥砂浆防水层厚度，单层施工宜为 6~8mm，双层施工宜为 10~12mm，掺外加剂、掺合料等的水泥砂浆防水层厚度宜为 18~20mm。

水泥砂浆防水层基层，其混凝土强度等级不应小于 C15；砌体结构砌筑用的砂浆强度等级不应低于 M7.5。

③ 涂料防水 一般规定：涂料防水层包括无机防水涂料和有机防水涂料。无机防水涂料可选用水泥基防水涂料、水泥基渗透结晶型涂料；有机涂料可选用反应型、水乳型、聚合物水泥防水涂料。

无机防水涂料宜用于结构主体的背水面，有机防水涂料宜用于结构主体的迎水面。用于迎水面的有机防水涂料应具有较高的抗渗性，且与基层有较强的黏结性。

如果基面属于潮湿基层，宜选用与潮湿基面黏结力大的无机涂料或有机涂料，或采用先涂水泥基类无机涂料后涂有机涂料的复合涂层；冬季施工宜选用反应型涂料，如用水乳型涂料，温度不得低于5℃；埋置深度较深的重要工程、有振动或有较大变形的工程宜选用高弹性防水涂料；有腐蚀性的地下环境宜选用耐腐蚀性较好的反应型、水乳型、聚合物水泥涂料并做刚性保护层。

采用有机防水涂料时，应在阴阳角及底板增加一层胎体增强材料，并增涂2～4遍防水涂料。防水涂料可采用外防外涂、外防内涂两种做法，如图2-33和图2-34所示。水泥基防水涂料的厚度宜为1.5～3.0mm；水泥基渗透结晶型防水涂料的厚度不应小于0.8mm；有机防水涂料根据材料的性能，厚度宜为1.2～2.0mm。

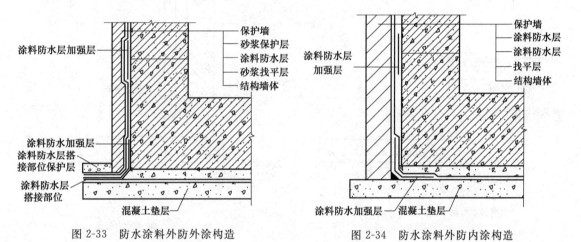

图 2-33　防水涂料外防外涂构造　　　　　图 2-34　防水涂料外防内涂构造

常用的聚氨酯涂膜防水材料，有利于形成完整的防水膜层，尤其适用于穿管、转折部位及有高差部位的防水处理。

此外，还有塑料防水板防水、金属防水等地下室防水做法。根据地下室防水等级的不同，设防做法及选材要求可参照表2-7。

表 2-7　不同防水等级设防做法及选材

防水等级	设防做法	选材要求
一级	多道设防。其中应有一道钢筋混凝土结构自防水和一道柔性防水，其他各道可采用其他防水措施	自防水钢筋混凝土；优先选用合成高分子卷材（橡胶型）
二级	两道设防。一般为一道钢筋混凝土结构自防水和一道柔性防水	自防水钢筋混凝土；合成高分子卷材（橡胶型）一层或高聚物改性沥青防水卷材
三级	可采用一道设防或两道设防。也可对结构做抗水处理，外做一道柔性防水	合成高分子卷材（橡胶型）一层或高聚物改性沥青防水卷材
四级	一道设防。也可做一道外防水层	高聚物改性沥青防水卷材

（3）辅助防水措施　对地下建筑，除以上所述直接防水措施以外，还应采用间接防水措施，如人工降水、排水措施，消除或限制地下水对地下建筑物的影响程度，可分为外降排水法和内降排水法。

① 外降排水法　指当地下水位高出地下室地面以上时，在地下建筑物四周设置永久性的降排水设施，通常是采用盲沟排水，即利用带孔的陶管埋设在建筑物四周地下室地坪标高

下，陶管的周围填充可以滤水的卵石及粗砂等材料，以便水送到管中积聚后排至城市或区域中的排水系统，从而使地下水位降低至地下室底板以下，变有压水为无压水，以减少或消除地下水的影响，如图 2-35（a）所示。当城市总排水管高于盲沟时，则采用人工排水泵将积水排出。这种办法只是在采用防水设计有困难的情况下，以及经济条件较为有利的情况下采用。

② 内降排水法　是将渗入地下室内的水，通过排水系统如集水沟排至集水井，再用水泵排出。但应充分考虑因动力中断引起水位回升的影响，在构造上常将地下室地坪架空，或设置隔水间层，以保持室内墙面和地坪干燥，如图 2-35（b）所示。

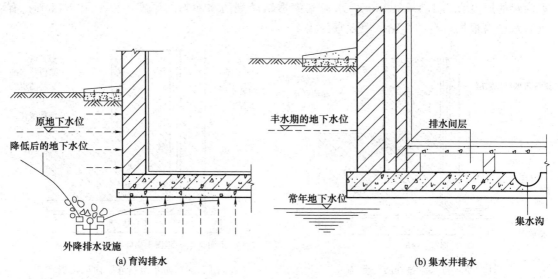

原地下水位

降低后的地下水位

外降排水设施

(a) 盲沟排水

丰水期的地下水位

排水间层

常年地下水位

集水沟

(b) 集水井排水

图 2-35　人工降排水措施

本章小结

1. 基础位于建筑物的最下部，埋于自然地坪以下，承受上部传来的所有荷载，并把这些荷载传给下面的土层（该土层称为地基）。基础是房屋的主要受力构件，其构造要求是坚固，稳定，耐久，能经受冰冻、地下水及所含化学物质的侵蚀，保持足够的使用年限。

2. 根据建筑物地基基础设计等级及长期荷载作用下地基变形对上部结构的影响程度，地基基础设计应符合地基承载力（强度）、地基变形、地基稳定、基础强度与耐久性、基础工程经济问题等五个方面要求。

3. 建筑物基础的埋置深度，一般是指设计室外地面至基础底面的距离。室外地面分为自然地面和设计地面。

4. 影响建筑物基础埋深的因素有建筑物的特点和使用性质、工程地质条件、水文地质条件、建筑物周边环境、地基土冻胀和融陷、设备管线等方面。

5. 根据建筑物上部荷载情况以及地基的力学性质，地基分为天然地基和人工地基两大类。

6. 基础的类型很多，划分方法也不尽相同：从基础的埋置深度划分，可分为浅基础和深基础；从基础的材料及受力特点划分，可分为无筋扩展基础（刚性基础）和扩展基础（柔性基础）；从基础的构造形式划分，可分为条形基础、独立基础、筏形基础、箱形基础等。

7. 基础在开挖基槽后，如发现局部基坑的土质为软弱土或与勘察设计要求不符，应重新确定地基容许承载力，探明软弱土层范围并进行处理。常见的处理方法有局部换土法、跨越法与挑梁法等。

8. 由于建筑物内有设备管线，这些设备管线或沿内外墙布置，或穿越建筑物墙体，对于不同部位的管线，需要采取不同的处理措施。

 复习思考题

1. 简述地基与基础的概念。
2. 地基与基础的设计要求是什么？
3. 简述基础的埋深及影响因素。
4. 简述刚性基础的受力特点。
5. 什么是刚性角和基础放大脚？
6. 说明不同形式的基础分类。
7. 简述局部软弱地基处理方法。
8. 简述管道穿越基础时的处理措施。

3 墙 体

教学目标

　　了解墙体设计要求，熟悉墙体材料的特点，掌握各种隔墙的设计及构造要点，掌握实砌墙体的细部构造。

教学要求

知识要点	能力要求	相关知识	所占分值 （100分）	自评 分数
墙体的类型 及设计要求	了解墙体的设计要求	墙体的类型、墙体的作用、墙 体的设计要求	10	
砌体墙细部构造	1. 掌握砌体墙的细部构造 2. 掌握墙体材料的特点	砌体墙材料、砖墙的砌筑原 则、砖墙的细部构造	40	
隔墙的基本构造	掌握各种隔墙的设计及构造 要点	块材隔墙、轻骨架隔墙、轻质 板材隔墙	20	
地下室构造	掌握地下室的防潮、防水构造 措施	地下室的分类，地下室的构造 组成，地下室的防潮、防水构造	30	

章节导读

　　墙体是建筑物的重要组成部分，在建筑中起着承重、围护、分隔空间的作用，还具有保温、隔热、隔声等功能，是建筑物总量的 30%～45%，占造价比重大，在工程设计中，合理地选择墙体材料、结构方案及构造做法十分重要。

3.1 墙体的类型及设计要求

3.1.1 墙体的类型

3.1.1.1 按墙体所处位置不同分类

墙体按所处位置不同，可以分为外墙和内墙。外墙位于房屋的四周，内墙位于房层内部，主要起分隔内部空间的作用。墙体按布置方向可以分为纵墙和横墙。凡沿建筑物短轴方向布置的墙称为横墙，横向外墙俗称为山墙；凡沿建筑物长轴方向布置的墙称为纵墙，外纵墙又称檐墙。另外，根据墙体与门窗的位置关系，墙体又有窗间墙、窗下墙（或称窗肚墙）、女儿墙之分（外墙突出屋面的部分）。不同位置的墙体名称如图 3-1 和图 3-2 所示。

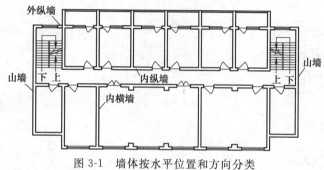

图 3-1 墙体按水平位置和方向分类

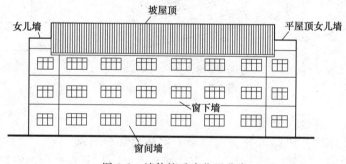

图 3-2 墙体按垂直位置分类

3.1.1.2 按墙体受力情况分类

墙体按结构垂直方向的受力情况分为两种：承重墙和非承重墙。承重墙直接承受上部楼板及屋顶传下来的荷载。凡不承受外部荷载的墙称为非承重墙。在砖混结构中，非承重墙可以分为自承重墙和隔墙。自承重墙仅承受自身重量，并把自重传给基础。隔墙则把自重传给楼板层或附加的小梁。在框架结构中，非承重墙可以分为填充墙和幕墙。填充墙是位于框架梁柱之间的墙体。悬挂在建筑物外部骨架或楼板间的轻质墙称为幕墙，包括金属幕墙和玻璃幕墙等。外部的填充墙和幕墙不承受上部楼板层和屋顶的荷载，却承受风荷载和地震荷载。

3.1.1.3 按墙体材料分类

墙体按所用材料的不同，可分为砖墙、石墙、土墙、混凝土墙以及利用多种工业废料制作的砌块墙等，如图 3-3 所示。砖墙是我国传统的墙体材料，应用最广。常见的各类墙体如

表 3-1 所示。

表 3-1 常见各种材料墙体

序号	承重墙	自承重砌块墙	自承重隔墙板
1	混凝土小型砌块墙	加气混凝土砌块墙	混凝土或 GRC 墙板
2	混凝土中型砌块墙	陶粒空心砌块墙	钢丝网抹水泥砂浆墙板
3	粉煤灰砌块墙	混凝土砌块墙	彩色钢板或铝板墙板
4	灰砂砖墙	黏土砖墙	配筋陶粒混凝土墙板
5	粉煤灰砖墙	灰砂砖墙	轻集料混凝土墙板
6	现浇钢筋混凝土墙		轻钢龙骨石膏板或硅钙板
7	黏土多孔砖墙		铝合金玻璃隔断墙

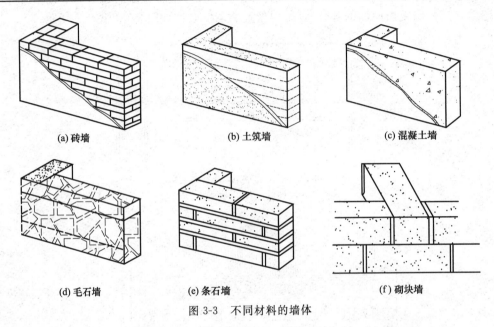

(a) 砖墙　　　　　　　(b) 土筑墙　　　　　　　(c) 混凝土墙
(d) 毛石墙　　　　(e) 条石墙　　　　(f) 砌块墙
图 3-3　不同材料的墙体

3.1.1.4　墙体按构造做法分类

按照构造方式不同，墙体可分为实体墙、空体墙和组合墙三种。实体墙由单一材料组成，如砖墙、砌块墙、钢筋混凝土墙等；空体墙是由单一材料砌成内部空腔的墙或由带有空洞的材料建造的墙体；组合墙是由两种或两种以上的材料组合而成的墙体。

3.1.1.5　墙体按施工方法分类

按施工方法不同，有叠砌墙、板筑墙、装配式板材墙三种。叠砌墙是将各种加工好的块材（如实心砖、空心砖、加气混凝土砌块）用砂浆按一定的技术要求砌筑而成的墙；板筑墙是直接在墙体部位竖立模板，在模板内夯筑黏土或浇筑混凝土，经振捣密实而成的墙体，如夯土墙和大模板、滑模方式的混凝土墙；装配式板材墙是将工厂生产的大型板材运至现场进行机械化安装而成的墙，如 GRC 墙板、钢丝网抹水泥砂浆墙板、彩色钢板或铝合金墙板、配筋陶瓷混凝土墙板、轻集料混凝土墙板等。

3.1.2　墙体的作用

墙体是建筑物的重要组成构件，占建筑物总重量的 30%～45%，其耗材、造价、自重和施工周期在建筑的各个组成构件中往往占据重要的位置。墙体的作用主要体现在以下 4 个方面。

(1) 承重作用：承受各楼层及屋面传下来的垂直方向的荷载、水平方向的风荷载、地震作用及自身重量等。

(2) 围护作用：抵御风、雨、雪的侵袭，防止太阳辐射、噪声干扰及室内热量的散失，起保温、隔热、隔声、防水等作用。

(3) 分隔作用：墙体将房屋内部划分为若干个小空间，以满足功能分区要求。

(4) 装饰作用：装饰后的墙面，能够满足室内外装饰及使用功能要求，对改善整个建筑物的内外环境作用很大。

3.1.3 墙体的设计要求

墙体设计时应分别满足结构与抗震、热工、防火、工业化等不同要求。

3.1.3.1 结构与抗震要求

对以墙体承重为主的低层或多层砖混结构，常要求各层的承重墙上下对齐，各层门窗洞口也以上下对齐为佳。此外还需考虑以下几个方面的要求。

1. 合理选择墙体结构布置方案即（承重方案） 墙体有四种承重方案：横墙承重、纵墙承重、纵横墙承重和内框架承重。

(1) 横墙承重 横墙承重是将楼板及屋面板等水平承重构件搁置在横墙上，如图 3-4 (a) 所示。适用于房间的使用面积不大、墙体位置比较固定的建筑，如住宅、宿舍、旅馆等。横墙的间距是楼板的长度，也是开间，一般在 4.2m 以内较经济。此方案横墙数量多，因而房屋空间刚度大，整体性好，对抗风力、地震力和调整地基不均匀沉降有利。但是建筑空间组合不够灵活，在横墙承重方案中，纵墙起围护、分隔和将横墙连成整体的作用，纵墙只承担自身的重量，所以对在纵墙上开门、窗限制较少。

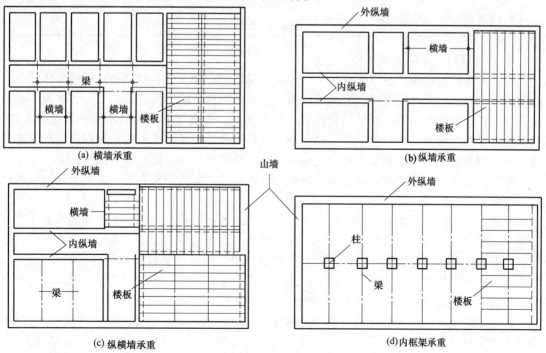

图 3-4 墙体承重方案

（2）纵墙承重　纵墙承重是将楼板及屋面板等水平承重构件均搁置在纵墙上，屋面荷载依次通过楼板（梁）、纵墙、基础传递给地基，横墙只起分隔空间和连接纵墙的作用，如图3-4（b）所示。由于纵墙承重，故横墙间距可以增大，以分隔出较大的空间，以适应不同的需要。但由于横墙不承重，这种方案抵抗水平荷载的能力比横墙承重差，其纵向刚度强而横向刚度弱，而且承重纵墙上开设门窗洞口有时也受到限制。适用于使用上要求有较大空间的建筑，如办公楼、商店、教学楼中的教室、阅览室等。

（3）纵横墙承重　由纵横两个方向的墙体共同承受楼板、屋面荷载的结构布置，也称混合承重方案，如图3-4（c）所示。纵横墙承重方式平面布置灵活，两个方向的抗侧力都较好，适用于房间开间、进深变化较多的建筑，如医院、幼儿园等。

（4）内框架承重　当建筑需要较大空间时，如商店、综合楼等，采用内部框架承重，四周为墙体承重，楼板自重及活荷载传给梁、柱或墙。房屋的总刚度主要由框架保证，因此水泥及钢材用量较多。如图3-4（d）所示。

不同墙体承重方案的性能对比如表3-2所示。墙体布置必须同时考虑建筑和结构两个方面的要求，既满足建筑的功能与空间布局要求，又应选择合理的墙体结构布置方案，使之坚固耐久、经济适用。

表3-2　墙体承重方案的性能对比

方案类型	适用范围	优点	缺点
横墙承重	小开间房屋,如宿舍、住宅	横墙数量多,整体性好,房屋空间刚度大	建筑空间不灵活,房间开间小
纵墙承重	大开间房屋,如中学的教室	开间划分灵活,能分隔出较大的房间	房间整体刚度差,纵墙开窗受限制,室内通风不易组织
纵横墙承重	开间进深复杂的房屋	平面布置灵活	构件类型多、施工复杂
内框架承重	大空间的公共建筑,如商场	空间划分灵活,空间刚度好,各项性能较好	

2. 具有足够的强度、刚度和稳定性

作为承重墙的墙体，必须具有足够的强度以保证结构的安全。墙的强度是指墙体承受荷载的能力，它与所采用的材料、材料强度等级、墙体的截面积、构造及施工方式有关。砖墙是脆性材料，变形能力小，如果层数过多，重量就大，砖墙可能破碎和错位，甚至被压垮，因而应验算承重墙或柱在控制截面处的承载力。特别是地震区，房屋的破坏程度随层数增多而加重，应对房屋的高度及层数有一定的限制值，设计规范中对此有相应的规定。

刚度、稳定性与墙的高度、长度和厚度及纵横向墙体间的距离有关，墙的稳定性可通过验算确定。

一般可采用限制墙体高厚比、增加墙厚、提高砌筑砂浆强度等级、墙内加筋等办法来保证墙体的稳定性。墙、柱高厚比是指墙、柱的计算高度与墙厚的比值。高厚比越大、构件越细长，其稳定性越差，高厚比必须控制在允许值以内。高厚比允许限值是综合考虑了砂浆、强度等级、材料质量、施工水平、横墙间距等诸多因素确定的。为满足高厚比要求，通常在墙体开洞口部位设置门垛，在长而高的墙体中设置壁柱。

抗震设防地区，为了增加建筑物的整体刚度和稳定性，在多层砖混结构房屋的墙体中，还需设置贯通的圈梁和钢筋混凝土构造柱，使之相互连接，形成空间骨架，加强墙体抗弯、抗剪能力。在地震烈度7～9度的地区内，当建筑物高差在6m以上，或建筑物有错层，且楼板错层高差较大，或者构造形式不同，承重结构的材料不同时，一般在水平方向会有不同的刚度，还应设置防震缝。

3.1.3.2 建筑节能、热工要求

为贯彻国家的节能政策，必须通过建筑设计和构造措施来节约能耗。作为围护结构的外墙，在寒冷地区要具有良好的保温能力，以减少室内热量的损失，同时，还应避免出现凝聚水；在炎热地区，还应具有一定的隔热能力，以防室内过热。

（1）建筑热工设计分区　《民用建筑热工设计规范》（GB 50176—1993）用累年最冷月（一月）和最热月（七月）平均温度作为分区主要指标，累年日平均温度≤5℃和≥25℃的天数作为辅助指标，将全国划分成五个建筑热工设计分区，即严寒、寒冷、夏热冬冷、夏热冬暖和温和地区，并提出相应的设计要求。如表 3-3 所示。

表 3-3　建筑热工设计分区及设计要求

分区名称	分区指标		设计要求
	主要指标	辅助指标	
严寒地区	最冷月平均温度≤−10℃	日平均温度≤5℃天数≥145d	必须充分满足冬季保温要求，一般可不考虑夏季防热
寒冷地区	最冷月平均温度−10～0℃	日平均温度≤5℃天数90～145d	应满足冬季保温要求，部分地区兼顾夏季放热
夏热冬冷地区	最冷月平均温度0～10℃，最热月平均温度25～30℃	日平均温度≤5℃的天数0～90d，日平均温度≥25℃的天数40～110d	必须满足夏季防热要求，适当兼顾冬季保温
夏热冬暖地区	最冷月平均温度≥10℃，最热月平均温度25～29℃	日平均温度≥25℃的天数为100～200d	必须充分满足夏季防热要求，一般可不考虑冬季保温
温和地区	最冷月平均温度为0～13℃，最热月平均温度为18～25℃	日平均温度≤5℃的天数0～90d	部分地区应考虑冬季保温，一般可不考虑夏季防热

（2）保温要求　在严寒的冬季，热量通过外墙由室内高温侧向室外低温侧传递的过程中，既会产生热量损失，又会遇到各种阻力，使热量不会突然消失，这种阻力称为热阻。热阻越大，墙体的保温性能越好，反之则差。因此，对于有保温要求的墙体，必须提高其热阻，通常采取以下措施来实现：

① 增加墙体的厚度。墙体的热阻值与其厚度成正比，要提高墙身的热阻，可增加其厚度。增加墙厚能提高一定的热阻值，却很不经济，所以一般不宜简单地采用这种办法来提高墙体的保温能力。

② 选择热导率小的墙体材料。一般把热导率值小于 0.23W/(m·K) 的材料称为保温材料。在建筑工程中，常选用热导率小的保温材料，如泡沫混凝土、加气混凝土、陶粒混凝土、膨胀珍珠岩、膨胀蛭石、泡沫塑料、矿棉及玻璃棉等做墙体材料，以增加墙体的保温效果。

③ 墙中设置保温层。用热导率小的材料与墙体组合形成保温墙体，保温层可设在外墙外侧、外墙内侧和墙体中间部分。

保温层设在外墙内侧，墙体可起保护作用，有利于保温层的耐久，但墙内热稳定性较差，如果构造不当还易引起内部结露。保温层设在外墙外侧，室内热稳定性好，不易出现内部结露，在保温层外需有保护、防水措施。保温层设在外墙中部可提高保温层的耐久性和热

稳定性，但构造复杂。

④ 墙中设置封闭空气间层。因静止空气是热的不良导体［热导率 $\lambda=0.023\mathrm{W/(m \cdot K)}$］，由实验数据知 60～100mm 厚封闭空气间层热阻值达 $0.18\mathrm{m^2 \cdot K/W}$，比 120mm 厚实心砖墙的热阻 $0.15\mathrm{m^2 \cdot K/W}$ 还要大。因此用空心砖、空心砌块等砌墙对保温有利。

⑤ 采取综合保温与防热措施。如充分利用太阳能，在外墙设置空气置换层，将被动式太阳房外墙设计为一个集热/散热器，如图 3-5 所示。

⑥ 改进外墙上门窗缝隙构造，防止能量损失。

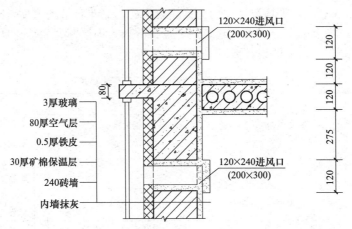

图 3-5　被动式太阳房墙体构造

（3）墙体隔热要求　我国南方地区，特别是长江流域、东南沿海等地，夏季炎热时间长，太阳辐射强烈，气温较高。如七月份平均气温高达 30～38℃；太阳水平辐射强度最高为 930～1046W/m²。同时，这些地区的相对湿度也大，形成湿热气候。

墙体隔热的能力直接影响室内气候条件，尤其在开窗的情况下，影响更大。为了使室内不致过热，除了考虑对周围环境采取隔热措施，并在建筑设计中加强自然通风的组织外，在外墙的构造上，必须进行隔热处理。由于外墙外表面受到的日晒时数和太阳辐射强度以东、西向最大，东南和西南向次之，南向较小，北向最小，所以隔热应以东、西向墙体为主。一般采取以下措施：

① 对墙体外表面宜采用浅色而平滑的外饰面，如白色抹灰、贴陶瓷砖或马赛克等，形成反射，以减少墙体对太阳辐射热的吸收。

② 在窗口的外侧设置遮阳设施，以减少太阳对室内的直射。

③ 在外墙内部设置通风间层，利用风压和热压作用，形成通风间层中空气不停地交换，从而降低外墙内表面的温度。

④ 利用绿色植物降温。即在外墙外表面种植各种攀缘植物等，利用植被的遮挡、蒸腾和光合作用，吸收太阳辐射热，从而起到隔热的作用。

3.1.3.3　隔声要求

为保证建筑室内有一个良好的声学环境，对不同类型建筑、不同位置墙体应有隔声要求。

墙体主要隔离由空气直接传播的噪声。衡量墙体隔绝空气声能力的标志是隔声量。隔声量越大，墙体的隔声性能越好。

隔声量的大小与墙体单位面积质量（即面密度）有关，质量越大，隔声量越高，这一关系通常称为"质量定律"。其次与构造形式和声音频率有关。

一般采取以下措施来满足隔声要求：

① 加强墙体缝隙的填密处理；

② 增加墙厚和墙体的密实性；

③ 采用有空气间层或在间层中填充吸声材料的夹层墙；

④ 尽量利用垂直绿化降噪声。

3.1.3.4 防火要求

墙体材料的燃烧性能和耐火极限必须符合防火规范的规定。有些建筑还应按防火规范的要求设置防火墙，防止火灾蔓延。

3.1.3.5 工业化生产的需要

逐步改革以黏土砖为主的墙体材料，是建筑工业化的一项内容，它可为生产工业化、施工机械化创造条件，以及大大降低劳动强度和提高施工的工效。

3.1.3.6 其他要求

根据实际情况，考虑墙体的防潮、防水、防射线、防腐蚀及经济等各方面的要求。

3.2 砌体墙细部构造

砌体墙是用砂浆等胶结材料将砖石砌块等块材料按一定的技术要求组砌而成的墙体，如砖墙、石墙及各种砌块墙等。一般情况下，砌体墙具有一定的保温、隔热、隔声性能和承载能力。

3.2.1 砌体墙材料

砌体墙包括块材和胶结材料两种材料，由胶结材料将块材砌筑成为整体的砌体。

3.2.1.1 块材

砌体墙采用的块材主要有各种砖、砌块等，如图 3-6 所示。

1. 砖

砖按材料分，有黏土砖、灰砂砖、水泥砖、煤矸石砖、水泥砖，以及各种工业废料砖（如炉渣砖等）。按外观分，有实心砖、空心砖和多孔砖。按制作工艺分，有烧结砖和蒸压砖，目前常用的有烧结普通砖、蒸压粉煤灰砖、蒸压灰砂砖等。

烧结普通砖指各种烧结的实心砖，其制作的主要原材料有黏土、粉煤灰、煤矸石和页岩等，其功能有普通砖和装饰砖之分。黏土砖具有较高的强度和热工、防火、抗冻性能，但由于黏土材料占用农田，各大中城市已分批逐步"在住宅建设中限时禁止使用实心黏土砖"。黏土砖正被各种新型墙砖产品替代。

我国常用的普通实心砖规格（长×宽×高）为 240mm×115mm×53mm，当砌筑所需的灰缝宽度按施工规范取 8～12mm 时，正好形成 4∶2∶1 的尺寸关系，便于砌筑时相互搭接和组合，如图 3-7 所示。

空心砖和多孔砖的尺寸规格较多。目前，多孔砖分为模数多孔砖（DM 型）和普通多孔砖（KP1 型）两种。DM 型多孔砖有四种类型：DM1（190mm×240mm×90mm）、DM2（190mm×190mm×90mm）、DM3（190mm×140mm×90mm）、DM4（190mm×90mm×90mm），并有配砖 DMP（190mm×90mm×40mm）；KP1 型砖（240mm×115mm×90mm）

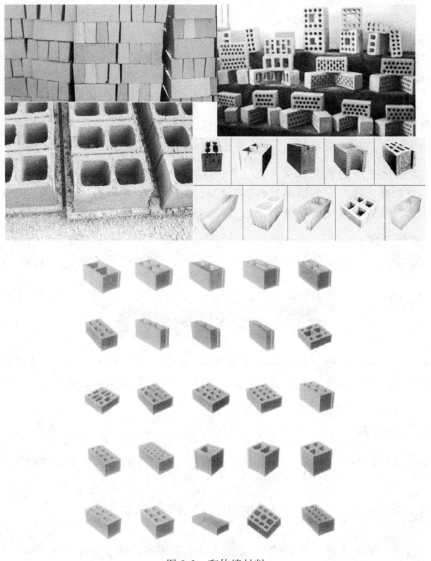

图 3-6　砌体墙材料

可用普通实心砖和 178mm×115mm×90mm 的多孔砖做配砖，与普通黏土砖非常近似，仅厚度改为 90mm，如图 3-8 所示。

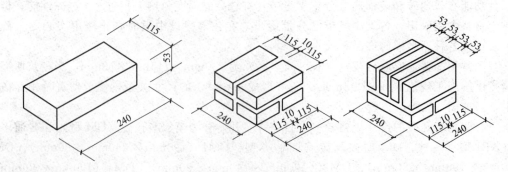

图 3-7　标准砖的尺寸关系

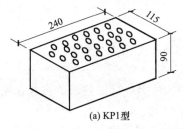
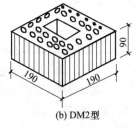

(a) KP1型　　　　　　　　　　　(b) DM2型

图 3-8　多孔砖规格尺寸

砖的强度是根据标准试验方法测试的抗压强度，以强度等级来表示，单位为 N/mm²，强度等级有 6 级：MU30、MU25、MU20、MU15、MU10、MU7.5。此外，根据外观质量、泛霜和石灰爆裂三项指标，砖分为优等品（A）、一等品（B）、合格品（C）三个等级。

2. 砌块

砌块与砖的区别主要在于砌块的外形尺寸比砖大。砌块是利用混凝土、工业废料（炉渣、粉煤灰等）制成的人造块材，具有生产工艺简单，能充分利用工业废料，节能环保等优点。

（1）砌块的种类、规格　砌块的种类很多，按材料可分为普通混凝土砌块、轻骨料混凝土砌块、加气混凝土砌块以及利用各种工业废料制成的砌块（炉渣混凝土砌块、蒸养粉煤灰砌块等）。按砌块在组砌中的位置与作用可分为主砌块和辅助砌块。按构造形式可分为实心砌块和空心砌块。空心砌块有单排方孔、单排圆孔和多排扁孔三种形式（见图 3-9）。

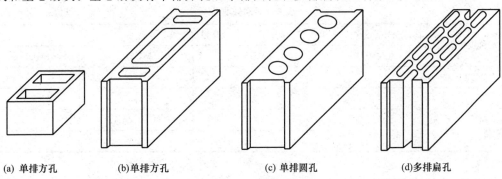

(a) 单排方孔　　　　(b)单排方孔　　　　(c) 单排圆孔　　　　(d)多排扁孔

图 3-9　空心砌块的形式

按尺寸、质量的大小不同分为小型砌块、中型砌块和大型砌块。砌块系列中主规格的高度大于 115mm 而小于 380mm 的称作小型砌块，高度为 380～980mm 的称为中型砌块，高度大于 980mm 的称为大型砌块。

小型砌块的外形尺寸（长×宽×高）多为 390mm×190mm×190mm，辅助尺寸为 90mm×190mm×190mm 和 190mm×190mm×190mm。采用了 n M-10 的尺寸系列，即砌块的长、宽、高尺寸各加上一个标准灰缝厚度 10mm 后恰好是基本模数 $M=100$mm 整数倍数，这对砌体结构设计和施工的标准化非常有利。

中型砌块有空心砌块和实心砌块之分。常见的空心砌块尺寸（长×宽×高）为 630mm×180mm×845mm、1280mm×180mm×845mm、2130mm×180mm×845mm；实心砌块的尺寸（长×宽×高）为 280mm×240mm×380mm、430mm×240mm×380mm、580mm×240mm×380mm、880mm×240mm×380mm。

（2）砌块的强度等级　承重砌块中，普通混凝土空心砌块的强度等级有 MU3.5、MU5、MU7.5、MU10、MU15（五级）。非承重砌块中，轻骨料混凝土空心砌块有 MU2.5、MU3.5、MU4.5（三级），加气混凝土砌块有 A1.0、A2.0、A2.5、A3.5、

A5.0、A7.5、A10.0（七级）。

3.2.1.2 胶结材料

砌体墙所用胶结材料主要是砌筑砂浆。砌筑砂浆由胶凝材料（水泥、石灰等）、填充料（砂、矿渣、石屑等）混合加水搅拌而成。

砌筑砂浆的作用是将块材黏结成砌体并均匀传力，同时还起着嵌缝作用，并可提高墙体的强度、稳定性及保温、隔热、隔声、防潮等性能。

通常使用的砌筑砂浆有水泥砂浆、石灰砂浆和混合砂浆三种。砂浆性能主要是从强度、和易性、耐水性几个方面比较。水泥砂浆强度高、防潮性能好，但可塑性和保水性较差，主要用于受力和潮湿环境下的墙体，如地下室、基础墙等；石灰砂浆的强度、耐水性均差，但和易性好，用于砌筑强度要求低的墙体以及干燥环境的低层建筑墙体；混合砂浆由水泥、石灰膏、砂加水拌和而成，有一定的强度，和易性也好，常用于砌筑地面以上的砌体。

一些块材表面较光滑，如蒸压粉煤灰砖、蒸压灰砂砖、蒸压加气混凝土砌块等，砌筑时需要加强与砂浆的黏结力，要求采用经过处理的专用砌筑砂浆，或采取提高块材和砂浆间黏结力的相应措施。

砂浆的强度等级有 M15、M10、M7.5、M5、M2.5、M1.0、M0.4 等。根据试验测得，砌体的强度随砖和砂浆强度等级的增高而增高，但不等于两者的平均值，而是远低于平均值，如表 3-4 所示。

表 3-4　砌体强度　　　　　　　　　　　　　　　单位：N/mm²

砖强度等级	砂浆强度等级			
	MU10	MU5.0	MU2.5	MU1.0
MU15	4.7	3.8	3.2	2.7
MU10	3.8	3.1	2.5	2.1
MU7.5	—	2.7	2.2	1.8
MU5.0	—	1.8	1.8	1.4

3.2.2　砖墙的砌筑原则

在砖墙的组砌中，把砖的长边垂直于墙面砌筑的砖叫丁砖，把砖的长边平行墙面砌筑的砖叫顺砖。上下皮之间的水平灰缝称横缝，左右两块之间的垂直缝称竖缝。每排列一层砖称为一皮。标准缝宽为 10mm，可以在 8~12mm 之间调节。为了保证墙体的强度和稳定性，砌筑的原则是：横平竖直，错缝搭接，灰浆饱满，厚薄均匀，避免通缝。如图 3-10 所示。当外墙面做清水墙体时，组砌还应考虑墙面图案美观。

常见的砖墙组砌方式，如图 3-11 所示。

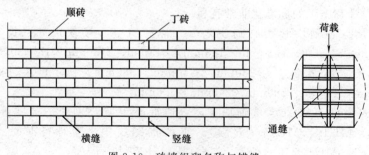

图 3-10　砖墙组砌名称与错缝

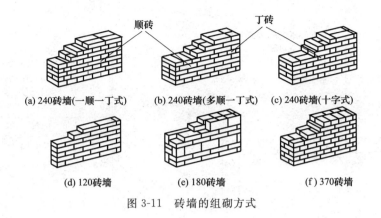

图 3-11　砖墙的组砌方式

3.2.3　砖墙的细部构造

1. 勒脚

勒脚是外墙墙脚接近室外地面的部分，其作用是防止外界碰撞及地表水对墙脚的侵蚀，增强建筑物立面美观。勒脚高度一般不小于室内外高差，至少 250mm，其做法、高度、色彩等应结合设计要求的建筑造型，选用耐久性好、防水性能好的材料。

一般构造做法有以下几种：

① 抹灰类勒脚：采用 20mm 厚 1：3 水泥砂浆抹面，1：2 水泥石子浆（根据立面设计确定水泥和石子种类及颜色）、水刷石或斩假石抹面。为保证抹灰层与砖墙黏结牢固，施工时应清扫墙面、洒水润湿，并可在墙上留槽使灰浆嵌入，如图 3-12（a）、（b）所示。

② 贴面勒脚：可用天然石材或人工石材贴面，如花岗石、水磨石板、陶瓷面砖等。贴面勒脚耐久性好，装饰效果好，多用于标准较高建筑，如图 3-12（c）所示。

③ 坚固材料勒脚：采用毛石、条石、蘑菇石等坚固耐久的材料代替砖砌外墙。高度可砌至室内地坪或设计高度，多用于潮湿地区、高标准建筑或有地下室建筑，如图 3-12（d）所示。

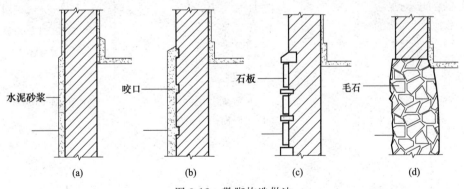

图 3-12　勒脚构造做法

2. 散水与明沟

散水与明沟都是为了迅速排除落水，防止因积水渗入地基造成建筑物下沉而设置的。

散水是沿建筑物外墙设置的排水倾斜坡面，坡度一般为 3‰～5‰，其宽度一般为 600～1000mm。散水的做法通常是在素土夯实上铺设灰土、三合土、混凝土等材料，然后用水泥砂浆、砖、块石等材料做面层。如图 3-13 所示。当屋面为自由落水时，散水宽度应比屋檐挑出宽度大 200mm 左右。在软弱土层、湿陷性黄土地区，散水宽度一般应大于或等于 1500mm。

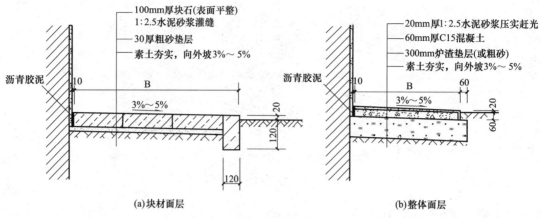

(a) 块材面层　　(b) 整体面层

图 3-13　散水构造

　　明沟是设置在外墙四周的排水沟，将水有组织地导向集水井，然后流入排水系统。一般用素混凝土现浇，也可用砖、石砌筑，如图 3-14 所示。当屋面为自由落水时，明沟的中心线应对准屋顶檐口边缘，沟底应有不小于 1% 的坡度，以保证排水通畅。明沟适用于年降雨量大于 900mm 的地区。

　　由于建筑物的沉降，以及勒脚与散水施工时间的差异，在勒脚与散水交接处应设缝，缝内用弹性材料填嵌（如沥青砂浆），以防外墙下沉时勒脚部位的抹灰层被剪切破坏，如图 3-15 所示。整体类散水面层为了防止因温度应力及材料干缩造成的裂缝，在散水长度方向每隔 6~12m 设置伸缩缝，并在缝中填嵌沥青砂浆，如图 3-16 所示。

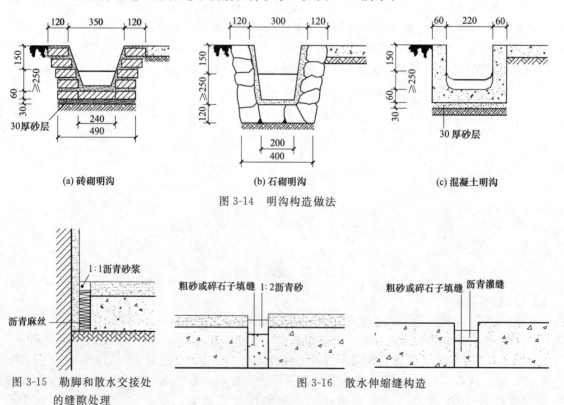

(a) 砖砌明沟　　(b) 石砌明沟　　(c) 混凝土明沟

图 3-14　明沟构造做法

图 3-15　勒脚和散水交接处
　　　　　的缝隙处理

图 3-16　散水伸缩缝构造

3. 墙身防潮层

为了防止土壤中的水分沿基础之上的砌体墙上升，以及位于外墙脚外侧的地面水渗入砌体，使墙身受潮。因此，必须在内外墙脚部位连续设置防潮层。防潮层有水平防潮层和垂直防潮层两种。

（1）水平防潮层

① 当室内地面垫层为混凝土等密实材料时，防潮层的位置应设在垫层范围内，低于室内地坪 60mm 处，同时还应至少高于室外地面 150mm。

② 当室内地面垫层为透水材料时（如炉渣、碎石等），水平防潮层的位置应平齐或高于室内地面 60mm 处。

③ 当内墙两侧地面出现高差时，要设置两道水平防潮层，同时为了避免高地坪房间（或室外地面）填土中的潮气侵入低地坪房间的墙面，对有高差部分的竖直墙面也要采取防潮措施，在土壤一侧设垂直防潮层。墙身防潮层的设置位置如图 3-17 所示。

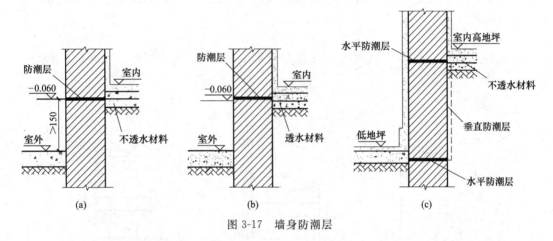

图 3-17　墙身防潮层

（2）水平防潮层的构造做法　墙身水平防潮层按防潮层所用材料不同，其常用构造做法有油毡防潮层、防水砂浆防潮层、细石混凝土防潮层等。

① 油毡防潮层：先抹 20mm 厚水泥砂浆找平层，然后干铺油毡一层或用沥青胶粘贴一毡二油。油毡防潮层具有一定的韧性、延展、防潮性能，但日久易老化失效，同时油毡层使墙体隔离，也削弱了砖墙的整体性和抗震能力，不应在刚度要求高或地震区采用。如图 3-18（a）所示。

② 防水砂浆防潮层：在防潮层位置抹一层 20～30mm 厚的 1∶2 水泥砂浆加 3％～5％防水剂配制成的防水砂浆，或用防水砂浆砌二至四皮砖做防潮层。此种做法构造简单，但砂浆开裂或不饱满时影响防潮效果，适用于抗震地区和振动较大的建筑中。如图 3-18（b）所示。

③ 细石混凝土防潮层：在防潮层位置铺设 60mm 厚 C15 或 C20 细石混凝土带，内配 $3\phi6$ 或 $3\phi8$ 钢筋，其抗裂性能和防潮效果好，且与砌体结合紧密，适用于整体刚度要求较高的建筑。如图 3-18（c）所示。

如果墙脚采用不透水的材料（如条石或混凝土等），或设有钢筋混凝土圈梁时，可以不设防潮层。

（3）垂直防潮层的做法　当室内地坪出现高差或室内地坪低于室外地面时，为避免室内地坪较高一侧土壤或室外地面回填土中的水分侵入墙身，对于高差部分的垂直墙面在填土一侧沿墙设置垂直防潮层，如图 3-18（c）所示。其做法是在高地坪一侧房间位于两道水平防潮层之间的垂直墙面上，先用水泥砂浆做出 15～20mm 厚的抹灰层，再涂冷底子油一道，

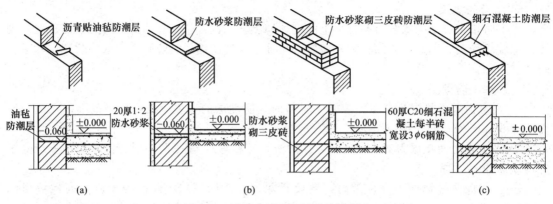

图 3-18 墙身水平防潮层的构造做法

然后刷热沥青两道或采用防水砂浆抹灰防潮处理，而在低地坪一边的墙面上，则采用水泥砂浆打底的墙面抹灰。

4. 窗台

窗台位于窗洞口下部，根据窗子的安装位置可形成外窗台和内窗台，如图3-19所示。

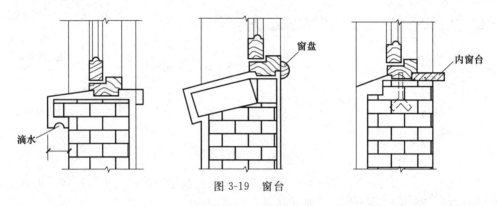

图 3-19 窗台

外窗台有悬挑和不悬挑两种。悬挑的窗台可用砖（平砌、侧砌）或用混凝土板等构成。悬挑窗台下部应成锐角形或半圆凹槽（称为"滴水"），以引导雨水沿着滴水槽口下落。由于悬挑窗台下部容易积灰，在风雨作用下很容易污染窗台下的墙面，特别是采用一般抹灰装修的外墙面更为严重，影响建筑美观。因此现在大部分建筑物更多是以不悬挑窗台取代悬挑窗台，以利用雨水的冲刷洗去积灰。

（1）**砖窗台** 砖窗台应用较广，有平砌挑砖和侧砌挑砖两种做法，挑出尺寸大多为60mm，其厚度为60～120mm。窗台表面抹1:3水泥砂浆，并应有10%左右的坡度，挑砖下缘粉滴水线，如图3-20所示。

（2）**预制混凝土窗台** 预制混凝土窗台，如图3-21所示。混凝土窗台易形成"冷桥"现象，不利于结构的保温和隔热。

内窗台是为了排除窗上的凝结水以保护室内墙面，以及存放物品、摆放花盆等。内窗台台面应高于外窗台台面。内窗台高一般为900～1000mm，幼儿园活动室取600mm，售票台取1100mm。

内窗台的做法常见以下两种：

① 水泥砂浆抹窗台。一般在窗台上表面抹20mm厚的水泥砂浆，并应凸出墙面5mm为好。

② 窗台板。对于装修要求较高而且窗台下设置暖气片的房间，一般均采用窗台板。窗台板可以用预制水泥板或水磨石板。装修要求特别高的房间还可以采用硬木板或天然石板制成。

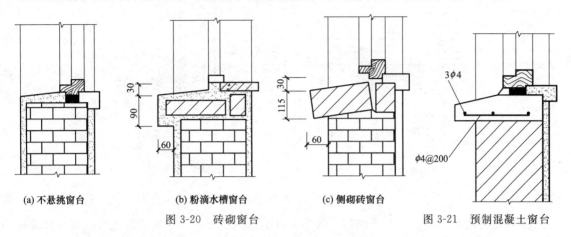

(a) 不悬挑窗台　　　(b) 粉滴水槽窗台　　　(c) 侧砌砖窗台

图 3-20　砖砌窗台　　　　　　　图 3-21　预制混凝土窗台

5. 门窗过梁

当墙体上开设门窗洞口时，为了支承洞口上部砌体传来的各种荷载，常在门窗洞口上设置横梁，并把这些荷载传给洞口两侧的墙体，即门窗过梁。过梁的形式较多，常见的有砖拱过梁、钢筋砖过梁和钢筋混凝土过梁。

（1）砖拱过梁　砖拱过梁有平拱和弧拱两种，如图 3-22 所示。砖砌平拱过梁是我国传统做法。砖砌平拱采用竖砌的砖作为拱砖，拱的高度多为一砖，灰缝上部宽度≯15mm，下部宽度≮5mm，两端下部伸入墙内 20～30mm，中部起拱高度为洞口跨度的 1/50，受力后拱体下落时形成水平。砖强度等级不低于 MU10，砂浆强度不能低于 M5，这种平拱的最大跨度为 1.2m［《砌体结构设计规范》（GB 50003—2011）］。

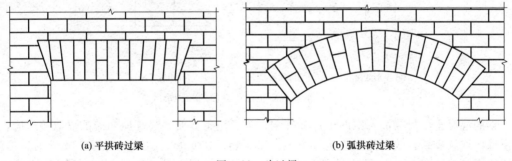

(a) 平拱砖过梁　　　　　　　　　　(b) 弧拱砖过梁

图 3-22　砖过梁

砖砌弧拱过梁的弧拱高度不小于 120mm，其余同平拱砌筑方法，由于起拱高度大，跨度也相应增大。当拱高为（1/12～1/8）L 时，跨度 L 为 2.5～3m；当拱高为（1/6～1/5）L 时，跨度 L 为 3～4m。砖拱过梁的砌筑砂浆强度等级不低于 M10，砖强度等级不低于 MU7.5 级，才能保证过梁的强度和稳定性。

砖拱过梁节约钢材和水泥，但整体性较差，不宜用于上部有集中荷载、建筑物受振动荷载、地基承载力不均匀及地震区的建筑。

（2）钢筋砖过梁　钢筋砖过梁是在洞口顶部配置钢筋，形成能受弯矩作用的加筋砖砌体。用砖不低于 MU10，砌筑砂浆不低于 M5。一般在洞口上方先支木模，上放直径≮5mm的钢筋，间距≯120mm，伸入两端墙内≮240mm。钢筋上下应抹≮30mm 的砂浆层。梁高一般不少于 5 皮砖，且不少于门窗洞口宽度的 1/4。这种过梁最大宽度为 1.5m［《砌体结构设计规范》（GB 50003—2011）]，如图 3-23 所示。

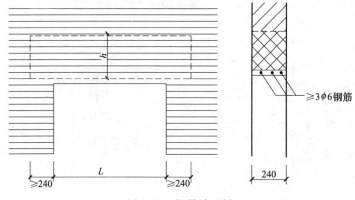

图 3-23　钢筋砖过梁

　　钢筋砖过梁施工方便，整体性好，特别是在清水墙情况下，建筑立面上可得到与外墙砌法统一的效果，适用于上部无集中荷载的洞口上。

　　（3）钢筋混凝土过梁　当门窗洞口较大或洞口上部有集中荷载时，宜采用钢筋混凝土过梁，它承载能力强，施工简便，对房屋不均匀下沉或振动有一定的适应性，目前被广泛采用。

　　钢筋混凝土过梁有现浇和预制两种。过梁断面形式有矩形和 L 形，矩形多用于内墙和混水墙，L 形多用于外墙和清水墙。图 3-24 为钢筋混凝土过梁断面的几种形式。

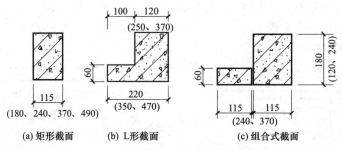

图 3-24　钢筋混凝土过梁断面的几种形式

　　钢筋混凝土过梁梁高及配筋由计算确定。为了施工方便，梁高应与砖的皮数相适应，以方便墙体连续砌筑，故常见梁高为 60mm、120mm、180mm、240mm，即 60mm 的整倍数。过梁梁宽一般同墙厚。过梁两端伸进墙内的支承长度不小于 240mm，以保证足够的承压面积。

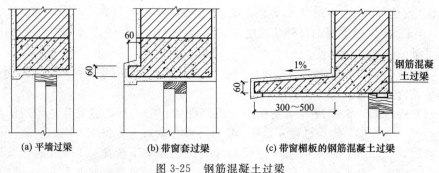

图 3-25　钢筋混凝土过梁

在立面中往往有不同形式的窗，过梁的形式应配合处理，如带窗套的窗，过梁断面为 L 形，一般挑出 60mm，厚度 60mm，如图 3-25 (b) 所示。为了简化构造，节约材料，可将过梁与圈梁、悬挑雨罩、窗楣板或遮阳板结合起来设计。如在南方炎热多雨地区，常从过梁上挑出窗楣板，既保护窗户不淋雨，又可遮挡部分直射太阳光。窗楣板按设计要求出挑，一般可挑 300～500mm，厚度 60mm，如图 3-25 (c) 所示。

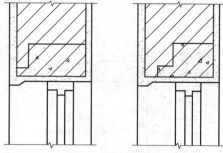

图 3-26　寒冷地区钢筋混凝土过梁处理方式

钢筋混凝土的热导率大于砖的热导率。在寒冷地区为了避免在过梁表面产生凝结水，采用 L 形过梁，使外露部分的面积减少，或全部把过梁包起来。如图 3-26 所示。

6. 墙体加固措施

(1) 圈梁　圈梁是沿外墙四周及部分内墙设置在同一水平面上连续交圈封闭的梁。其作用是加强房屋的空间刚度及整体性，防止由于地基不均匀沉降或较大振动引起的墙体裂缝。对于抗震设防地区，设置圈梁与构造柱形成内部骨架，可大大提高墙体抗震能力。

圈梁包括钢筋砖圈梁和钢筋混凝土圈梁两种。

钢筋砖圈梁，多用于非抗震区。这种圈梁设置在楼层标高的墙身上，高度一般为 4～6 皮砖，宽度同墙厚，用强度等级不低于 M5 的砂浆砌筑，在砌体灰缝中配置通长钢筋，钢筋不宜少于 $6\phi6$，钢筋水平间距不宜大于 120mm，应分上下两层布置，如图 3-27 (a) 所示。

现浇钢筋混凝土圈梁。常用强度等级为 C20 的混凝土浇筑，最小配筋应符合表 3-5 的要求。钢筋混凝土圈梁的宽度宜与墙厚相同，寒冷地区当墙厚为 240mm 以上时，圈梁宽度可取墙厚的 2/3，且不小于 240mm，高度不应小于 120mm，常见尺寸为 180mm、240mm。基础中圈梁的最小高度为 180mm。

表 3-5　圈梁设置要求

圈梁设置及配筋		设计烈度		
		6、7 度	8 度	9 度
圈梁设置	沿外墙及内纵墙	屋盖处及每层楼盖处设置	屋盖处及每层楼盖处设置	屋盖处及每层楼盖处设置
	沿内横墙	屋盖处及每层楼盖处设置，屋盖处间距≯7m；楼盖处间距≯15m；构造柱对应部位	屋盖处及每层楼盖处设置，屋盖处沿所有横墙间距≯7m；楼盖处间距≯7m；构造柱对应部位	屋盖处及每层楼盖处设置，各层所有横墙
配筋	最小配筋	$4\phi10$	$4\phi12$	$4\phi14$
	箍筋及最大间距	$\phi6@250$	$\phi6@200$	$\phi6@150$

钢筋混凝土圈梁在墙身上的位置应考虑充分发挥作用并满足最小断面尺寸，宜设置在与楼板或屋面板同一标高处（称为板平圈梁），或紧贴楼板底（称为板底圈梁）。外墙圈梁一般与楼板相平，如图 3-27 (b) 所示，内墙圈梁一般在板下，如图 3-27 (c) 所示。

钢筋混凝土圈梁被门窗等洞口截断时，应在洞口上部或下部增设相同截面的附加圈梁，附加圈梁与圈梁的搭接长度不应小于其垂直间距的 2 倍，且不小于 1m，如图 3-28 所示。对有抗震要求的建筑物，圈梁不宜被洞口截断。

(2) 构造柱　构造柱是从构造角度考虑设置在墙身中的钢筋混凝土柱。其位置一般设在

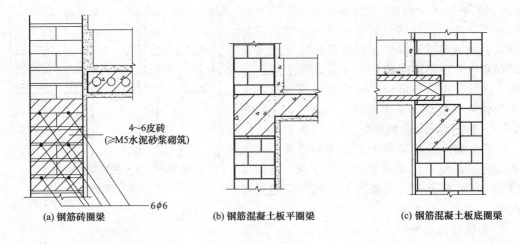

(a) 钢筋砖圈梁　　　　(b) 钢筋混凝土板平圈梁　　　　(c) 钢筋混凝土板底圈梁

图 3-27　圈梁构造

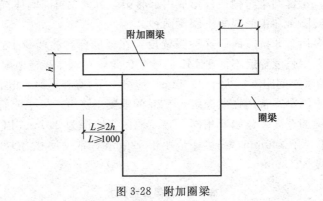

图 3-28　附加圈梁

建筑物的四角、内外墙交接处、楼梯间和电梯间四角以及较长的墙体中部、较大洞口两侧。其作用是与圈梁及墙体紧密连接，形成空间骨架，增强建筑物的整体刚度。构造柱下端应锚固于钢筋混凝土基础或基础圈梁内，上端与屋檐圈梁锚固，柱截面应不小于 180mm × 240mm，构造柱混凝土的强度等级不小于 C15，一般为 C20。主筋一般采用 4ϕ12，箍筋采用 ϕ6@250mm，且在上下适当加密，墙与柱之间应沿墙高每 500mm 设 2ϕ6 拉结钢筋，每边伸入墙内不小于 1m，使墙柱形成整体，如图 3-29 所示。构造柱施工时必须先绑扎钢筋，再砌墙，随着墙体的上升逐段现浇钢筋混凝土柱身。

空心砌块墙体构造是将砌块上下孔对齐，于孔中配 2ϕ10～2ϕ12 的钢筋，然后用 C15 细石混凝土分层灌实，如图 3-30 所示。

（3）门垛和壁柱　在墙体上开设门洞且门洞开在纵横墙交接处时，为了便于门框的安装和保证墙体的稳定，必须在门靠墙转角的一边设置门垛，如图 3-31 所示。门垛凸出墙面不少于 120mm，宽度同墙厚。

当墙体受到集中荷载或墙体过长（如 240mm 厚，长度超过 6m）时应增设壁柱（又叫扶壁柱），使之和墙体共同承担荷载并稳定墙身。壁柱的尺寸应符合块材规格，通常壁柱凸出墙面半砖或一砖，丁字形墙段的短边伸出尺寸一般为 120mm 或 240mm，壁柱宽 370mm 或 490mm。如图 3-32 所示。

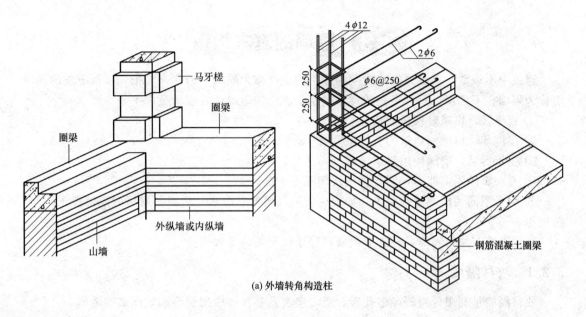

(a) 外墙转角构造柱

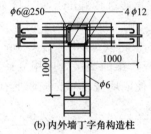

(b) 内外墙丁字角构造柱

图 3-29 构造柱

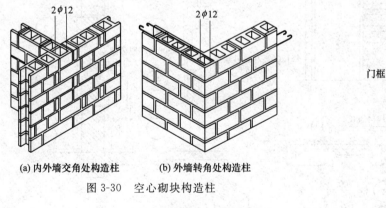

(a) 内外墙交角处构造柱　　(b) 外墙转角处构造柱

图 3-30 空心砌块构造柱

图 3-31 门垛

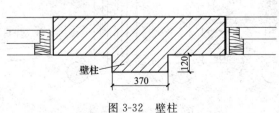

图 3-32 壁柱

3.3 隔墙的基本构造

建筑中不承重，只起分隔室内空间作用的墙体称为隔墙。通常人们把到顶板下皮的隔断墙称为隔墙；不到顶，只有半截的称为隔断。隔墙构造设计时应满足以下基本要求：

① 自重轻，以减轻楼板的荷载。

② 厚度薄，以增加建筑的有效空间。

③ 便于拆装，能随使用要求的改变而变化。

④ 有一定的隔声能力，使各使用房间互不干扰。

⑤ 满足不同使用部位的要求，如卫生间的隔墙要求防水、防潮，厨房的隔墙要求防潮、防火等。

常用隔墙有块材隔墙、轻骨架隔墙和轻质板材隔墙3大类。

3.3.1 块材隔墙

块材隔墙是利用普通砖、多孔砖、空心砌块及各种轻质砌块等砌筑而成的墙体。

(1) 普通砖隔墙 普通砖隔墙有半砖（120mm）和1/4砖（60mm）两种，其构造如图3-33所示。对半砖隔墙用普通砖顺砌，砌筑砂浆宜大于M5。在墙体高度超过5m时应加固，一般沿高度每隔0.5m砌入 $\phi4$ 钢筋2根，或每隔 $1.2\sim1.5m$ 设一道 $30\sim50mm$ 厚的水泥砂浆层，内放2根 $\phi6$ 钢筋。顶部和楼板、梁的交接处应用立砖斜砌，填塞墙与楼板、梁间的空隙，以预防楼板结构产生挠度，致使隔墙被压坏。隔墙上有门时，要预埋铁件或将带有木

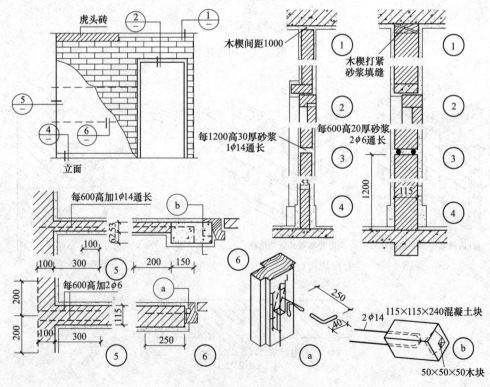

图 3-33 普通砖隔墙

楔的混凝土预制块砌入隔墙中以固定门框。半砖隔墙坚固耐久，有一定的隔声能力，但自重大、湿作业多，施工麻烦。

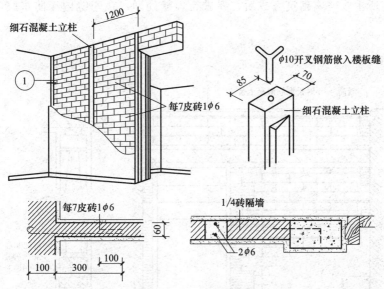

图 3-34　1/4 砖隔墙构造

1/4 砖隔墙是用普通砖侧砌而成，由于厚度较薄、稳定性差，对砌筑砂浆强度要求较高，一般不低于 M5。隔墙的高度和长度不宜过大，一般其高度不应超过 2.8m，长度不超过 3.0m。常用于不设门窗洞或面积较小的隔墙，如厨房与卫生间之间的隔墙。当用于面积较大或需开设门窗洞的部位时，必须采取加固措施。常用的加固方法是在高度方向每隔 500mm 砌入 2ϕ4 钢筋，或在水平方向每隔 1200mm 立 C20 细石混凝土柱一根，并沿垂直方向每隔 7 皮砖砌入 1ϕ6 钢筋，使之与两端墙连接，如图 3-34 所示。

（2）多孔砖或空心砖隔墙　多孔砖或空心砖做隔墙多采取立砌，厚度为 90mm，在 1/4 砖和半砖墙之间，其加固措施可以参照以上两种隔墙进行构造。在接合处如果没有半块时，可用普通砖填嵌空隙，如图 3-35 所示。

（3）砌块隔墙　为了减少隔墙的重量，可采用质轻块大的各种砌块，目前最常用的是加气混凝土块、粉煤灰硅酸盐砌块等砌筑的隔墙。隔墙的厚度由砌块尺寸而定，一般为 90～120mm。砌块大多具有质量轻、空隙率大、隔热性能好等优点，但吸水性强。因此，砌筑时应在墙下先砌 3～5 皮黏土砖。

砌块隔墙厚度较薄，墙体稳定性较差，需对墙身进行加固处理，其方法与砖隔墙类似，如图 3-36 所示。

砌块填充墙做隔墙时，如图 3-37 所示，施工顺序为框架完工后填充墙体。填充墙的自重由框架结构支承，通常采用空心砌块。砌块与框架之间应有良好的连接，以利于将其自重传递给框架支承，其加固措施与半砖墙类似，竖向每隔 500m 左右需从两侧框架柱中甩出 1000mm 长 2ϕ6 钢筋伸入砌体锚固；水平方向 2～3m 需设置构造立柱；门框的固定方式与半砖隔墙相同，但超过 3.3m 以上的较大洞口需在洞口两侧加设钢筋混凝土构造立柱。

（4）玻璃砖隔墙　玻璃砖隔墙是一种透光墙壁，具有强度高、绝热、绝缘、隔声、防水、美观、通透等特点。

玻璃砖分为空心和实心两种，从外观上看分为正方形、矩形和各种异形等。玻璃砖侧面有凹槽，采用水泥砂浆或结构胶拼砌，缝隙一般 10mm。若砌筑曲面时，最小缝隙 3mm，最大缝隙 16mm。玻璃砖隔墙高度控制在 4.5m 以下，长度也不宜过长。凹槽中可加横向及竖向钢筋或扁钢进行拉接，提高墙身稳定性，其钢筋必须与隔墙周围的墙或柱、梁连接在一起。如图 3-38 所示。玻璃砌筑完成后，要进行勾缝处理，在勾缝内涂防水胶，以确保防水功能。

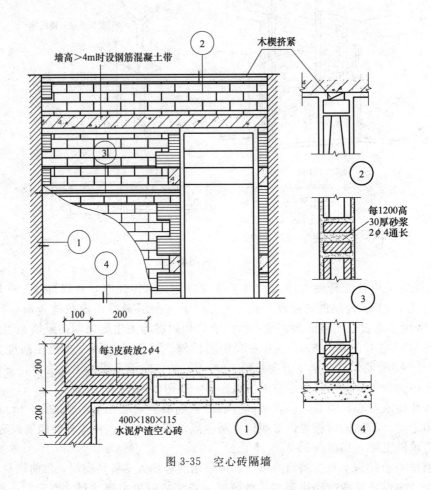

图 3-35　空心砖隔墙

图 3-36　砌块隔墙

图 3-37　砌块填充隔墙

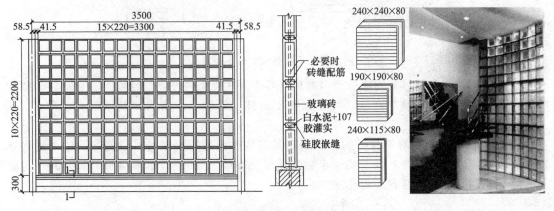

图 3-38　玻璃砖隔墙

3.3.2　轻骨架隔墙

轻骨架隔墙由骨架和面层两部分组成，由于是先立墙筋（骨架，或称龙骨）再做面层，因而又称为立筋式隔墙。

（1）骨架　常用的骨架有木骨架、型钢骨架和轻钢骨架。近年来，出现了不少采用工业废料及轻金属料制成的骨架，如石棉水泥骨架、石膏骨架、水泥刨花骨架、轻钢和铝合金骨架等。

木骨架由木制的上槛、下槛、墙筋、斜撑及横挡组成，上槛、下槛及墙筋断面尺寸为（40～50）mm×（70～100）mm。一般墙筋沿高度方向每隔 1.2m 左右设斜撑一道，当骨架外系铺钉面板时，斜撑应改为水平的横挡，斜撑与横挡断面相同或略小些，墙筋间距视面层板材规格而定，一般为 400～600mm；当饰面为抹灰时，取 400mm；饰面为装饰面板时，取 450mm 或 500mm；挡饰面为纤维板或胶合板时，取 600mm。横挡间距可与墙筋相同，也可适当放大。

骨架与楼板应连接牢固，上槛、下槛、墙筋与横挡可以榫接，也可以采取钉接，但必须保证饰面平整，同时木材必须干燥，避免翘曲。隔墙下部砌筑二至三皮实心砖，同时骨架还应做防火、防腐处理。如图 3-39 所示为木板条抹灰骨架隔墙。

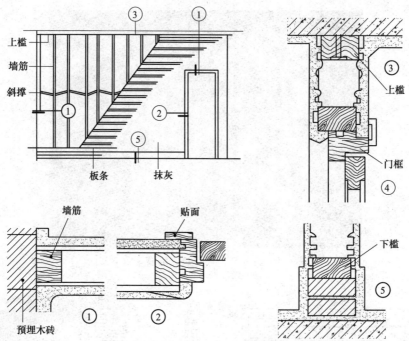

图 3-39　木板条抹灰骨架隔墙

　　轻钢骨架是由各种形式的薄壁型钢制成，其主要优点是强度高、刚度大、自重轻、整体性好，易于加工和大批量生产，还可根据需要拆卸、组装。常用的薄壁型钢有 0.8～1mm 厚槽钢和工字钢。

　　图 3-40 为一种薄壁轻钢骨架的轻隔墙，其安装过程是先用螺钉将上槛、下槛（也称导向骨架）固定在楼板上，上、下槛固定后安装竖向龙骨（墙筋），间距 400～600mm，与面板规格相协调，龙骨上留有走线孔。

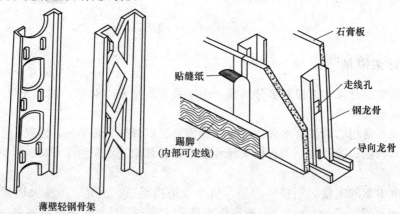

图 3-40　薄壁轻钢骨架

　　（2）面层　轻骨架隔墙的面层有很多种类型，如木质板材料（如胶合板）、石膏板类（如纸面石膏板）、无机纤维板类（如矿棉板）、金属板材类（如铝合金板）、塑料板材类（如 PVC 板）、玻璃板材类（如彩绘玻璃）等，多为难燃或不燃材料。

　　胶合板是用阔叶树或松木经旋切、胶合等多种工序制成的，常用的是 1830mm×915mm×4mm（三合板）和 2135mm×915mm×7mm（五合板）。

　　硬质纤维板是用碎木加工而成的，常用的规格是 1830mm×1220mm×3（或 4.5）mm

和 2135mm×915mm×4（或 5）mm。

石膏板是用一、二级建筑石膏加入适量纤维、黏结剂、发泡剂等经辊压等工序制成。我国生产的石膏板规格为 3000mm×800mm×12mm、3000mm×800mm×9mm。

胶合板、硬质纤维板等以木材为原料的板材多用于木骨架，石膏面板多用于石膏或轻钢骨架，如图 3-41 所示。

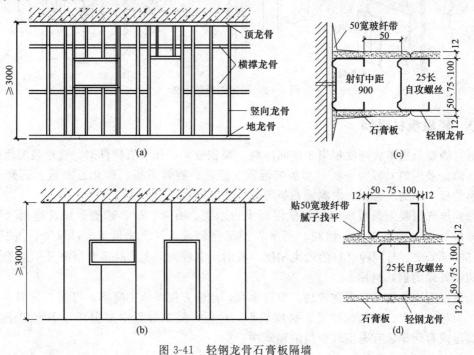

图 3-41 轻钢龙骨石膏板隔墙

人造板和骨架的关系有两种：一种是在骨架的两面或一面，用压条压缝或不用压条压缝，即贴面式；另一种是将板材置于骨架中间，四周用压条压住，称为镶板式，如图 3-42 所示。

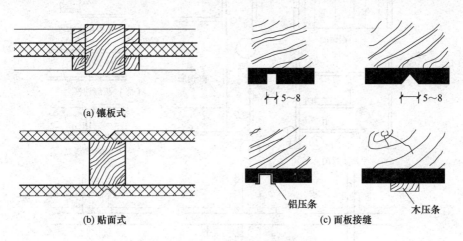

图 3-42 人造面板与骨架连接方式

人造板在骨架上的固定方法有钉、粘、卡三种，如图 3-43 所示。采用轻钢骨架时，往往用骨架上舌片或特制的夹具将面板卡到轻钢骨架上。这种做法简便、迅速，有利于隔墙的组装和拆卸。

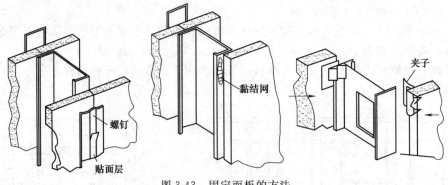

图 3-43　固定面板的方法

3.3.3　轻质板材隔墙

板材隔墙是指单板高度相当于房间净高，面积较大，且不依赖骨架，直接装配而成的隔墙。目前，采用的大多为条板，如加气混凝土条板、石膏条板、碳化石灰板、石膏珍珠岩板、泰柏板、蜂窝复合板、水泥刨花板等。

（1）加气混凝土条板隔墙　加气混凝土由水泥、石灰、砂、矿渣等加发泡剂（铝粉），经过原料处理、配料浇注、切割、蒸压养护工序制成。其干密度 $5\sim7kN/m^3$，抗压强度 $300\sim500N/cm^2$。与同种材料的砌块相比，板的块型较大，生产时需要根据其用途配置不同的经防锈处理的钢筋网片。

加气混凝土条板具有自重较轻，节省水泥，运输方便，施工简单，可锯、可刨、可钉等优点。但吸水性大、耐腐蚀性差、强度较低，运输、施工过程中易损坏，不宜用于具有高温、高湿或有化学、有害空气介质的建筑中。

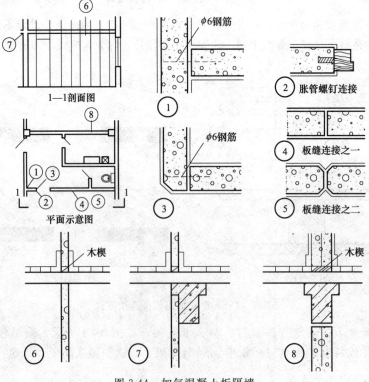

图 3-44　加气混凝土板隔墙

加气混凝土条板规格为长度 2700～3000mm、宽度 600～800mm、厚度 80～100mm 等，如图 3-44 所示，隔墙板材之间用水玻璃砂浆或 107 胶砂浆黏结。水玻璃砂浆的配比是水玻璃：磨细矿砂：细砂＝1：1：2，107 胶：珍珠岩粉：水＝100：15：2.5。条板安装一般是在地面上用一对对口木楔在板底将板楔紧。

(2) 炭化石灰板隔墙　炭化石灰板是以磨细的生石灰为主要原料，掺 3‰～4‰（质量比）的短玻璃纤维，加水搅拌，振动成型，利用石灰窑的废弃碳化而成的空心板。一般的炭化石灰板的规格为长 2700～3000mm、宽 500～800mm、厚 90～120mm。板的安装同加气混凝土条板隔墙，如图 3-45 所示。

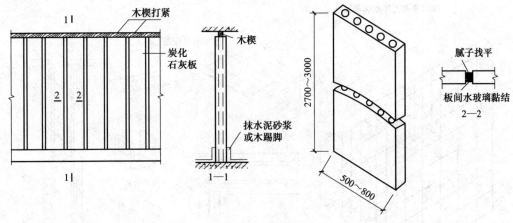

图 3-45　碳化石灰板

炭化石灰板隔墙可做成单层或双层，90mm 或 120mm 厚，隔墙平均隔声能力为 33.9dB 或 35.7dB。60mm 宽空气间层的双层板，平均隔声能力可为 48.3dB，适用于隔声要求高的房间。

炭化石灰板材料来源广泛、生产工艺简单、成本低廉、轻质、隔声效果好。

(3) 增强石膏空心板　增强石膏空心板分为普通条板、钢木窗框条板及防水条板三种，在建筑中按各种功能要求配套使用。石膏空心板规格为宽 600mm、厚 60mm、长 2400～3000mm，9 个孔，孔径 38mm，空隙率 28％，能满足防火、隔声及抗撞击的要求，如图 3-46 所示。增强石膏空心条板不应用于长期处于湿润环境或接触水的房间，如卫生间、厨房等。

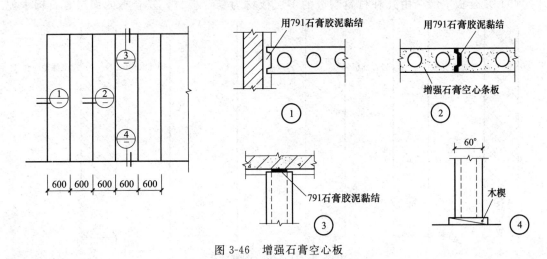

图 3-46　增强石膏空心板

（4）泰柏板墙 泰柏板又称为钢丝网泡沫塑料水泥砂浆复合墙板，它是由 $\phi2$ 低碳冷拔镀锌钢丝焊接成三维空间网笼，中间填充阻燃聚苯乙烯泡沫塑料构成轻质板材，安装后双面抹灰或喷涂水泥砂浆而组成的复合墙体。

泰柏板长为 2100～4000mm，宽度为 1200～1400mm，厚度为 70mm，抹灰后的厚度为 100mm。这种板的特点是质量轻，强度高，防火、隔声、防腐能力强，板内可预留设备管道、电器设备等。可以用于建筑物的内外墙，甚至轻型屋面或小开间建筑的楼板。

泰柏板隔墙必须用配套的连接件在现场安装固定，隔墙的拼缝处、阴阳角和门窗洞口等位置，必须用专用的钢丝网片补强，其构造如图 3-47 所示。

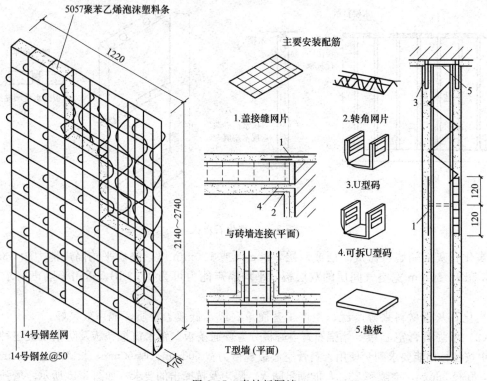

图 3-47　泰柏板隔墙

（5）复合板隔墙 由几种材料制成的多层板材为复合板材，复合板的面层有石棉水泥

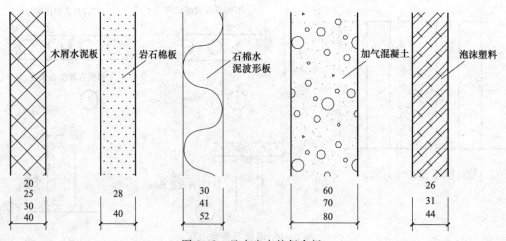

图 3-48　日本生产的复合板

板、石膏板、铝板、树脂板、硬质纤维板、压型钢板等。夹芯材料可用矿棉、木质纤维、泡沫塑料和蜂窝状材料等。

复合板充分利用材料的性能，大多具有强度高，耐火性、防水性、隔声性能好的优点，且安装、拆卸方便，有利于建筑工业化。图3-48所示为几种日本生产的复合板。

本章小结

1. 墙体是建筑物中的垂直分隔构件，起着承重和围护作用，按受力性质的不用有承重墙和非承重墙之分。非承重墙按其作用有自承重墙、隔墙、填充墙、幕墙之分；按组成材料的不同有砖墙、石墙、混凝土墙之分。

作为围护与分隔空间的作用，需要满足不同的使用功能、热工、隔声、防火要求。墙身的构造组成包括散水、勒脚、窗台、门窗过梁、墙身加固措施等部分。

2. 隔墙指分隔空间的非承重墙，主要有轻质骨架墙、块材隔墙和板材隔墙。轻质骨架隔墙多与室内装修相结合；块材隔墙属于重质隔墙，需解决好其支承关系，刚度、稳定性关系；板材隔墙则需解决好热工、隔声等使用功能。

3. 地下室按使用性质分为普通地下室和防空地下室，按设置深度分为全地下室和半地下室。人防地下室分为甲、乙两类。

4. 土层潮气、地下水和地表渗水必然对地下室长期侵蚀，故应在构造上做好防潮、防水处理。当地下水的常年水位和最高水位都在地下室地坪标高以下时，地下室只需做防潮处理。当设计最高地下水位高于地下室室内地坪，这时必须考虑对地下室外墙做垂直防水和对地坪做水平防水处理。

5. 地下室防水多采用卷材防水（柔性防水）、防水混凝土防水（刚性防水）、涂料防水及复合防水法。

复习思考题

1. 墙体在构造上应考虑哪些设计要求？为什么？

2. 墙体承重结构的布置方案有哪些？各有何特点？分别适用于何种情况？

3. 提高外墙保温能力有哪些措施？

4. 墙体隔声措施有哪些？

5. 依其所处位置不同、受力不同、材料不同、构造不同、施工方法不同，墙体可分为哪几种类型？

6. 常用砌体墙材料有哪些？常用空心砖有哪几种类型？

7. 砌体墙组砌的要点是什么？

8. 砌墙砌筑原则是什么？常见的砖墙组砌方式有哪些？

9. 简述墙脚水平防潮层的作用、设置位置、方式及特点。

10. 在什么情况下要设垂直防潮层？其构造做法怎样？

11. 勒脚的作用有哪些？其处理方法有哪几种？其构造特点如何？

12. 常见的过梁有哪几种？它们的适用范围和构造特点是什么？

13. 窗台构造中应考虑哪些问题？构造做法有几种？

14. 墙身加固措施有哪些？有何设计要求？

15. 简述圈梁的概念、作用、设置要求、构造做法及其特点。

16. 构造柱的作用、设置要求及其构造做法是什么？

17. 常见的隔墙种类有哪些？试述各种隔墙的特点及其构造做法。

18. 地下室的分类及概念是什么？

19. 地下室由哪些部分组成？各部分的功能要求如何？

20. 地下室何时做防潮、防水？

21. 地下室防水的做法类型有哪些？画图说明地下室防潮、防水构造。

22. 地下室的采光井应注意哪些构造问题？

23. 有地下室的建筑物适宜采用哪种基础类型？

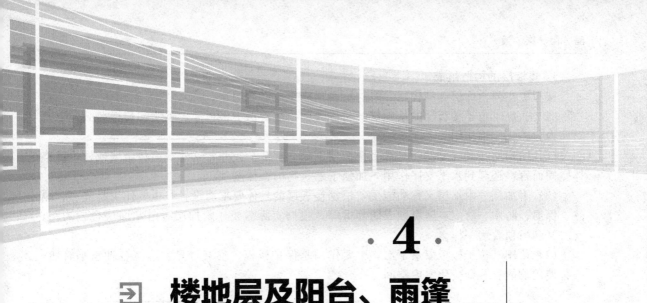

·4·

 教学目标

　　熟悉楼板层与地面的设计要求，熟悉钢筋混凝土楼板的主要类型，掌握其构造，掌握阳台、雨篷的构造。

 教学要求

知识要点	能力要求	相关知识	所占分值 （100 分）	自评 分数
楼地层的作用及 设计要求	熟悉楼板层与地面的 设计要求	楼地层的作用及构造层次、楼板的类型及 设计要求	20	
钢筋混凝土楼板	熟悉钢筋混凝土楼板 的主要类型，掌握其构造	现浇整体式钢筋混凝土楼板、预制装配式 钢筋混凝土楼板、装配整体式钢筋混凝土 楼板	40	
阳台、雨篷	掌握阳台、雨篷的构造	阳台、雨篷的类型及细部构造	40	

4.1　楼地层概述

4.1.1　楼地层的作用及构造层次

　　楼地层是分隔建筑空间的水平承重结构构件，包括楼板层和地坪层，楼板层分隔上下楼层空间，把承受的上部荷载及自重传递给墙或柱。地坪层直接与土壤相连，分隔大地与底层空间。为了满足使用要求，楼板层和地坪层都必须一定程度地满足隔声、防火、防水、防潮、防腐、保温及美观的要求。

1. 楼板层的构造组成

楼板层主要由面层、结构层、附加层及顶棚组成，如图4-1（a）、（b）所示。

（1）面层 位于楼板层的最上层，又称楼面，起着保护楼板层、承受和传递荷载，以及对室内起美化装饰作用。

（2）结构层 其主要功能是承受楼板层上的全部载荷，并将这些载荷传给墙或柱，就整体空间而言，还起到水平支撑作用，加强了建筑物的整体刚度。

（3）附加层 附加层又称功能层，根据楼板层的具体要求而设置，主要作用是隔声、隔热、保温、防水、防潮、防腐蚀、防静电等。根据实际需要，附加层有时和面层合二为一，有时又和吊顶合为一体。

（4）顶棚 位于楼板层最下层，主要作用是保护楼板、安装灯具、遮挡各种水平管线、改善使用功能、装饰美化室内空间。

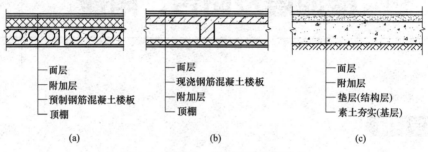

图4-1 楼板层、地坪层的构造组成

2. 地坪层的构造组成

地坪层由面层、附加层、结构层、垫层、素土夯实层五部分组成，如图4-1（c）所示。

（1）面层 也称地面，是人们直接接触的部位，应具有坚固、耐磨、平整、光洁、不易起尘等特点。

（2）附加层 主要是为了满足有特殊使用功能要求而设置的某些层次，如防水层、保温层、埋管线层等。

（3）结构层 是地坪层中承重和传力的部分，常与垫层结合使用，通常采用80～100mm厚C10混凝土。

（4）垫层 为结构层和地基之间的找平层或填充层，主要作用是加强地基、帮助结构层传递荷载。有时垫层也与结构层合二为一，地基条件较好且室内荷载不大的建筑一般可以不设垫层；地基条件较差、室内荷载较大且有保温等特殊要求的一般都设置垫层。垫层通常就地取材，均需夯实，北方常用灰土或碎石，南方常用碎砖、碎石、三合土等。

（5）素土夯实层 素土夯实层是地坪的基层，材料为不含杂质的砂石黏土，通常是填300mm的素土夯实成200mm厚，使之能均匀承受荷载。

4.1.2 楼板的类型

根据材质不同，楼板可分为木楼板、钢筋混凝土楼板、压型钢板组合楼板等多种类型，如图4-2所示。

（1）木楼板 木楼板自重轻，保温隔热性能好，舒适、有弹性，但耐火性和耐久性均较差，且造价偏高，为节约木材和满足防火要求，目前较少采用。

（2）钢筋混凝土楼板 强度高、刚度好、耐火性和耐久性好，还具有良好的可塑性，便于工业化生产，在我国应用最广泛。按其施工方法不同，可分为现浇式、装配式和装配整体

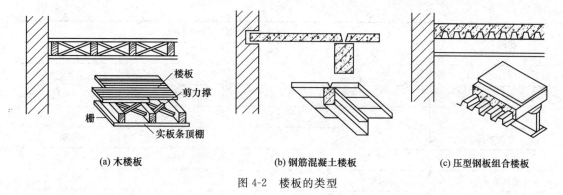

图 4-2 楼板的类型
(a) 木楼板   (b) 钢筋混凝土楼板   (c) 压型钢板组合楼板

式三种。

（3）压型钢板组合楼板　是在钢筋混凝土楼板的基础上发展起来的，一般用于钢结构体系中。利用压型钢板作为楼板的受弯构件和底模，既提高了楼板的强度和刚度，又加快了施工进度，是目前大力推广的一种新型楼板。

4.1.3　楼板层的设计要求

（1）具有足够的强度和刚度　楼板作为承重构件，必须具有足够的强度和刚度，以保证结构安全。强度要求是指楼板层应保证在自重和各种荷载作用下安全可靠，这主要通过结构设计来满足要求。刚度要求是指楼板层在一定荷载作用下不发生过大变形，以保证正常使用。结构规范规定楼板的允许挠度不大于跨度（L）的 $1/250$，可用板的最小厚度（$1/40L$～$1/35L$）来保证其刚度。

（2）隔声要求　楼板应具备一定的隔声能力，以免楼上楼下互相干扰。不同性质的房间对隔声要求不同，对一些特殊性质的房间如广播室、录音室、演播室等的隔声要求则更高，如表 4-1 和表 4-2 所示。

表 4-1　公用建筑允许噪声标准

建筑名称	允许噪声标准（A 声级）/dB		
	甲等	乙等	丙等
剧场观众厅	≤35	≤40	≤45
影院观众厅	≤40	≤45	≤45
电影院、医院病房、小会议室	—	35～42	
教室、大会议室、电视演播室	—	30～38	
音乐厅、剧院		25～30	
测听室、广播录音室		20～30	

表 4-2　民用建筑允许噪声标准

房间名称	允许噪声标准（A 声级）/dB			
	一级	二级	三级	四级
卧室（或卧室兼起居室）	≤40	≤45	≤50	—
起居室	≤45	≤50	≤50	—
学校教学用房	≤40[①]	≤50[②]	≤55[③]	—
病房、医护人员休息室	≤40	≤45	≤50	—

房间名称	允许噪声标准(A声级)/dB			
	一级	二级	三级	四级
门诊室	—	≤60	≤65	—
手术室	—	≤45	≤50	
测听室	—	≤25	≤30	≤50
旅馆客房	≤35	≤40	≤45	≤50
会议室	≤40	≤45	≤50	—
多用途大厅	≤40	≤45	≤50	≤55
办公室	≤45	≤50	≤50	
餐厅、宴会厅	≤50	≤55	≤50	

注：① 特殊安静要求的房间。指语音教室、录音室、阅览室等。

② 一般教室。指普通教室、自然教室、音乐教室、琴房、阅览室、视听教室、美术教室、舞蹈教室等。

③ 无特殊要求的房间。指健身房、以操作为主的实验室、教师办公室及休息室等。

（3）防火要求　楼板层应根据建筑物耐火等级，对防火要求进行设计，满足防火安全的功能。

（4）防水、防潮要求　对有水侵袭的房间（如卫生间、厨房等），楼板层必须具有防水、防潮能力。

（5）设备管线布置要求　现代建筑中，由于各种服务设施日趋完善，有更多管线借助楼板层敷设，为使室内平面布置灵活，空间使用完整，在楼板层的设计中必须仔细考虑各种设备管线的布置要求。

（6）建筑经济的要求　多层建筑中，楼板层的造价占建筑总造价的 20%～30%，因此，楼板层设计中，在保证质量标准和使用要求的前提下，要选择经济合理的结构形式和构造方案，尽量减少材料消耗和自重，并为工业化生产创造条件。

4.2 钢筋混凝土楼板

在各种类型的楼板中，因为钢筋混凝土楼板具有强度高、不燃烧、耐久性好、可塑性好、较经济等优点，得到了广泛应用，钢筋混凝土楼板按其施工方法不同，可分为现浇式、预制装配式和装配整体式 3 种。

4.2.1 现浇钢筋混凝土楼板

现浇钢筋混凝土楼板是指在施工现场浇注成的楼板，其整体性能好，适合于整体性要求高、楼板上有管道穿过、水平构件尺寸不合模数的建筑物。但施工过程中模板耗量大、湿作业量大、工序繁多、施工工期长。按其受力和传力情况分为板式楼板、梁板式楼板、无梁楼板和压型钢板组合楼板。

1. 板式楼板

在砖混结构的建筑中，当房间的尺寸较小时，楼板可以将其自重和楼板上面的荷载直接传给墙体，此种楼板为板式楼板，使用于跨度较小的房间或走廊。

根据受力特点和支承情况，分为单向板和双向板。为满足施工要求和经济要求，对各种板式楼板的最小厚度和最大厚度，一般规定如下：

（1）单向板（板的长短边之比＞2）　在荷载作用下，板基本上只在短边方向挠曲，在长边方向挠曲很小，表明荷载主要沿短边方向传递，称为单向板，如图4-3（a）所示。屋面板板厚60～80mm，一般为板短跨的1/35～1/30。民用建筑楼板厚70～100mm；工业建筑楼板厚80～180mm。当混凝土强度等级≥C20时，板厚可减小10mm，但不得小于60mm。

（2）双向板（板的长短边之比≤2）　板在荷载作用下，两个方向均有挠曲，表明板在两个方向都传递荷载，称为双向板。双向板的受力和传力更加合理，构件的材料更能充分发挥作用，如图4-3（b）所示。板厚为80～160mm，一般为板短跨的1/40～1/35。

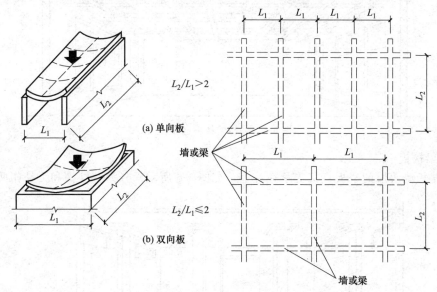

图 4-3　单向板与双向板

2. 梁板式楼板

梁板式楼板由板、次梁和主梁组成，当房间的空间尺度较大时，为使楼板受力和传力较为合理，常在楼板下设梁以增加板的支点，从而减小板的跨度，这种楼板称为梁板式楼板，如图4-4所示。梁又有主梁、次梁之分。荷载传递路径为由板传给次梁，次梁传给主梁，再由主梁传给墙或柱。

主梁的经济跨度为5～8m，最大可达12m，主梁高为主梁跨度的1/14～1/8；次梁的经济跨度为4～6m，次梁高为次梁跨度的1/18～1/12。梁的高宽之比一般为1/3～1/2，宽度常采用250mm。板的跨度即为次梁（或主梁）的间距，一般为1.7～2.5m；双向板不宜超过5m×5m，板厚的确定同板式楼板。

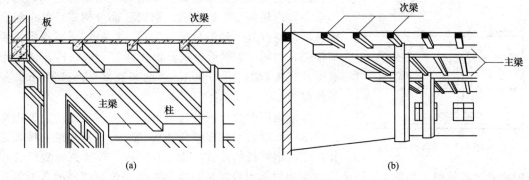

图 4-4　梁板式楼板透视图

　　梁板式楼板板底的梁也可以两个方向交叉布置成井格状，无主次梁之分，称为井格式楼板，如图4-5所示。井格式楼板适用于长宽比不大于1.5的矩形平面，井格式楼板中井格板的跨度在3m左右，梁的跨度可达20～30m，梁截面高度不小于梁跨的1/15，宽度为梁高的1/4～1/2，且不少于120mm。井格式楼板可以用于较大的无柱空间，井格可布置成正交正放、正交斜放、斜交斜放，楼板底部的井格整齐，很有韵律，可以产生很好的艺术效果。

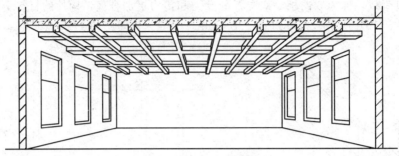

图4-5　井格式楼板透视图

3. 无梁楼板

无梁楼板为等厚的平板直接支承在柱上，如图4-6所示，分为有柱帽和无柱帽两种。

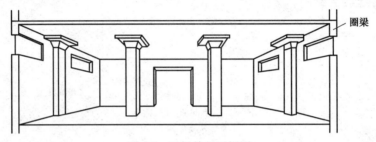

图4-6　无梁楼板透视图

　　当楼板荷载比较小时，可采用无柱帽楼板；当楼面荷载较大时，必须在柱顶加设柱帽，柱帽的设置可以增大柱子的支撑面积，减小板的跨度。无梁楼板的柱可设计成方形、矩形、多边形和圆形；柱帽可根据室内空间要求和柱截面形式进行设计，板的最小厚度不小于150mm且不小于板跨的1/35～1/32。无梁楼板多用于荷载较大的展览馆、仓库等建筑中。

　　4. 压型钢板组合楼板

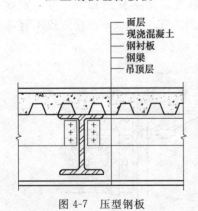

图4-7　压型钢板

　　压型钢板组合楼板是一种钢板与混凝土组合的楼板，系用凹凸相间的压型薄钢板做衬板，与现浇混凝土一起支承在钢梁上构成整体型楼板支承结构，主要应用于钢结构体系中，由楼面层、组合板、钢梁三部分构成，其中组合板包括现浇混凝土和钢衬板两部分。此外，还可根据需要吊顶棚，如图4-7所示。压型钢板两面镀锌，冷压成梯形截面。其板宽500～1000mm，肋或肢高35～150mm。经济跨度为2～3m之间。

　　压型钢板组合楼板的构造形式较多，根据压型钢板形式的不同有单层钢衬板组合楼板和双层钢衬板组合楼板之分，压型钢衬板的形式如图4-8所示。单层钢衬板组合楼板的构造比较简单，如图4-9所示。双层钢衬板组合楼板通常是由两层截面相同的压型钢板组合而成,也可由一层压型钢板和一层平钢板组成。双层压型钢板楼板的承载能力更好,两层钢板之间形成的空腔便于设备管线敷设,如图 4-10 所示。

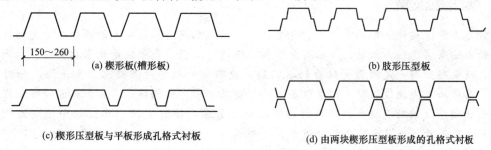

(a) 楔形板(槽形板)

(b) 肢形压型板

(c) 楔形压型板与平板形成孔格式衬板

(d) 由两块楔形压型板形成的孔格式衬板

图 4-8 压型钢衬板的形式

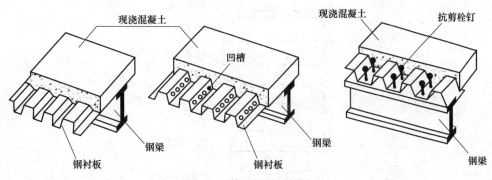

图 4-9 单层钢衬板楼板

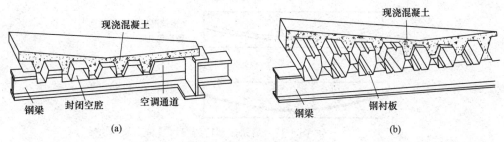

图 4-10 双层压型钢板楼板

4.2.2 预制装配式钢筋混凝土楼板

预制装配式钢筋混凝土楼板是指构件在预制加工厂或施工现场预先制作,然后再进行安装的钢筋混凝土楼板。这种板大大提高了机械化施工水平,可使工期大为缩短。预制板的长度一般与房屋的开间或进深一致,为 3M 的倍数;板的宽度一般为 1M 的倍数。板的截面尺寸必须经结构计算确定。

预制钢筋混凝土楼板有预应力和非预应力两种。采用预应力楼板,可推迟裂缝的出现和限制裂缝的开展,从而提高了构件的抗裂度和刚度。预应力与非预应力楼板相比较,可节省钢材约 30%～50%,节省混凝土 10%～30%,从而减轻自重,降低造价。

知识拓展

预应力是使构件下部的混凝土预先受压,叫做预压应力。混凝土的预压应力是通过张拉钢筋的办法来实现的。钢筋的张拉有先张和后张两种工艺。先张法是先张拉钢筋、后浇筑混凝土,待混凝土有一定的强度以后切断钢筋,使回缩的钢筋对混凝土产生压力,如图4-11所示。后张法是先浇筑混凝土,在混凝土的预留孔洞中穿放钢筋,再张拉钢筋并锚固在构件上,由于钢筋收缩对混凝土产生压力,使混凝土受压,如图4-12所示。采用预应力钢筋混凝土可以提高构件强度和减小构件厚度,小型构件一般采用先张法,并多在加工厂中进行,大型构件一般采用后张法,多在施工现场进行。

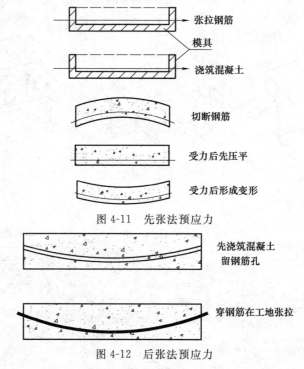

图 4-11　先张法预应力

图 4-12　后张法预应力

4.2.2.1　预制楼板的类型

预制钢筋混凝土楼板的常用类型有实心平板、槽形板、空心板3种。

(1) 实心平板　实心平板规格较小,跨度一般≤2.4m,板宽约为600~900mm,板厚为跨度的1/30,一般为60~80mm。预制实心平板由于其跨度小,常用于过道或小房间、卫生间、厨房的楼板,也可作为架空搁板、管道盖板等,如图4-13所示。

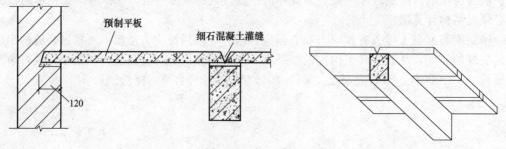

图 4-13　实心平板

（2）槽形板　槽形板是一种梁板结合的预制构件，由板和肋组成，在实心板的两侧设有纵肋。板跨为 3～7.2m，板宽为 600～1200mm，板厚为 25～30mm，肋高为 120～300mm。预应力槽形板跨长可达 6m 以上，非预应力槽形板通常在 4m 以内。槽形板自重轻，具有省材料、便于在板上开洞等优点，但保温隔声效果差。

为了提高板的刚度并便于搁置，常将板的两端以端肋封闭，当板跨达到 6m 时，应在板的中部每隔 500～700mm 设置横肋一道。

槽形板的搁置有正置（肋向下）和倒置（肋向上）两种，如图 4-14 所示。正置板受力合理，但板底不平，多做吊顶；倒置板受力不太合理，虽然板底平整，但需另做面层。有时为了满足楼板的隔声、保温要求，在槽内填充轻质多孔材料。

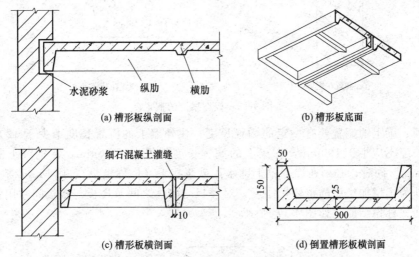

图 4-14　预制钢筋混凝土槽形板

（3）空心板　空心板根据板内抽孔方式的不同，分为方孔板、椭圆孔板、圆孔板，目前多采用预制圆孔板，其刚度较好，制作也较方便，因此广泛使用。根据板的宽度，孔数有单孔、双孔、三孔、多孔，目前我国预应力空心板的跨度可达到 6m、6.6m、7.2m 等，板的厚度为板跨的 120～300mm。空心板安装前，应在板端的圆孔内填充 C15 混凝土短圆柱（即堵头）以避免板段被压坏。板上不宜任意打洞，如需开孔洞，应在板制作时就预先留孔洞位置。

4.2.2.2　板的布置方式

板的布置方式应根据空间的大小、铺板的范围，以及尽可能减少板的规格种类等因素综合考虑，以达到结构布置经济、合理的目的。

对一个房间进行板的结构布置时，首先应根据其开间、进深尺寸确定板的支承方式，然后根据板的规格进行布置。板的支承方式有板式和梁板式，预制板直接搁置在墙上的称为板式布置；若楼板支承在梁上，梁再搁置在墙上的称为梁板式布置。

在确定板的规格时，首先应以房间短边为跨进行，狭长空间最好沿横向铺板。应避免出现三面支承的情况，即板的纵长边不得伸入墙内，否则，在载荷作用下，板会发生纵向裂缝，还会使墙体因受局部承压影响而削弱墙体的承载能力。在实际工程中，宜优先布置宽度较大的板型，板的规格、类型愈少愈好。

当采用梁板式结构布置时，梁的断面形式有矩形、T 形、十字形、花篮形等，如图 4-15 所示。矩形截面梁外形简单，制作方便；T 形截面梁较矩形梁自重轻；采用十字形或花篮梁可减少楼板所占的空间高度，如图 4-16 所示。通常，梁的跨度尺寸为 5～8m 较为经济。

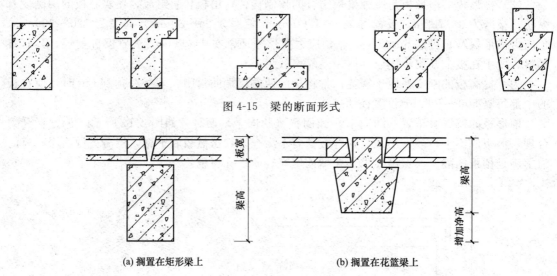

图 4-15　梁的断面形式

（a）搁置在矩形梁上　　　　　　　　（b）搁置在花篮梁上

图 4-16　板在梁上的搁置

板在墙、梁上的搁置要有一定的搁置长度，在外墙上的搁置长度不少于 120mm，内墙上的搁置长度不应小于 100mm，在梁上的搁置长度不得小于 80mm，在钢梁上的搁置长度应大于 50mm。同时，必须在墙、梁上铺水泥砂浆找平（俗称坐浆），用 M5 砂浆坐浆 20mm 左右。此外为了增加房屋的整体性刚度，对楼板与墙体之间及楼板与楼板间常用钢筋予以锚固，锚固筋又称拉结筋，如图 4-17 所示。

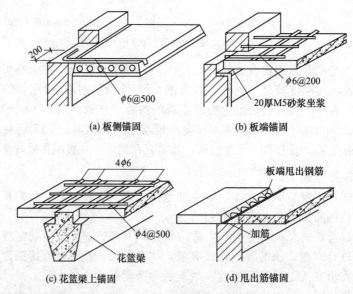

（a）板侧锚固　　　　　　　　　　　（b）板端锚固

（c）花篮梁上锚固　　　　　　　　　（d）甩出筋锚固

图 4-17　锚固钢筋的配置方法

4.2.2.3　板缝处理

在排板过程中，当板的横向尺寸（板宽方向）与房间平面尺寸出现差额（此差额称为板缝差）时，可采用以下方法解决：

（1）当板缝差小于 60mm 时，可调节板缝（使其≤30mm，灌 C20 细石混凝土），如图 4-18（a）所示。

（2）当板缝差在 $60\sim120$mm 之间时，可沿墙边挑两皮砖解决，如图 4-18（c）所示。

（3）当板缝差超过 120mm 且在 200mm 以内时，或因竖向管道沿墙边通过时，则应在墙局部设现浇钢筋混凝土板带，如图 4-18（d）所示。

（4）当缝隙大于 200mm 时，应重新调整板的规格。

预制板的侧缝一般有三种形式：V 形、U 形和凹槽形，其中以凹槽缝对楼板的受力最好。纵缝宽度在 30mm 内时，采用细石混凝土灌实；当板缝大于 50mm 时，需要在缝中加钢筋网片，再灌实细石混凝土，如图 4-18（b）所示。

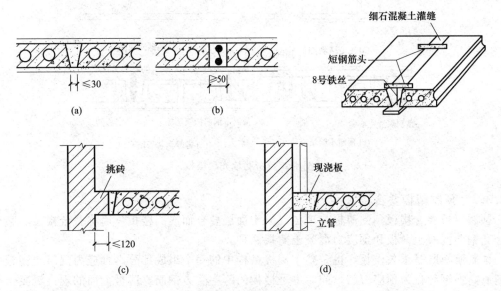

图 4-18　板缝的处理

4. 2. 2. 4　隔墙与楼板的关系

在预制装配式楼板上采用轻质材料做隔墙时，可将隔墙直接设置在楼板上。如采用自重比较大的材料，如黏土砖做隔墙，则不宜直接将隔墙搁置在楼板上，特别应避免将隔墙的荷载集中在一块板上，通常是设一根梁来支承隔墙，如图 4-19（a）所示。为了板底平整，可使梁的截面与板的厚度相同或在板缝内配钢筋，如图 4-19（c）所示，当楼板为槽形板时，可将隔墙搁置在板的纵肋上，如图 4-19（b）所示。

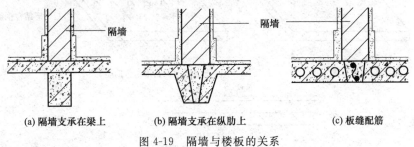

(a) 隔墙支承在梁上　　　　(b) 隔墙支承在纵肋上　　　　(c) 板缝配筋

图 4-19　隔墙与楼板的关系

4.2.3　装配整体式钢筋混凝土楼板

装配整体式钢筋混凝土楼板是指楼板中预制部分构件，然后在现场安装，再以整体浇筑的办法连接而成的楼板，兼有现浇和预制的双重优越性。

4.2.3.1 密肋填充块楼板

密肋填充块楼板的密肋有现浇和预制两种,前者是在填充块之间现浇密肋小梁和楼面板,其中填充块按照材质不同有空心砖、轻质块或玻璃钢模壳等,如图4-20(a)、(b)所示;后者的密肋有预制倒T形小梁、带骨架芯板等,如图4-20(c)、(d)所示。这种楼板有利于充分利用不同材料的性能,能适应不同跨度和不规整的楼板,并有利于节约楼板。

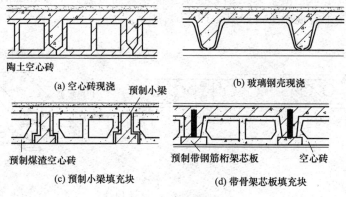

(a) 空心砖现浇

(b) 玻璃钢壳现浇

(c) 预制小梁填充块

(d) 带骨架芯板填充块

图 4-20 密肋填充块楼板

4.2.3.2 预制薄板叠合楼板

预制薄板叠合楼板预制薄板与现浇混凝土面层叠合而成的楼板,简称叠合楼板。它可分为普通钢筋混凝土薄板和预应力混凝土薄板两种。

预制薄板既是永久模板,也是整个楼板结构中的一个组成部分。预应力混凝土薄板中配以刻痕高强钢丝作为预应力筋,同时也是楼板的跨中受力钢筋。薄板上面的现浇混凝土叠合层中可以事先埋设管线,现浇层中只需配置少量的支座负弯矩钢筋。预制薄板底面平整,作为顶棚可以直接喷浆或粘贴装饰壁纸。预制薄板叠合楼板适合在住宅、宾馆、学校、办公楼、医院及仓库等建筑中应用。

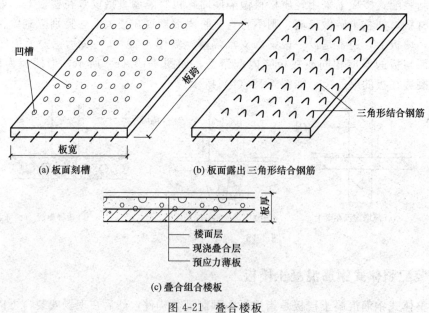

(a) 板面刻槽

(b) 板面露出三角形结合钢筋

(c) 叠合组合楼板

图 4-21 叠合楼板

叠合楼板跨度一般为 4～6m，最大可达 9m，通常以 5.4m 以内较为经济。预应力薄板厚 50～70mm，板宽 1.1～1.8m。为了保证预制薄板与叠合层有较好的连接，薄板的上表面需做处理，常见的有两种：一是在上表面做刻槽处理，刻槽直径 50mm、深 20mm、间距 150mm，如图 4-21（a）所示；另一种是在薄板表面露出较规则的三角形的结合钢筋，如图 4-21（b）所示。

现浇叠合层采用 C20 级的混凝土，厚度一般为 70～120mm，叠合楼板的总厚度取决于板的跨度，一般为 150～250mm，楼板厚度以大于或等于薄板厚度的 2 倍为宜，如图 4-21（c）所示。

4.3　楼地面防水、隔声构造

4.3.1　楼地面防潮防水构造

对有水侵蚀的房间，如卫生间、厨房、盥洗室等，由于各种设备、水管较多，且用水频繁，易积水，发生渗漏现象。因此，设计时需要对这些房间的楼地面、墙身采取有效的防潮、防水措施。通常从两方面着手解决。

4.3.1.1　楼地面排水

为了方便排水，楼地面要有一定的坡度，并引向地漏，排水坡度一般为 1％～1.5％。为了防止室内积水外溢，有水房间的楼面或地面标高应比其他房间或走廊低 30～50mm。

4.3.1.2　楼地面、墙身的防水处理

（1）楼地面防水　对有水侵蚀间的楼板宜采用现浇钢筋混凝土楼板为佳。对防水质量要求高的房间，可在楼板结构层与面层之间设置一道防水层，防水层多采用 1.5mm 厚聚氨酯涂膜防水层，有的也采用卷材防水或防水砂浆防水。有水房间的地面面层常采用大理石、花岗石、预制水磨石、马赛克、陶瓷地砖等。为了防止水沿房间四周侵入墙身，应将防水层沿房间四周墙边向上卷起 250mm，如图 4-22（c）所示。当遇到开门处，其防水层应铺出门外至少 250mm，如图 4-22（a）、（b）所示。

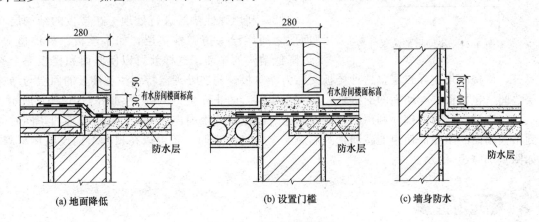

(a) 地面降低　　　　　　　(b) 设置门槛　　　　　　　(c) 墙身防水

图 4-22　楼地面防水构造

（2）穿楼板立管根部的防水处理　一般采取两种方法：一种是在管道穿过楼板的周围用 C20 干硬性细石混凝土捣固密实，如图 4-23（a）所示；另一种是对于暖气管、热水管等穿

过楼板时，为了防止由于温度变化出现胀缩变形致使管壁周围漏水，常在管道穿楼板的位置增设一个比热力管道直径稍大一些的套管，以保证热力管能够自由伸缩而不会导致混凝土开裂，套管比楼面高出 30mm 左右，如图 4-23（b）所示。

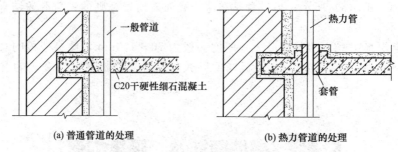

（a）普通管道的处理　　　　　　　　　　（b）热力管道的处理

图 4-23　管道穿过楼板时的处理

（3）对淋水墙面的处理　对于浴室、盥洗室等处淋水墙面的处理，常在墙体结构层与面层之间做防水层，防水层多采用 1.5mm 厚聚氨酯水泥基复合防水涂料防水层，有的也采用卷材防水或防水砂浆防水。淋浴区防水层的高度应≥1800mm。

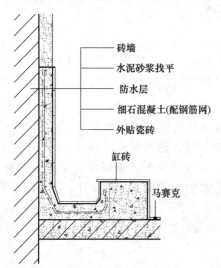

图 4-24　小便槽的防水处理

对于小便槽的处理，首先是迅速排水，其次是小便槽本身需用混凝土材料制作，内配构造钢筋 $\phi 6@200\sim300$ 双向钢筋网，槽壁厚 40mm 以上。为提高防水质量，可在槽底加设防水层一道，并将其延伸到墙身，如图 4-24 所示，然后在槽表面做水磨石面层或贴瓷砖。

4.3.2　楼地面的隔声处理

楼地面的隔声构造处理措施主要有减弱或限制固体传声，有以下三种方法：

（1）对楼面进行处理　为减弱撞击楼板的力，削弱楼板因撞击而产生的声能，可在楼板面上铺设弹性面层，如地毯、橡胶、塑料板等，如图 4-25（a）所示。

（2）利用弹性垫层进行处理　在楼板的结构层与面层之间增设一道弹性垫层，如木丝板、矿棉毡等，以降低结构的振动。这样就可以使楼面和楼板完全被隔开，使楼面形成浮筑层，这种楼板又称为浮筑板。构造处理需特别注意楼板的面层与结构层之间（包括面层与墙面的交接处）要完全脱离，防止产生"声桥"，如图 4-25（b）所示。

（3）楼板吊顶处理　利用吊顶棚内的空气使撞击产生的声能不能直接进入室内，同时受到吊顶棚面的阻隔而使声能减弱，对隔声要求较高的空间，还可以在顶棚上铺设吸声材料，如图 4-25（c）所示。

知识拓展

噪声的传播主要有两种途径：一种是空气传声，一种是撞击传声。空气传声又有两种情况，一种是声音直接在空气中传递，称为直接传声；另一种是由于声波振动，经空气传至结构，引起结构的强迫振动，致使结构向其他空间辐射声能，称为振动传声。撞击传声为由固

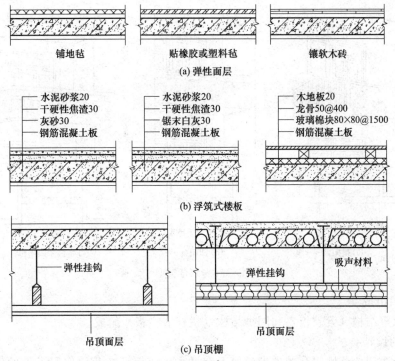

图 4-25　楼地面的隔声处理

体载声而传播的声音，直接打击或冲撞建筑构件而产生的声音称为撞击声，这种声音最后都是以空气传声而传入人耳。

空气传声的隔绝主要依靠墙体，而且构件材料密度越大、越密实，隔声效果越好；撞击传声的隔绝主要依靠楼板，但与隔绝空气传声相反，构件密度越大、重量越重，对撞击声的传递越快，所以常采用轻质、弹性材料处理。

4.4　阳台与雨篷

4.4.1　阳台

阳台是连接室内外平台，给居住在建筑中的人们提供一个室外活动空间，是住宅、公寓等建筑中不可缺少的部分。

雨篷位于建筑物出入口的上方，用来遮挡雨雪，给人们提供一个从室外到室内的过渡空间，并起到保护门和丰富建筑立面的作用。

4.4.1.1　阳台的类型、组成和设计要求

1. 阳台的类型

阳台按其与外墙面的关系分为挑阳台、凹阳台、半挑半凹阳台，如图 4-26 所示；按其在建筑中所处的位置可分为中间阳台和转角阳台；按阳台栏板上部的形式可分为封闭式阳台和开敞式阳台；按施工形式可分为现浇式和预制装配式；按悬臂结构的形式可分为板悬臂式与梁悬臂式等；按使用功能不同可分为生活阳台（靠近卧室或客厅）和服务阳台（靠近厨房）。当阳台宽度占两个或两个以上开间时，被称为外廊。

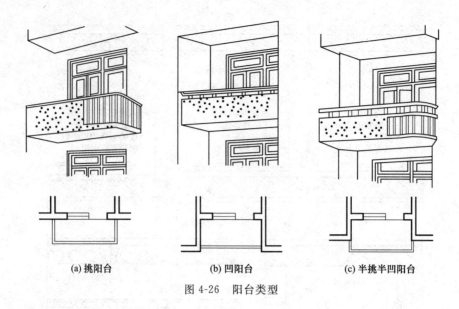

(a) 挑阳台   (b) 凹阳台   (c) 半挑半凹阳台

图 4-26　阳台类型

2. 阳台的组成

阳台由承重结构（梁、板）和围护结构（栏杆或栏板）组成。

3. 阳台的设计要求

（1）安全适用　悬挑阳台的挑出长度不宜过大，应保证在荷载作用下不发生倾覆现象，以 1.2~1.8m 为宜。低层、多层住宅阳台栏杆净高不低于 1.05m，中高层住宅阳台栏杆净高不低于 1.1m，但也不大于 1.2m。阳台栏杆形式应防坠落（垂直栏杆间净距不应大于0.11m）、防攀爬（不设水平栏杆），以免造成恶果。

（2）适用美观　阳台所用材料和构造措施应经久耐用，表面装修应注意色彩的耐久性和抗污染性。阳台栏杆（栏板）应结合地区气候特点，南方地区宜采用有助于空气流通的空透式栏杆，而北方寒冷地区和中高层住宅应采用实体栏板。

4.4.1.2　阳台的结构布置

（1）挑板式　挑板式阳台的悬挑长度一般为 1.2m 左右。悬挑阳台板具体的悬挑方式有两种。一种是楼板悬挑阳台板，如图 4-27（a）所示，通常将阳台板与墙梁浇在一起，墙梁的截面应比圈梁大，以保证阳台的稳定，而且阳台悬挑不宜过长，阳台板靠墙梁（可加长）与梁上外墙的自重平衡。这种方式的阳台板底平整、美观，而且阳台平面形式可做成半圆形、弧形、梯形等各种形状，挑板厚度不小于挑出长度的 1/12。另一种方式是采用装配式楼板，装配式楼板会增加板的类型，如图 4-27（b）所示。

（2）搁板式　将阳台板直接搁置在承重墙上，称为搁板式阳台。这种结构布置多用于凹阳台，如图 4-27（c）所示。

（3）挑梁式　从墙内外伸挑梁，其上搁置预制楼板，这种阳台称为挑梁式阳台，如图4-27（d）所示。这种结构布置简单，传力直接明确，阳台长度与房间开间一致。挑梁根部截面高度 H 为（1/6~1/5）L，L 为悬挑净长，截面宽度为（1/2~1/3）H。为了美观起见，可在挑梁端头设置面梁，既可以遮挡挑梁头，又可以承受阳台栏杆重量，还可以加强阳台的整体性。

4.4.1.3　阳台细部构造

（1）阳台栏杆、扶手　阳台栏杆是在阳台外围设置的垂直构件，有两个作用：一是承担人们倚扶的侧向推力，以保障人身安全；二是对建筑物起装饰作用。阳台栏杆有空花、实体

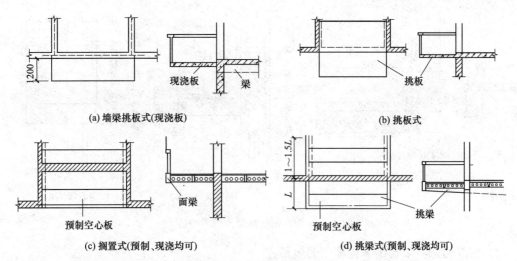

图 4-27 阳台的结构布置方式

和混合式三种，如图 4-28 所示，实体栏杆又称栏板。按照材质不同，栏杆分为砖砌栏杆、钢筋混凝土栏杆、金属栏杆等，如图 4-29 所示。扶手是栏杆、栏板顶面供人手扶的设施，有金属和钢筋混凝土两种。金属扶手一般为钢管与金属栏杆焊接；钢筋混凝土扶手用途广泛，形式多样，有不带花台、带花台、带花池等，如图 4-30 所示。

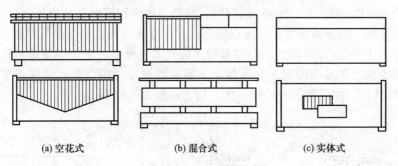

图 4-28 阳台栏杆形式

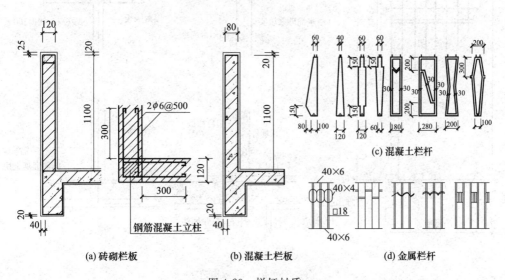

图 4-29 栏杆材质

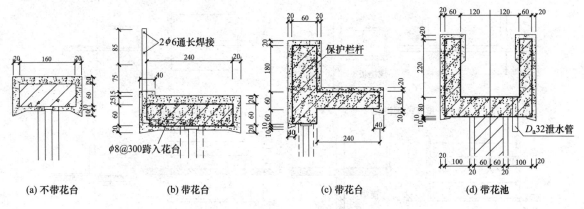

图 4-30　阳台钢筋混凝土扶手构造

（2）细部构造　阳台细部构造主要包括：

① 栏杆与扶手的连接，有焊接、现浇等方式。

② 栏杆与面梁或阳台板的连接，有焊接、坐浆、现浇等方式。

③ 扶手与墙体的连接，应将扶手或扶手中的钢筋伸入外墙的预留洞中，用细石混凝土或水泥砂浆填实固牢。

④ 现浇钢筋混凝土扶手与墙连接，应在墙体内预埋 240mm×240mm×120mm C20 细石混凝土块，从中伸出 2ϕ6、长 300mm 的钢筋，与扶手中的钢筋绑扎后再进行现浇。

（3）阳台隔板　阳台隔板用于连接双阳台，有砖砌和钢筋混凝土隔板两种。砖砌隔板一般采用 60mm 和 120mm 厚两种，由于荷载较大且整体性较差，所以现多采用钢筋混凝土隔板。隔板用 C20 细石混凝土预制 60mm 厚，下部预埋铁件与阳台预埋铁件焊牢，其余各边伸出 ϕ6 钢筋与墙体、挑梁和阳台栏杆、扶手相连，如图 4-31 所示。

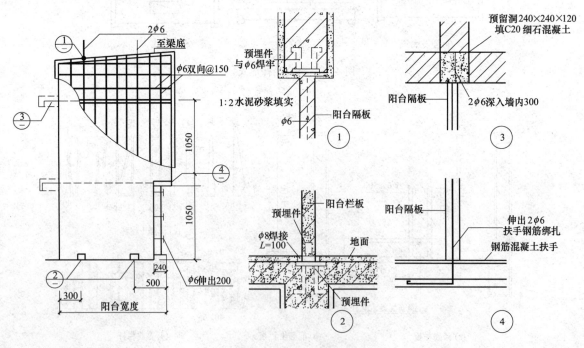

图 4-31　阳台隔板构造

（4）阳台排水 由于阳台外露，室外雨水可能飘入，为了防止雨水从阳台泛入室内，阳台应做有组织排水。阳台排水有外排水和内排水两种，如图 4-32 所示。外排水适用于低层和多层建筑，即在阳台外侧设置泄水管将水排出。内排水适用于高层建筑和高标准建筑，即在阳台内侧设置排水立管和地漏，将雨水直接排入地下管网，保证建筑立面美观。为使排水顺畅，设计时要求阳台地面标高低于室内地面标高 30～60mm 左右，并将地面抹出 0.5%～1% 的排水坡将水导入排水孔，排水孔内预埋 ϕ50～80mm 镀锌管或 PVC 管，水舌向外挑出至少 80mm，使水能顺利排出。

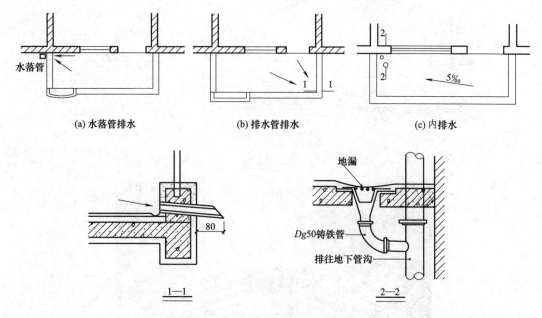

图 4-32　阳台排水构造

4.4.2 雨篷

雨篷是建筑物入口处位于外门上部，起遮挡风雨，保护大门免受雨水侵害，使入口更显眼，丰富建筑立面等作用的水平构件。雨篷的形式多种多样，根据建筑的风格、当地气候状况选择而定。根据材质不同，有钢筋混凝土雨篷和钢结构雨篷等。

钢筋混凝土雨篷有的采用悬臂雨篷，如图 4-33 所示；有的采用柱墙支承，如图 4-34 所示。其中悬臂雨篷有板式和梁板式两种。为了防止雨篷产生倾覆，常将雨篷与入口处门上过梁（或圈梁）浇筑在一起。

由于雨篷承受的荷载不大，因此雨篷板的厚度较薄，采用无组织排水方式，在板底周边设滴水，如图 4-33（a）所示。另外，对出挑较多的雨篷，多采用梁板式。为了美观，同时也为了防止周边滴水，常将周边梁向上翻起成反梁式。为防止水舌阻塞而在上部积水并出现渗漏，在雨篷顶部及四周必须做防水砂浆抹面，形成泛水，如图 4-33（b）所示。

目前很多建筑中采用轻型材料雨篷的形式，这种雨篷美观轻盈，造型丰富，体现出现代建筑艺术的特色，如图 4-35 所示。

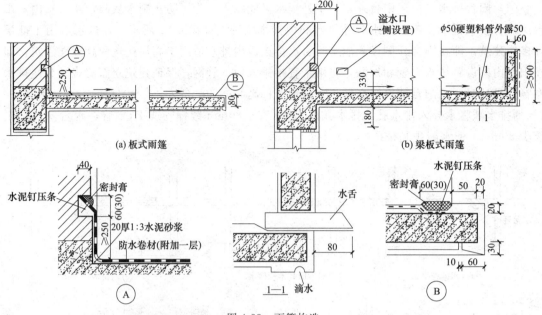

(a) 板式雨篷

(b) 梁板式雨篷

图 4-33　雨篷构造

图 4-34　墙柱支撑式雨篷

图 4-35　钢结构雨篷

本章小结

1. 楼地层是水平方向分隔房屋空间的承重构件。楼板层的设计应满足建筑的使用、结构施工及经济等方面的要求。

2. 钢筋混凝土楼板根据其施工方法不同可分为现浇式、装配式和装配整体式三种。现浇式钢筋混凝土楼板有板式楼板、梁板式楼板和无梁楼板。装配式钢筋混凝土楼板常用的板型有实心平板、槽形板、空心板。装配整体式楼板有叠合式楼板和压型钢板组合楼板。

3. 阳台、雨篷应满足安全坚固、适用美观的要求。阳台的结构布置方式有挑板式、搁板式和挑梁式。阳台应注意栏杆与扶手、栏杆与面梁、阳台搁板、阳台排水、阳台的保温等细部构造。雨篷有板式和梁板式之分，构造重点在雨篷板面和雨篷板与墙体的防水处理。

复习思考题

1. 简述楼板层和地坪层的构造组成。

2. 楼板层的设计要求有哪些？

3. 现浇式钢筋混凝土楼板有哪几种类型？预制装配式钢筋混凝土楼板有哪几种类型？

4. 楼板层的防水、隔声构造有哪些？

5. 阳台的结构布置有哪几种？

6. 雨篷有哪几种类型？

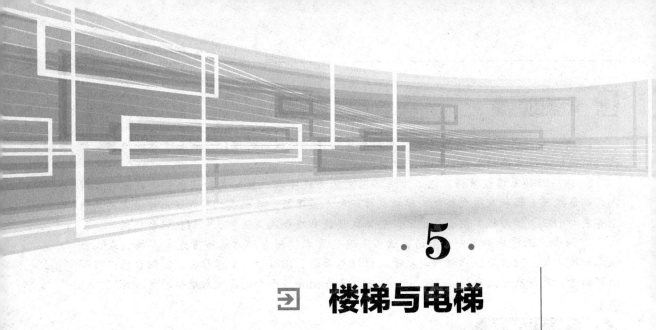

5

楼梯与电梯

掌握楼梯的组成、钢筋混凝土楼梯的主要构造，掌握楼梯踏步面层的构造、栏杆的构造，熟悉楼梯类型及尺度要求，了解电梯与自动扶梯的构造、室外台阶与坡道的构造。

教学要求

知识要点	能力要求	相关知识	所占分值（100分）	自评分数
楼梯的组成及形式	1. 掌握楼梯的组成及形式； 2. 掌握楼梯的尺度	楼梯的组成及形式；楼梯的形式；楼梯的尺度	20	
钢筋混凝土楼梯	掌握钢筋混凝土楼梯的构造	现浇式钢筋混凝土楼梯、预制装配式钢筋混凝土楼梯	30	
楼梯的细部构造	掌握楼梯的细部构造	踏步面层及防滑处理，栏杆扶手	30	
台阶与坡道	掌握台阶与坡道的细部构造	室外台阶、坡道	10	
电梯与自动扶梯	了解电梯与自动扶梯的形式、细节	电梯、自动扶梯	10	

章节导读

楼梯是建筑物的竖向构件，供人和物上下楼层和疏散人流之用。因此对楼梯的设计要求，首先是应具有足够的通行能力，即保证楼梯有足够的宽度和合适的坡度；其次为使楼梯通行安全，应保证楼梯有足够的强度、刚度，并具有防火、防烟和防滑等方面的要求；另外楼梯造型要美观，以增强建筑物内部空间的观瞻效果。

在建筑中，布置楼梯的房间称为楼梯间。在我国北方地区，当楼梯间兼作建筑物出入口时，要注意楼梯间的防寒问题，一般可设置门斗或双层门。楼梯间的门应开向人流疏散方向，底层应有直接对外的出口。另外，楼梯间要注意采光和通风。

5.1 楼梯的组成及形式

5.1.1 楼梯的组成

楼梯一般由楼梯梯段、平台（楼层平台和中间平台）和栏杆扶手三部分组成。如图 5-1 是楼梯组成示意图。

（1）楼梯梯段　设有踏步供楼层间上下行走的通道称梯段，它是楼梯的主要使用和承重部分。当人们连续上楼梯时，容易疲劳，故规定一个楼梯梯段的踏步数一般不应超 18 级。又由于人的行走有习惯性，所以梯段的踏步数也不应少于 3 级。

（2）楼层平台和中间平台　平台是指连接两个相邻楼梯梯段的水平部分，主要作用在于缓解疲劳，供使用者在连续攀登一定的距离后稍加休息和转向的作用。平台分为楼层平台和中间平台，与楼层标高相一致的平台称为楼层平台（或称正平台），而介于相邻两个楼层之间的平台称为中间平台（或称为半平台）。

（3）栏杆（或栏板）扶手　为保证人们在楼梯上行走安全，楼梯梯段和平台的临空边缘应安装栏杆（或栏板）。要求栏杆（或栏板）必须坚固可靠，并保证有足够的安全高度。

图 5-1　楼梯组成示意图

5.1.2 楼梯的形式

楼梯形式（如图 5-2 所示）的选择取决于所处位置、楼梯间的平面形状与大小、楼层高低与层数、人流多少与缓急等因素，设计时需要综合权衡这些因素。

（1）直跑式楼梯　直跑式楼梯系指沿着一个方向上楼的楼梯。它有单跑和多跑之分。直跑式楼梯所占楼梯间的宽度较小，长度较大，常用于住宅等层高较小的楼房。如图 5-2（a）、（b）所示。

（2）平行双跑式楼梯　如图 5-2（c）所示，这种楼梯指第二跑楼梯段折回和第一跑楼梯段平行的楼梯，所占楼梯间长度较小，面积紧凑，使用方便，是建筑物中较多采用的一种形式。

（3）平行双分式、双合式楼梯　如图 5-2（d）所示，双分式楼梯系指第一跑为一个放宽的梯段，经过平台后分成两个较窄的楼梯段与上一楼层相连的楼梯，常用于公共建筑的门厅中。

如图 5-2（e）所示，双合式楼梯系指第一跑为两个较窄的楼梯段，经过平台后合成一个较宽的楼梯段与上一楼层相连的楼梯。双合式楼梯和双分式楼梯一样适合布置在公共建筑的门厅中。

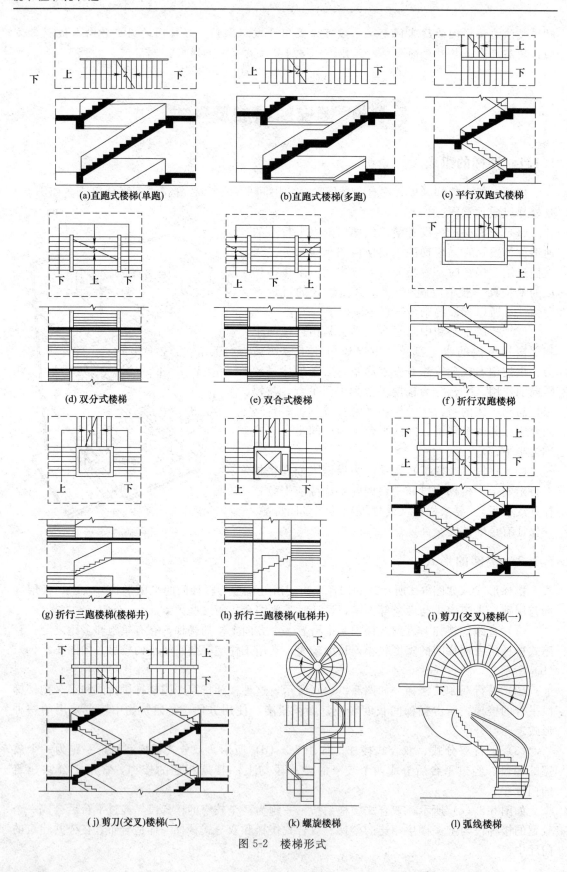

(a)直跑式楼梯(单跑)　　(b)直跑式楼梯(多跑)　　(c)平行双跑式楼梯

(d)双分式楼梯　　(e)双合式楼梯　　(f)折行双跑楼梯

(g)折行三跑楼梯(楼梯井)　　(h)折行三跑楼梯(电梯井)　　(i)剪刀(交叉)楼梯(一)

(j)剪刀(交叉)楼梯(二)　　(k)螺旋楼梯　　(l)弧线楼梯

图 5-2　楼梯形式

（4）折行多跑楼梯 如图 5-2（f）所示，为折行双跑楼梯。这种楼梯人流导向自由，折角多变，适宜布置在房间的一角。

如图 5-2（g）、（h）所示，为折行三跑楼梯。这种楼梯段围绕的中间部分形成较大的楼梯井，在设有电梯的建筑中，可利用楼梯井作为电梯井。当楼梯井未作电梯井时，不能用于幼儿园、中小学校等儿童经常使用楼梯的建筑，否则应有可靠的安全措施。

（5）剪刀（交叉）楼梯 如图 5-2（i）、（j）所示，剪刀楼梯相当于两个直行单跑楼梯交叉并列布置而成，通行的人流较多，并且可为上下楼的人流提供两个方向，对于空间开敞、楼层人流多方向进出有利，适合层高小的公共建筑。

（6）曲线楼梯 曲线楼梯有螺旋形、弧线形等形式，如图 5-2（k）、（l）所示。曲线楼梯造型比较美观，有较强的装饰效果，多用于公共建筑的大厅中。值得注意的要点是，在众多楼梯类型中最不适合作为疏散楼梯的是螺旋形，但由于其造型美观，常作为建筑小品布置在庭院或室内。为了克服螺旋形楼梯内侧坡度过陡的缺点，在较大型的楼梯中，可将其中间的单柱变为群柱或筒体。

5.1.3 楼梯的尺度

5.1.3.1 楼梯的坡度

楼梯的坡度在实际应用中均由踏步高宽比决定，踏步的高宽比需根据人流行走舒适、安全和楼梯间的尺度、面积等因素进行综合权衡。常用的坡度为 1∶2 左右，公共建筑中的楼梯使用人数较多，坡度应平缓些；住宅建筑中的楼梯，使用人数较少，坡度可稍陡些；专供老年或幼儿使用的楼梯坡度必须平缓些。

楼梯的坡度是指楼梯段的坡度，有两种表示方法：一种是用斜面和水平面所夹角度表示；另一种是用斜面的垂直投影高度与斜面的水平投影长度之比表示。楼梯坡度一般在 $20°\sim45°$ 之间。坡度小于 $20°$ 时，采用坡道形式；坡度大于 $45°$ 时，通常称为爬梯。

公共建筑的楼梯坡度应平缓，常用 1/2 左右；住宅建筑的楼梯坡度可较陡，常用 1/1.5 左右。

5.1.3.2 楼梯踏步及尺寸

楼梯梯段由若干踏步组成，每个踏步由踏面和踢面组成。踏步尺寸可按下列经验公式计算：

$$2h+b=600\sim620$$
或
$$h+b=450$$

式中 h——踏步踢面高度，mm；

b——踏步踏面宽度，mm。

$600\sim620$mm 表示一般人的步距。

常用适宜踏步尺寸如表 5-1 所示。

表 5-1　常用适宜踏步尺寸

名称	住宅	学校、办公楼	剧院、会堂	医院（病人用）	幼儿园
踏步高/mm	150～175	140～160	120～150	150	120～150
踏步宽/mm	250～300	280～340	300～350	300	260～300

当踏步尺寸较小时，可以采取加做踏口或使踢面倾斜的方式加宽踏面。踏面的挑出尺寸为 $20\sim25$mm。踏步挑出形式如图 5-3 所示。

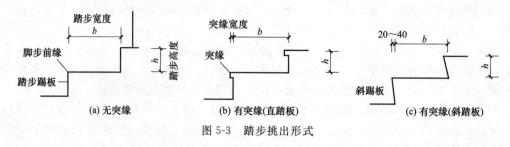

图 5-3　踏步挑出形式

踏步的高度，成人以 150mm 左右较适宜，不应高于 175mm。踏步的宽度以 300mm 左右为宜，不应窄于 260mm。当公共建筑的层高为 300mm 的模数时，如 3.6m、3.9m、4.2m 等。在实际工程中最常用的楼梯踏步高和宽一般取 150mm 和 300mm。

5.1.3.3　栏杆（或栏板）扶手的高度

栏杆（或栏板）是楼梯梯段的安全设施，一般设在楼梯段的边缘和平台临空的一边，要求它坚固可靠，并具有足够的安全高度。栏杆和栏板上都要安装扶手，供人们依扶着上下楼梯。

梯段宽度大于 1400mm 时，要设靠墙扶手；梯段宽度超过 2200mm 时，还应设中间扶手。扶手高度是指踏面中心到扶手顶面的垂直距离。扶手高度的确定要考虑人们通行楼梯段时依扶的方便。一般室内扶手高度取 900mm。托儿所、幼儿园建筑的楼梯扶手高度应适合儿童身材，扶手高度一般取 600mm。即在 600mm 处设一道扶手，900mm 处仍应设扶手，形成双道扶手，如图 5-4（a）所示。

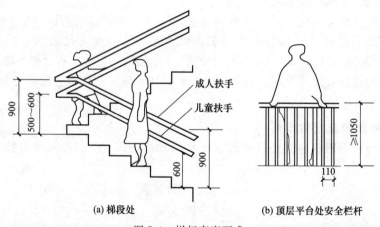

图 5-4　栏杆高度要求

顶层平台的水平安全栏杆扶手高度应适当加高一些，一般不宜小于 1050mm，为防止儿童穿过栏杆空档而发生危险，栏杆之间的水平距离不应大于 110mm，如图 5-4（b）所示。室外楼梯扶手高度也应适当加高一些，常取 1100mm。

5.1.3.4　楼梯段的宽度

楼梯段是楼梯的主要组成部分之一。它是供人们上下通行的，因此楼梯的宽度必须满足上下人流及搬运物品的需要。

楼梯段宽度的确定要考虑同时通过人流的股数及是否有通过尺寸较大的家具或设备等特殊的需要。一般楼梯段需考虑同时至少通过两股人流，即上行与下行在楼梯段中间相遇时能通过。

根据人体尺度，每股人流宽可考虑取 550mm＋（0～150）mm，这里 0～150mm 是人流在行进中人体的摆幅。楼梯段宽度和人流股数关系要处理恰当。单股人流梯段宽不小于850mm，两股人流宽 1100～1200mm，三股人流宽 1500～1800mm，其余类推。同时需满足各类建筑规范中对梯段宽度的限定，如住宅不小于 1100mm，公共建筑不小于 1300mm 等。

5.1.3.5 楼梯平台的宽度

楼梯平台是楼梯段的连接部分，也供行人稍加休息之用。所以公共楼梯梯段改变方向时，扶手转向端处的平台最小宽度不应小于梯段宽度，且不得小于 1.20m，当有搬运大型物件需要时应适当加宽。

5.1.3.6 梯井宽度

梯井是指两梯段之间的空隙，一般是为楼梯施工方便而设置的。此空档从底层到顶层贯通，其宽度以 60～200mm 为宜。儿童使用的楼梯当梯井宽度大于 200mm 时，必须采取安全防护措施，防止儿童坠落。

5.1.3.7 楼梯的净空高度

楼梯的净空高度包括楼梯段的净高和平台过道处的净高。楼梯段的净高是指自踏步前缘线（包括最低和最高一级踏步前缘线以外 0.3m 范围内）量至正上方突出物下缘间的垂直距离。

平台过道处净高是指平台梁底至平台梁正下方踏步或楼地面上边缘的垂直距离。为保证在这些部位通行或搬运物件时不受影响，其净空高度在平台过道处应大于 2m，在楼梯段处应大于 2.2m，如图 5-5 所示。

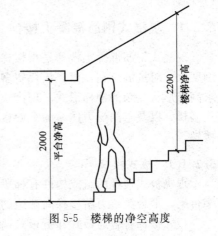

图 5-5 楼梯的净空高度

在双跑楼梯中，当首层平台下要做通道又不能满足 2m 的净高要求时，可以采取以下办法解决：

（1）将底层第一梯段增长，形成级数不等的梯段。这种处理，必须加大进深，如图 5-6（a）所示。

（2）楼梯段长度不变，降低梯间底层的室内地面标高。这种处理，梯段构件统一，但是地坪高差要满足使用要求，如图 5-6（b）所示。

（3）将上述两种方法结合，既利用地坪高差，又做成不等跑梯段，满足楼梯净空要求，这种方法较常用，如图 5-6（c）所示。

（4）底层用直跑楼梯，直达二楼。这种处理，楼梯段较长，需楼梯间也较长或将楼梯延伸至室外，如图 5-6（d）所示。

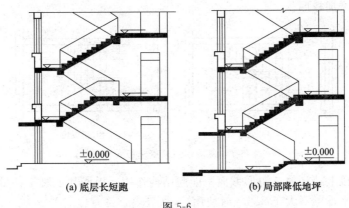

(a) 底层长短跑   (b) 局部降低地坪

图 5-6

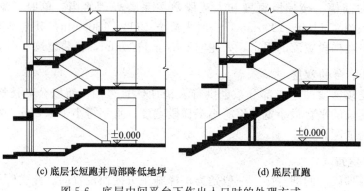

(c) 底层长短跑并局部降低地坪   (d) 底层直跑

图 5-6　底层中间平台下作出入口时的处理方式

5.2　钢筋混凝土楼梯

钢筋混凝土楼梯使用广泛，按施工方式可分为现浇式和预制装配式钢筋混凝土楼梯两种。

5.2.1　现浇式钢筋混凝土楼梯

现浇式钢筋混凝土楼梯是指楼梯段、楼梯平台等整体浇筑在一起的楼梯。它整体性好，刚度大，对抗震有利，但模板耗费多，施工速度慢，因此，多用于工程比较大、抗震设防要求高或形状复杂的楼梯形式。现浇式钢筋混凝土楼梯有平面受力体系的普通的板式楼梯、梁式楼梯，以及空间受力体系的螺旋楼梯、剪刀式楼梯。以下仅介绍在工程中大量采用的普通楼梯。

5.2.1.1　板式楼梯

现浇板式楼梯的组成构件有梯段板、休息平台和平台梁。其传力的途径是梯段板传力给平台梁，平台梁传力给楼梯间两边的墙体，休息平台一般传一半的质量给平台梁。

板式楼梯有普通板式和折板式两种。普通板式是指楼梯的梯段板作为一块整板搁置在楼梯平台梁上，两个平台梁的距离就是板式楼梯梯段板的跨度，如图 5-7（a）所示。若平台梁影响其下部空间高度或认为不美观，可取消平台梁，将梯段板与楼梯休息平台形成一块整体折板，该板直接支承于墙上，即折板式楼梯，如图 5-7（b）所示，但这样会增加楼梯梯段板的计算跨度，增加板厚。

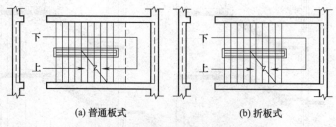

(a) 普通板式   (b) 折板式

图 5-7　现浇钢筋混凝土板式楼梯

板式楼梯梯段上踏步的三角形截面不能起结构作用，板厚和混凝土耗量较大，因此，宜在梯段长度的水平投影不大于 3.6m 时使用。

5.2.1.2 梁式楼梯

当楼梯梯段较宽或负荷较大时，采用板式楼梯往往不经济，这时可增加梯段斜梁，梯段的荷载由踏步传递给梯梁，再通过平台梁将荷载传给墙体，这种增加了斜梁的楼梯称为梁式楼梯。这种形式能减小梯段板的跨度，从而减小板的厚度，节省用料，结构合理。缺点是模板比较复杂，当楼梯斜梁截面尺寸较大时，造型显得比较笨重。

梁式楼梯在结构布置上有双梁布置和单梁布置两种。双梁式楼梯是将梯段斜梁布置在梯段踏步的两端，这时踏步板的跨度便是梯段的宽度。这样的板跨小，对受力有利。梯梁在板下部的称为正梁式梯段，也称为明步楼梯，如图 5-8（a）所示。有时为了让梯段底表面平整或避免洗刷楼梯时污水沿踏步端头向下流淌，弄脏楼梯，常将楼梯斜梁向上翻。这种形式称为反梁式梯段，也称为暗步楼梯，如图 5-8（b）所示。

在梁式楼梯中，单梁式楼梯的每个梯段由一根梯梁支承踏步。梯梁布置有两种方式：一种是将梯段斜梁布置在踏步的一端，而将踏步的另一端向外挑出，做成单梁悬臂式楼梯；另一种是将梯段斜梁布置在梯段踏步的中间，让踏步从梁的两侧悬挑，称为单梁挑板式楼梯。单梁楼梯受力复杂，梯梁不仅受弯，而且受扭，特别是单梁悬臂式楼梯，更为明显，但这种楼梯外形轻巧、美观，常为丰富建筑空间造型而采用。

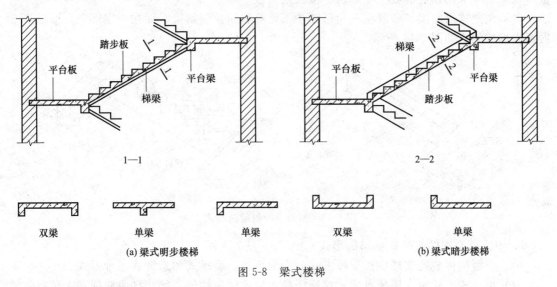

图 5-8　梁式楼梯

5.2.2　预制装配式钢筋混凝土楼梯

预制装配式钢筋混凝土楼梯是将梯段、平台等构件单独预制，在现场装配的楼梯。预制装配式钢筋混凝土楼梯制作的工业化程度高，施工速度快，现场湿作业少，施工不受季节限制。根据生产、运输、吊装和建筑体系的不同，一般可分为中、小型构件装配式楼梯和大型构件装配式楼梯两类。

5.2.2.1　中、小型构件装配式楼梯

中、小型构件装配式楼梯构件小而轻，易制作，便于安装，但施工速度较慢，适用于施工条件较差的地区。

1. 基本预制构件

中、小型构件装配式楼梯的预制构件有以下几种：

（1）预制踏步板　钢筋混凝土预制踏步板的截面形式一般有一字形、L形和三角形三

种，如图 5-9 所示。一字形踏步板制作简单，在踏步板间砌砖作为踢板。L 形踏步板有正、反两种形式，其受力相当于带肋板，三角形踏步板有实心和空心两种，安装后底面平整。

（2）预制平台梁　预制平台梁可制作成矩形，为加大梁下净高也可制成 L 形或预留缺口，斜梁搁置在平台梁挑出的翼缘上或插入缺口内，如图 5-10 所示。

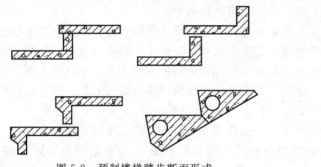

图 5-9　预制楼梯踏步断面形式

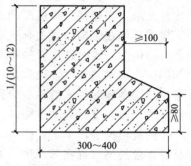

图 5-10　平台梁断面尺寸

（3）预制平台板　一般常做成条形简支板，将它搭在楼梯间承重墙上或平台梁上。平台板可根据需要采用钢筋混凝土空心板、槽板或平板。

（4）预制梯段斜梁　一般在三角形踏步下做等截面预制斜梁，而在一字形、L 形踏步下做锯齿形梯梁，如图 5-11 所示。

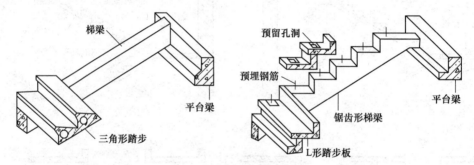

图 5-11　预制梯段斜梁的形式

2. 中、小型构件装配式楼梯的形式

中、小型构件装配式楼梯按支撑方式分为梁承式、墙承式和悬臂式三种形式。

（1）梁承式　梁承式楼梯有梁式梯段楼梯和板式梯段楼梯。梁式梯段楼梯是由预制斜梁支撑预制踏步板所构成的楼梯。一般在踏步板两端各设一根楼梯斜梁，踏步板支承在楼梯斜梁上，楼梯斜梁的两端搁置在平台梁上，平台梁搁置在两侧墙上，平台板大多搁在横墙上，也有的一端搁在平台梁上，而另一端搁在纵墙上。板式梯段楼梯无斜梁。梁承式梯段各个构件的布置，如图 5-12 所示。

梁承式楼梯各构件连接构造，如图 5-13 所示。

① 踏步板与楼梯斜梁连接。一般在楼梯斜梁支承踏步板处用水泥砂浆坐浆连接。如需加强，可在楼梯斜梁上预埋插筋，它与踏步板支承端的预留孔插接，用高强度等级水泥砂浆填实。

② 楼梯斜梁或梯段板与平台梁连接。在支座处除了用水泥砂浆坐浆外，应在连接端预埋钢板进行焊接。

③ 楼梯斜梁或梯段板与梯基连接。在楼梯底层起步处，楼梯斜梁或梯段板下应做梯基，梯基常用砖或混凝土做成，也可用平台梁代替梯基。但需注意该平台梁无梯段处与地坪的关系。

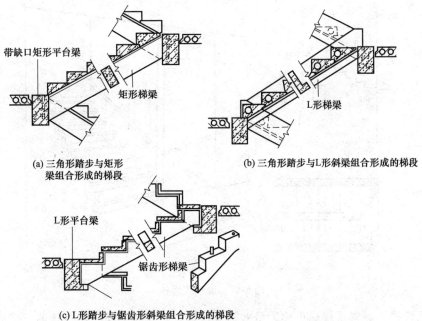

图 5-12　预制梁承式楼梯构造

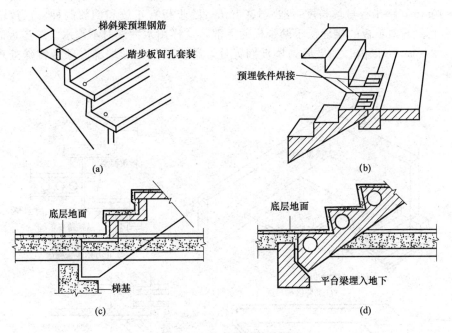

图 5-13　构件连接构造图

（2）墙承式　预制装配墙承式钢筋混凝土楼梯是指预制钢筋混凝土踏步板直接搁置在墙上的一种楼梯形式，其踏步板一般采用一字形、L形断面。

这种楼梯由于在梯段之间有墙，搬运家具不方便，也阻挡视线，上下人流易相撞。因此，通常在中间墙上开设观察口，以利于开阔上下行人的视野；也可将中间墙两端靠平台部分局部收进，以使空间通透，有利于开阔上下行人的视野和便于搬运家具、物品。但这种方式对抗震不利，施工也较麻烦，如图 5-14 所示。

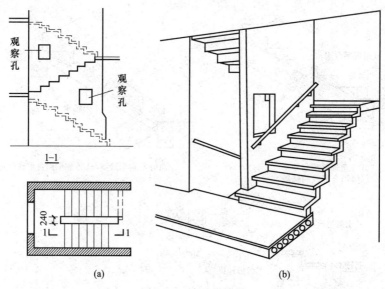

图 5-14 墙承式楼梯

（3）悬臂式 悬臂式楼梯也称为悬臂踏板楼梯，是将预制单个踏步板的一端嵌固在楼梯间侧墙上，另一端悬挑。踏步板一般选用 L 形，压入墙内部分可为矩形，嵌入墙内的长度不小于 240mm，踏步板悬挑长度一般≤1800mm。踏步板有正放和倒放两种，正放踏步的受力合理。上、下踏步板的接缝位于踏步板的上部，这样用水冲洗时不渗水。踏步板的长度可控制在 1.2～1.5m 以内。如果遇到楼板搁置处，踏步板的矩形端部必须做特殊处理，如图5-15 所示。

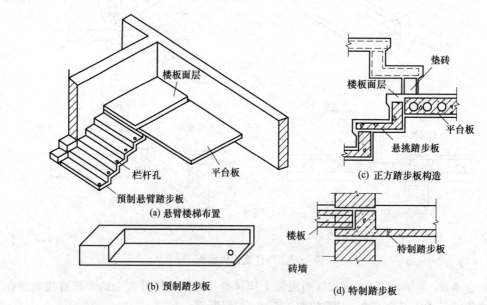

图 5-15 悬臂式踏步楼梯构造

5.2.2.2 大型构件装配式楼梯

大型构件装配式楼梯是由楼梯段和楼梯平台各为一个单独构件装配而成。构件数量少，制作工业化程度高，但施工需要大型运输和吊装设备。

（1）平台板 将平台板和平台梁分开单独预制，能减小构件的重量。平台板采用一般预制圆孔楼板、L形平台梁，也有将平台板和平台梁预制成一个构件。为了减轻自重，节约材料，平台板一般采用槽形板或空心板。

在跨度不太大的楼梯段中，可使用板式楼梯，它底面平整，并且预制简单方便。可将梯段做成空心断面，以降低构件重量。将斜梁与踏步板预制成一个构件的梁式楼梯，可减轻踏步板的重量，节约材料。

（2）楼梯段连平台预制构件楼梯 大型预制装配式楼梯构件形式，如图 5-16 所示。在建筑平面设计和结构布置需要一定的场所，在施工工业化程度高的大型装配式建筑中，也可将平台板和楼梯段共同预制。

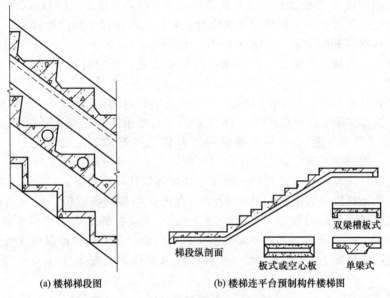

| (a) 楼梯梯段图 | (b) 楼梯连平台预制构件楼梯图 |

图 5-16 大型预制装配式楼梯构件形式

5.3 楼梯设计

楼梯设计必须符合其建筑类型、建筑等级及防火等相关设计规范。楼梯设计的相关尺寸要求在 5.1.3 章节中已经讲述，下面以常见的两跑楼梯为实例具体讲述如何进行楼梯设计。

例： 如图 5-17 所示，某三层住宅楼，一梯两户，楼梯间开间 2600mm，进深 5300mm，层高 $H=3000$mm，所有墙厚均为 200mm，请设计该楼梯。

设计过程：

（1）根据层高 H 和初选踏步高 h 确定每层楼梯踏步数 N，$N=H/h$。初选踏步高应该符合规范规定，如表 5-2（选自《民用建筑设计通则》GB 50352—2005）所示。

设计时尽量采用等跑楼梯，N 宜为偶数，以减少构件规格。若所求 N 为奇数或非整数，可以反过来调整踏步高

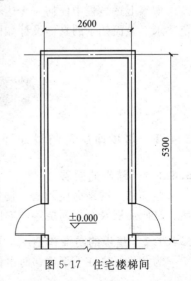

图 5-17 住宅楼梯间

h，或者为长短跑也可以。

表 5-2 楼梯踏步最小宽度和最大高度   单位：mm

楼梯类别	最小宽度	最大高度
住宅共用楼梯	260	175
幼儿园、小学校等楼梯	260	150
电影院、剧场、体育馆、商场、医院、旅馆和大中学校等楼梯	280	160
其他建筑楼梯	260	170
专用疏散楼梯	250	180
服务楼梯、住宅套内楼梯	220	200

注：无中柱螺旋楼梯和弧形楼梯离内侧扶手中心 250mm 处踏步宽度不应小于 220mm。

(2) 根据踏步数 N 和初选踏步宽 b 计算梯段水平投影长度 L，$L=(0.5N-1)b$。

(3) 确定是否设置梯井。如楼梯间宽度较大，可在两梯段之间设置梯井。

(4) 根据楼梯间开间净宽 A 和梯井净宽 C 确定梯宽 a，$a=(A-C)/2$。同时检验其通行能力是否满足紧急疏散时人流股数的要求，如不能满足，则应对梯井宽 C 或楼梯间开间净宽 A 进行调整。

(5) 根据初选中间平台宽 D_1（$D_1 \geqslant a$）和楼层平台宽 D_2（$D_2 > a$）及梯段水平投影长度 L，检查是否楼梯间净进深长度 $B=D_1+D_2+L$。如不能满足要求，可对 L 值进行调整（即调整 b 值，或调整 h 值），必要时则要调整 B 值。在 B 值一定的情况下，要尽量加宽 b 值，减小 h 值，以减缓坡度，或加宽 D_1、D_2 值以利于平台分配人流。

按照以上设计流程，此一梯两户三层住宅楼楼梯设计解答如下：

(1) 根据规范规定，假定踏步高 150mm（此值是经常的假定值，因为其符合表 5-2 中任何一类建筑楼梯踏步高的规定，且对于以 300mm 为模数的层高来讲易于整除），则踏步数 $N=3000/150=20$（若碰到不能整除的情况，可以调整踏步高或梯段做成长短跑）。

(2) 假定踏步宽度为 300mm，则一个梯段的水平投影长度 $L=(0.5 \times 20-1) \times 300=2700$（mm）。

(3) 梯间净宽 2400mm，假定按照一个梯段宽 1100mm（梯段宽度按照建筑类型有所不同，具体应查看相关建筑规范中的规定），有富余可以设置梯井，假定梯井宽 100mm。

(4) 梯段宽度为 $a=(2400-100)/2=1150$（mm）。

(5) 中间平台宽度 $D_1 \geqslant a$，并不小于 1200mm，D_1 的最小值为 1200mm，$D_2 > a$，若也取 1200mm，则梯段加平台的进深值为 1200+1200+2700=5100（mm），可以满足要求。

如果上述过程中任何一步达不到规范要求，则应重新进行设定，反复验算，直到符合规范要求。上面例子的具体设计如图 5-18 所示。

5.4　楼梯的细部构造

5.4.1　踏步面层及防滑处理

5.4.1.1　踏步的面层

楼梯踏步的踏面应耐磨、防滑、耐冲击、易于清扫，常采用水泥砂浆面层、水磨石面层、缸砖面层及石材面层等，如图 5-19 所示。

5.4.1.2　踏步的防滑构造

为防止行人在上下楼梯时滑倒，踏步表面应做防滑处理。一般是在踏步近踏口处用不同

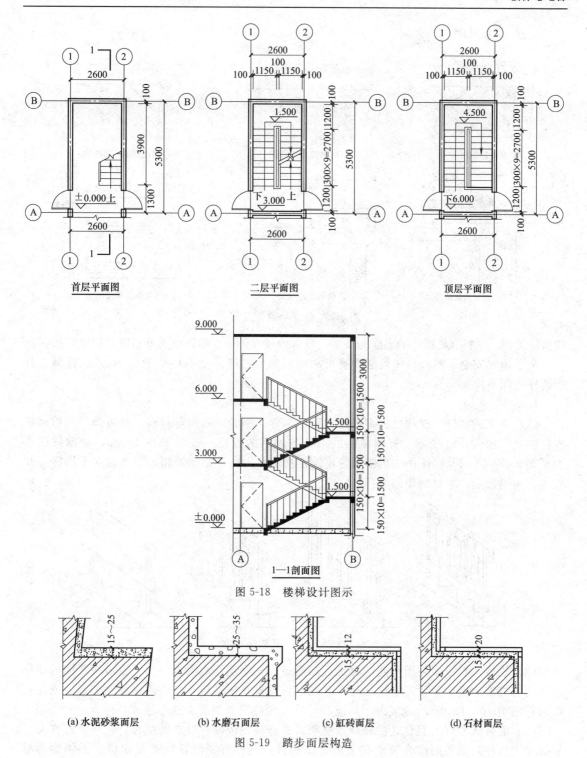

图 5-18　楼梯设计图示

(a) 水泥砂浆面层　　(b) 水磨石面层　　(c) 缸砖面层　　(d) 石材面层

图 5-19　踏步面层构造

于面层的材料,如水泥铁屑、金刚砂、金属条、马赛克等,做出略高出踏面的防滑条;也可用带有槽口的陶土块或金属板包住踏步口做成防滑包口,如图 5-20 所示。

5.4.2　楼梯栏杆扶手

栏杆或栏板是楼梯的安全防护设施,设置在楼梯或平台临空的一侧,应坚固、耐久,同时

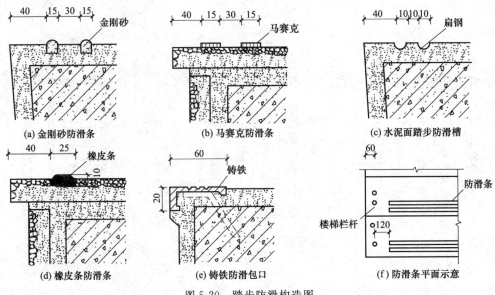

图 5-20 踏步防滑构造图

造型应美观。栏杆（栏板）的上缘为扶手。较宽的楼梯还应在梯段中间及靠墙一侧设置扶手。

为了确保安全，栏杆与梯段必须有可靠的连接，栏杆高度不得小于 0.9m，栏杆垂直杆件的净空隙不应大于 0.11m。

1. 栏杆

（1）空花式栏杆　这种栏杆多采用方钢、圆钢、钢管或扁钢等材料，并可焊接或铆接成各种图案，如图 5-21 所示。方钢截面的边长与圆钢的直径一般为 15～25mm，扁钢截面不大于 6mm×40mm。栏杆在儿童使用的建筑楼梯中，为防止儿童攀爬，不宜设水平横杆。此外还有用铝合金、木材制作的栏杆。

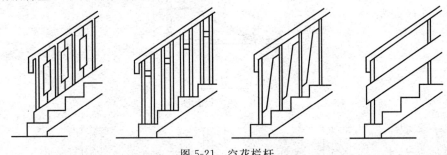

图 5-21　空花栏杆

（2）栏板　栏板多采用钢筋混凝土、加筋砖砌、钢丝网水泥板制作。也可用透明的钢化玻璃或有机玻璃镶嵌于栏杆立柱之间。砖砌栏板常做立砖砌筑，外侧用钢筋网加固，或在栏板内每隔 1000～1200mm 设竖向小构造柱，并与现浇钢筋混凝土扶手连成整体。

（3）混合式栏杆　混合式栏杆是指空花式栏杆和栏板两种形式的组合，栏杆竖杆作为主要抗侧力构件，栏板则作为防护和美观装饰构件。其栏杆的竖杆常采用钢材或不锈钢等材料，其栏板部分常采用轻质、美观的材料（如木板、塑料贴面板、铝板、有机玻璃板和钢化玻璃板等）制作。

2. 扶手

楼梯扶手可用硬木制作，或用钢筋、塑料制品，在栏板上缘抹水泥砂浆、水磨石等。扶手类型及与栏杆的连接如图 5-22 所示。钢栏杆用木扶手及塑料扶手时，用木螺钉连接扶手与栏杆；钢栏杆与钢管扶手则焊接在一起。木扶手、塑料扶手用木螺钉通过扁铁与空心栏杆连接；金属扶手则通过焊接或螺钉连接；栏板上的扶手多采用抹水泥砂浆或水磨石粉面的处理方式。

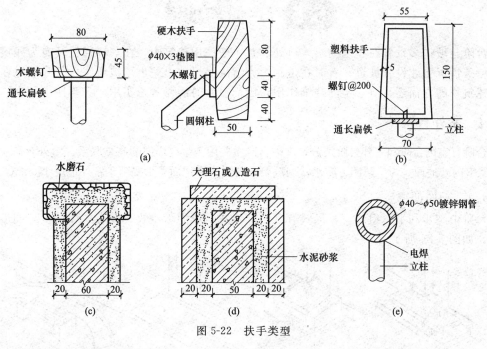

图 5-22 扶手类型

3. 栏杆扶手与墙或柱的连接

当需在靠墙一侧设置扶手时，其与墙和柱的连接做法通常有两种：一种是在墙上预留孔洞，将固定扶手的铁件插入洞内，再用细石混凝土或水泥砂浆填实；另一种是在钢筋混凝土墙或柱的相应位置上预埋铁件固定扶手的铁件焊接，也可用膨胀螺栓连接。具体做法如图 5-23 所示。

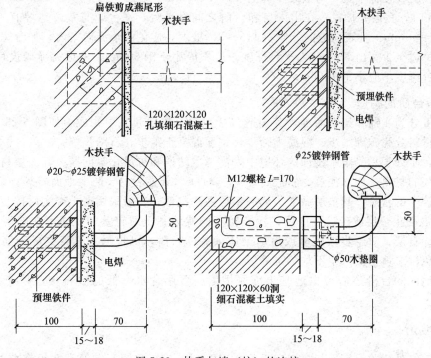

图 5-23 扶手与墙（柱）的连接

5.5 台阶与坡道

台阶与坡道多设置在建筑物出入口处。在一般民用建筑中，在车辆通行及专为残疾人使用的特殊情况下才设置坡道；有时在走廊内为解决小尺寸离差也用坡道。台阶和坡道在入口处对建筑物的立面还具有一定的装饰作用，因而设计时既要考虑实用，又要注意美观。

5.5.1 室外台阶

台阶有室内台阶和室外台阶之分，室内台阶主要用于室内局部的高差联系，室外台阶主要用于联系室内外地面。为了防潮、防水，一般要求首层室内地面至少要高于室外地坪150mm。

5.5.1.1 台阶的形式

台阶由踏步和平台组成，其形式有三面踏步式、单面踏步式、坡道式和踏步与坡道结合式等，如图5-24所示。

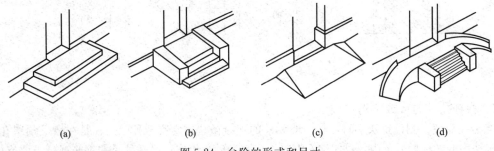

(a)   (b)   (c)   (d)

图5-24 台阶的形式和尺寸

台阶坡度较楼梯平缓，每级踏步高为100～150mm，踏面宽为300～400mm，当台阶高度超过1m时，宜设有护栏。在出入口和台阶之间设平台，平台应与室内地坪有一定高差，一般为20～50mm，且表面应向外倾斜1%～3%坡度，避免雨水流向室内。平台宽度一般要比门洞口每边至少宽出500mm，平台深度一般不应小于1000mm。考虑无障碍设计坡道时，出入口平台深度不应小于1500mm。

5.5.1.2 台阶的构造

台阶可分为实铺和架空两种，其构造包括面层、垫层和基层构成，如图5-25所示。台阶踏步按材料分为砖砌踏步、混凝土踏步、钢筋混凝土踏步、石踏步等。

由于台阶处于易受雨水侵蚀的环境中，需考虑防滑和抗风化等问题。其面层材料应选择防滑和耐久的材料，如水泥屑、斩假石（剁斧石）、天然石材、防滑地面砖等。

步数较少的台阶，其垫层做法与地面垫层做法类似。一般采用素土夯实后按台阶形状尺寸做C15混凝土垫层或砖、石垫层。标准较高的或地基土质较差的，还可在垫层下加铺一层碎砖或碎石层。对于步数较多或地基土质太差的台阶，可根据情况架空成钢筋混凝土台阶，以避免过多填土或产生不均匀沉降。

严寒地区的台阶还需考虑地基土冻胀因素，可用含水率低的砂石垫层换土至冰冻线以下。

5.5.2 坡道

为便于室外门前车辆通行或搬运重物，以及便于残疾人通行，通常在很多公共建筑物，

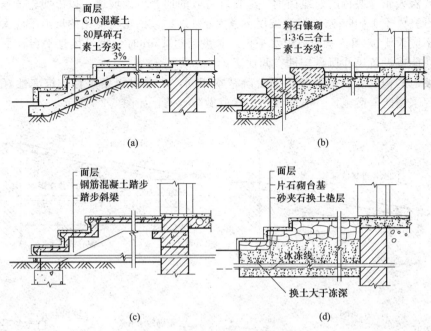

图 5-25　台阶的构造

如商场、医院、宾馆、幼儿园、办公楼等的门前及工业建筑的车间大门等处要求设置坡道。坡道按用途的不同，可分为行车坡道和轮椅坡道两类。行车坡道分为普通行车坡道和回车坡道两种，如图 5-26 所示。

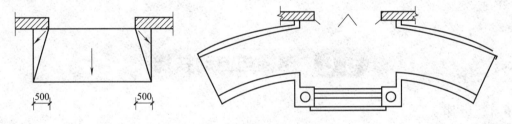

图 5-26　坡道的形式

1. 坡道尺度　不同位置的坡道坡度和宽度应符合表 5-3 的规定。每段坡道的坡度、最大高度和水平长度的最大容许值见表 5-4 所示。

表 5-3　不同位置的坡道坡度和宽度　　　　　　　　　　　　　　单位：m

坡道位置	最大坡度	最小宽度
有台阶的建筑入口	1：12	1.20
只设坡道的建筑入口	1：20	1.50
室内走道	1：12	1.00
室外通道	1：20	1.50
困难地段	1：10～1：8	1.20

表 5-4　每段坡道的坡度、最大高度和水平长度

坡道坡度(高：长)	1：8	1：10	1：12	1：16	1：20
每段坡道允许高度/m	0.35	0.60	0.75	1.00	1.50
每段坡道允许水平长度 /m	2.80	6.00	9.00	16.00	30.00

在有残疾人轮椅通行的建筑门前，应在有台阶的地方增设坡道，以方便轮椅通行。室内坡道坡度不宜大于1：8，室外坡道坡度不宜大于1：10，供轮椅使用的坡道不应大于1：12，困难地段不应大于1：8。室内坡道水平投影长度超过15m时，宜设休息平台，平台宽度应根据使用功能或设备尺寸所需缓冲空间而定。

（2）坡道的构造　坡道的构造同台阶基本相同，要求材料耐久性、抗冻性好，表面耐磨。坡道应采用防滑措施，一般做成锯齿状或做防滑条，如图5-27所示。

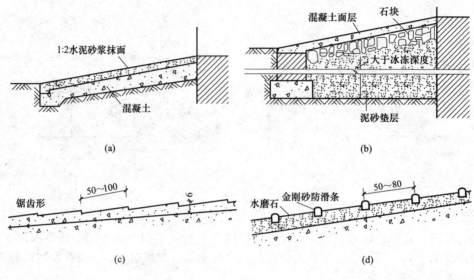

图 5-27　坡道构造图

5.6　电梯与自动扶梯

5.6.1　电梯

电梯是建筑物中的垂直交通设施。下列情况应设置电梯：住宅7层及以上（含底层为商店或架空层）或住户入口层楼面距室外设计地面的高度超过16m；6层及以上的办公建筑；4层及以上的医疗建筑和老年人建筑、图书馆建筑、档案馆建筑；宿舍最高居住层楼面距入口层地面高度超过20m；一、二级旅馆3层及以上，三级旅馆4层及以上，四级旅馆6层及以上，五、六级旅馆7层及以上；高层建筑。另外，有些建筑如商店、多层仓库、厂房，经常有较重的货物要运送，也需设置电梯。

5.6.1.1　电梯的设计要求

电梯不能作为建筑垂直交通的安全出口，设置电梯的建筑物仍应按防火规范规定的安全疏散距离设置疏散楼梯，电梯最好不被楼梯围绕布置。在以电梯为主要垂直交通的建筑中，每栋建筑物内或建筑物内的每个服务区，乘客电梯的台数不应少于两台，单侧排列的电梯不应超过4台，双侧排列的电梯不应超过8台，且不应在转角处紧邻布置。

5.6.1.2　电梯的种类及构成

（1）电梯的种类　按使用性质可以分为以下几种。如图5-28所示。

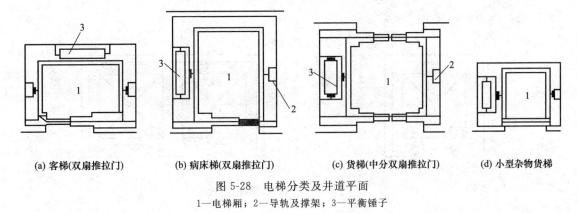

(a) 客梯(双扇推拉门)　　　(b) 病床梯(双扇推拉门)　　　(c) 货梯(中分双扇推拉门)　　　(d) 小型杂物货梯

图 5-28　电梯分类及井道平面

1—电梯厢；2—导轨及撑架；3—平衡锤子

① 客梯。主要用于人们在建筑物中的垂直交通。

② 货梯。主要用于运送货物及设备。

③ 消防电梯。用于发生火灾、爆炸等紧急情况下作为安全疏散人员和消防人员紧急救援使用。

按电梯行驶速度分为以下几种。

① 高速电梯。速度大于 2m/s，梯速随层数增加而提高，消防电梯常用高速。

② 中速电梯。速度在 2m/s 之内，一般货梯按中速考虑。

③ 低速电梯。运送食物的电梯常用低速，速度在 1.5m/s 以内。

其他分类主要有按单台、双台分，按交流电梯、直流电梯分，按轿厢容量分，按电梯门开启方向分等。另外，特别提出的是观光电梯。观光电梯是把竖向交通工具和登高流动观景相结合的电梯。透明的轿厢使电梯内外景观相互沟通。

（2）电梯的构成　电梯由轿厢、电梯井道及机械设备等部分构成。电梯轿厢可直接作为载人或载货使用，其内部造型应美观、用材应经久耐用，并易于清洗。轿厢常用金属框架结构，内部用光洁有色钢板壁面或有色有孔钢板壁面，花格钢板地面，荧光灯局部照明及不锈钢操纵板等。入口处采用钢板、铝材制成的电梯门槛。电梯井道是电梯运行的垂直通道，应按其种类的不同来进行设计，要求有足够的强度和刚度。

5.6.1.3　电梯的设计及有关细部构造

为使电梯正常、安全地使用，应设置电梯井道、电梯门套和电梯机房等。

1. 电梯井道

电梯井道内设有电梯轿厢、电梯出入口，以及导轨、导轨撑架、平衡锤和缓冲器等。不同性质的电梯，其井道根据需要有各种井道尺寸，以配合不同的电梯轿厢。井道壁多为钢筋混凝土井壁或框架填充墙井壁。电梯井道应只供电梯使用，不允许布置无关的管线。电梯井道平面净空尺寸需根据选用的电梯型号确定，一般为（1800～2500）mm×（2100～2600）mm。电梯安装导轨支架分预留孔插入式和预埋铁焊接式，井道壁为混凝土时，应预留孔洞，垂直中距 2m，以便安装支架。井道壁为框架填充墙时，框架（圈梁）上应预埋铁板，铁板后面的焊件与梁中钢筋焊牢。每层中间加圈梁一道，并需设置预埋铁板。当电梯为两台并列时，中间可不用隔墙而按一定的间隔放置钢筋混凝土梁或型钢过梁，以便安装支架。电梯构造组成如图 5-29 所示。

（1）井道的平面尺寸　井道的平面尺寸应根据电梯的型号、机器设备的大小和检修需要来确定。一般井道净尺寸分别为 1800mm×2100mm、1900mm×2300mm、2200mm×2200mm、2400mm×2300mm、2600mm×2300mm、2600mm×2600mm 等。

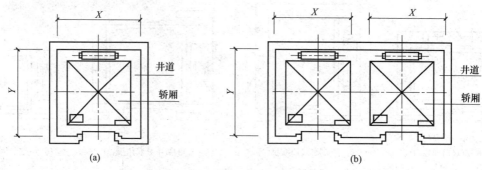

图 5-29　电梯构造图

（2）井道的防火　井道是在高层建筑中穿通各层的垂直通道，火灾中火焰及烟气容易从中蔓延，因此，井道和机房四周的围护结构必须具备足够的防火性能，其耐火极限不低于该建筑物的耐火等级的规定。一般采用钢筋混凝土墙或砖墙。当井道内设置超过两部电梯时，需用防火围护结构隔开。

（3）井道的通风　井道的通风口有利于通风，一旦发生火警，能迅速将烟和热气排出室外。在井道的顶层、中部适当位置（高层时）及坑底处设置不小于 300mm×600mm 或其面积不小于井道面积的 3.5% 的通风口，并且通风口总面积的 1/3 应经常开启。通风管道可在井道顶板上或井道壁上直接通往室外。

（4）井道的隔声　为了减轻机器运行时产生的振动噪声，井道应采取适当的隔音措施，一般在机房的机座下设置弹性垫层隔振。当电梯运行速度超过 1.5m/s 时，除设弹性垫层外，还应在机房与井道间设隔声层，其高度不小于 1300mm，常用 1500～1800mm。

电梯井外侧最好不要做居室，否则应注意采取隔声措施。楼板与井道壁最好脱离开，另做隔声层，也可只在井外侧加砌混凝土块衬墙。

（5）井道的检修　为了安装检修和缓冲，井道内的上下均应留有必要的空间。井道底、坑壁及坑底必须做防水处理，坑底设排水设施。为便于检修，坑壁必须设置爬梯和检修灯槽。坑底位于地下室时，宜从侧面开检修小门。坑内的预埋件按电梯要求确定。

2. 电梯门套

电梯间的厅门是井道各层的出入口。由于电梯间的厅门是人流或货流频繁经过之处，要坚固、适用、美观，因此在厅门洞口上部和两侧需装门套。门套的构造做法应与电梯厅门的装修一致，可采用水泥砂浆抹面，或用水磨石、大理石及硬木板或金属板贴面。除金属板为电梯厂家定制产品外，其余材料均可现场制作或预制。

在出入口处的地面，应在电梯门洞下沿的位置向井道内挑出一牛腿，作为乘客进入轿厢的踏板处。牛腿一般为钢筋混凝土现浇或预制构件，如图 5-30、图 5-31 所示。

3. 电梯机房

电梯机房一般设在电梯井道的顶部。机房的平面尺寸需根据机械设备的大小和安排，以及管理维修等需要来确定，常用平面尺寸分别为 1800mm×3600mm、1900mm×3900mm、3800mm×3600mm、4000mm×3900mm、2400mm×3900mm、5000mm×3900mm、2600mm×4000mm、5400mm×4000mm 等。

电梯机房一般设在电梯井道的顶部。机房和井道的平面相对位置允许机房任意向一个或两个相邻方向伸出，并满足机房有关设备安装的要求。机房楼板应在机器设备安装的部位预留孔洞。

电梯机房除特殊需要设在井道下部外，一般均设在井道顶板之上。机房平面净空尺寸变化幅度很大，需根据选用的电梯型号要求确定。电梯机房中电梯井道的顶板面需根据电梯型号的不同，高于顶层楼面 4000～4800mm，故通常需使井道顶板部分高于屋面或整个机房地面高于屋面。机房需有良好的通风、隔热、防寒、防尘、减噪措施。

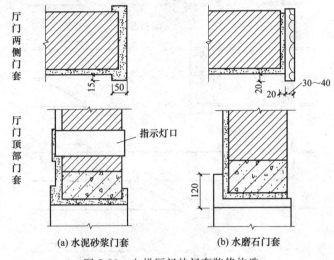

图 5-30 电梯厅门的门套装修构造

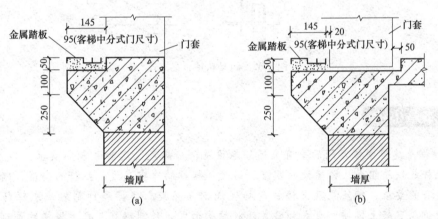

图 5-31 电梯厅门牛腿部位构造图

5.6.2 自动扶梯

自动扶梯是一种在一定方向上能大量、连续输送客流的装置。它具有结构紧凑、质量轻、耗电省、安装维修方便等优点，多用于持续有大量人流上下，并且使用要求较高的建筑物（如机场、大型商店、火车站、展览馆、地铁站等）。它应设在大厅的明显位置。自动扶梯可以正、逆方向运行，既可做提升使用，又可做下降使用。自动扶梯在机械停止运转时，可作为临时性的普通楼梯使用，但不得作为安全出口。

自动扶梯可用于室内或室外。用于室内时，运输的垂直高度最低 3m，最高可达 11m 左右；用于室外时，运输的垂直高度最低 3.5m，最高可达 60m 左右。自动扶梯倾角有 27.3°、30°、35°几种，常用 30°。速度一般为 0.45～0.75m/s，常用速度为 0.5m/s。宽度一般有 600mm、800mm、1000mm、1200mm 几种，理论载客量为 4000～10000 人次 /h。

自动扶梯的布置形式有折返式、平行式、连贯式、交叉式、集中交叉式，如图 5-32 所示。

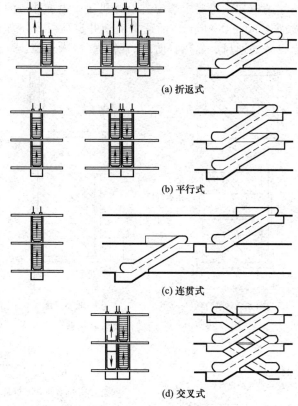

(a) 折返式

(b) 平行式

(c) 连贯式

(d) 交叉式

图 5-32　自动扶梯布置方式

📝 本章小结

1. 楼梯是建筑中楼层间的垂直交通联系设施，应满足交通和疏散的要求。楼梯由梯段、平台、栏杆及扶手组成。楼梯段的宽度、坡度、楼梯的净空高度、栏杆的高度、踏步尺寸等均应满足有关要求。钢筋混凝土楼梯包括现浇钢筋混凝土楼梯和预制装配式钢筋混凝土楼梯，现浇钢筋混凝土楼梯有板式和梁式两种结构形式，预制钢筋混凝土楼梯的预制构件有小型、中型和大型 3 类。小型构件装配式楼梯的预制踏步有三角形、L 形和一字形等，预制踏步的支撑方式有梁承式、墙承式和悬挑式等。平台板可采用预制空心板、槽形板等，中型构件装配式楼梯的预制梯段有板式和梁板式两种形式。

2. 楼梯踏步面层应耐磨，便于行走，易于清洁，踏面通常应做防滑处理。楼梯栏杆与踏步，以及栏杆与扶手应有可靠的连接。

3. 电梯和自动扶梯都是用电作为动力的垂直交通设施。电梯由轿厢、电梯井道及驱动设备等部分组成。细部构造包括厅门的门套装修、厅门牛腿的处理、导轨与井壁的固定处理。

4. 室外台阶和坡道均为建筑物入口处连接室内外不同标高地面的构件，台阶和坡道应坚固耐磨，具有良好的耐久性、抗冻性。坡道要有相应的防滑措施。

❓ 复习思考题

1. 常见的楼梯有哪些类型？楼梯由哪几部分组成？各部分的作用是什么？

2. 平行双跑楼梯底层中间平台下需设置通道时，为增加净高常有哪些措施？

3. 现浇钢筋混凝土楼梯常见的结构形式有哪几种？各有何特点？

4. 栏杆与踏步和扶手的连接构造如何？栏杆扶手与墙和柱的连接构造如何？并看懂构造图。

5. 台阶的形式有哪几种？台阶和坡道的构造如何？并看懂构造图。

6. 电梯有哪些种类？电梯主要由哪几部分组成？

6 · 窗和门

 教学目标

了解门窗的作用，熟悉门窗的分类与尺度，熟悉木门窗的构造特点，了解铝合金门窗与塑料门窗。

 教学要求

知识要点	能力要求	相关知识	所占分值（100分）	自评分数
窗的构造	1. 了解窗的作用； 2. 掌握窗的细节构造	窗的形式、窗的尺度、窗的材料、窗的设置要求、木窗的组成和尺度	50	
门的构造	1. 熟悉木门窗的构造特点； 2. 了解铝合金门窗、塑料门窗	门的功能、门的形式、门的材料及技术用途、门的尺度、平开木门的组成及尺度	50	

 章节导读

门和窗是房屋的重要组成部分。门的主要功能是交通联系，窗主要供采光和通风之用。它们均属建筑的围护构件，对于建筑物能否正常、安全舒适地使用，具有较大的影响。

在设计门窗时，必须根据有关规范和使用要求来决定其形式及尺寸大小。造型要美观大方，构造应坚固、耐久，开启灵活，关闭紧严，便于维修和清洁，规格类型应尽量统一，并符合现行《建筑模数协调统一标准》（GBJ 2—86）的规定，以降低成本和适应建筑工业化生产的需要。

门窗按其制作的材料可分为木门窗、钢门窗、铝合金门窗、塑料门窗、彩钢门窗等。

6.1 窗 的 构 造

6.1.1 窗的形式

窗的形式一般按开启方式来确定。通常窗的开启方式有以下几种，如图 6-1 所示。

(a) 平开窗　　　　(b) 固定窗　　　　(c) 推拉窗　　　　(d) 百叶窗

(e) 上悬窗　　　　　　(f) 中悬窗　　　　　(g) 下悬窗　　　　(h) 中旋窗

图 6-1　窗的开启形式

（1）平开窗　平开窗的铰链安装在窗扇一侧与窗框相连，向外或向内水平开启，是民用建筑中使用最广泛的窗。

内开窗：玻璃窗扇开向室内的平开窗。这种做法的优点是便于安装、修理、擦洗，并且不易损坏；其缺点是纱扇在外，容易锈蚀，不易挂窗帘，并且窗扇开启占据了室内部分空间。

外开窗：玻璃窗扇开向室外的平开窗。其优点是窗扇开启不占室内空间，雨水不易流入室内，但这种窗的安装、修理、擦洗均很不便，高层建筑应该尽量少用。

（2）固定窗　无窗扇、不能开启的窗称为固定窗。固定窗的玻璃直接嵌固在窗框上，可供采光和眺望之用，不能通风。

（3）悬窗　根据铰链和转轴位置的不同，可分为上悬窗、中悬窗和下悬窗，如图 6-1 所示。

（4）立旋窗　立旋窗的窗扇可绕竖轴转动。竖轴可以设于窗扇中心，或略偏向于窗扇的一侧。这种窗采光好，通风效果好，但不够严密，安装纱窗不便，防水性能较差。

（5）推拉窗　其优点是窗扇开启不占室内空间，通常可以分为水平推拉窗和垂直推拉窗。垂直推拉窗需要升降制约措施，水平推拉窗一般在窗扇上下设滑轨槽，构造简单，建筑中大量使用。

推拉窗开启时不占室内空间，窗扇受力状态好，窗扇及玻璃尺寸均可较平开窗大一些，尤其适用于铝合金及塑料门窗，但通风面积受限制。

（6）百叶窗　百叶窗是一种以通风为主要目的的窗，由斜木片或金属片组成，一般用于有特殊要求的部位。

（7）折叠窗　折叠窗全开启时视野开阔，通风效果好，但需用特殊五金零件。此外，因各地气候和环境不同，窗按层数可以分为单层窗和多层窗。

6.1.2　窗的尺度

窗的尺度主要取决于房间的采光、通风、构造做法和建筑造型等方面的要求，并要符合现行《建筑模数协调统一标准》（GBJ 2—86）的规定。为使窗坚固耐久，一般平开木窗的窗扇高度为 800～1200mm，宽度不宜大于 50mm；上、下悬窗的窗扇高度为 300～600mm，中悬窗的窗扇高不宜高于 1200mm，宽度不宜大于 1000mm；推拉窗的高、宽均不宜大于 1500mm。对一般民用建筑用窗，各地均有通用图，各类窗的高度与宽度尺寸通常采用扩大模数 3M 数列作为洞口的标志尺寸，需要时只要按所需类型及尺度大小直接选用。

6.1.3　窗的材料

（1）木窗　木窗一般由含水率 18％左右的木料制成，常见的有松木或与松木近似的木料制成。木窗由于加工方便，过去使用比较普遍，但缺点是不耐久、容易变形，目前已限制使用。

（2）钢窗　钢窗是用特殊断面的热轧型钢制成的窗。断面有实腹与空腹两种。钢窗具有坚固、耐久、防火、挡光少、节省木材等优点；其缺点是关闭不严、空隙大，现在已较少采用。

（3）铝合金窗　这种窗的窗框与窗扇部分一般采用铝镁硅系列合金型材。表面呈银白色，但通过着色处理，也可以呈深青铜色、古铜色等各种颜色。其断面也为空腹型，适用广泛。

（4）塑料窗　这种窗的窗框与窗扇部分均使用硬质塑料构成，其断面一般为空腔型，通常采用挤压成型。易老化、易变形等问题现在已基本解决，也在大力推广。

此外还有玻璃钢窗，钢筋混凝土窗，钢塑、木塑、铝塑等复合材料制成的窗等。

6.1.4　窗的设置要求

窗是建筑的重要组成部分，窗的大小、窗的类型及开启方式等应满足以下要求：

（1）围护方面的要求　作为重要的围护构件之一，窗应具有防雨、防风、隔声及保温等功能，以提供舒适的室内环境。在窗的设计中有一些特殊的构造用来满足这些要求，如设置披水板、滴水槽以防水，采用双层玻璃以隔声和保温，设置纱窗以防蚊虫等。

（2）采光通风方面的要求　开窗是建筑室内主要的天然采光方式，窗的面积和布置方式直接影响采光效果。对于同样面积的窗，天窗提供的顶光将使亮度增加 6～8 倍；而长方形的窗横放和竖放也会有不同的效果。在设计中应选择合适的窗户形式和面积。通风换气主要靠外窗，在设计中应尽量使内外窗的相对位置处于对空气对流有利的位置。

6.1.5　木窗的组成和尺度

五金零件有铰链、风钩、插销、拉手、导轨、转轴和滑轮等。窗框与墙连接处，根据不同的要求，有时要附设窗台板、贴脸、筒子板、窗帘盒等配件，如图 6-2 所示。

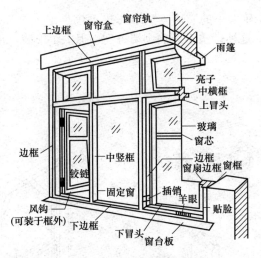

图 6-2　平开木窗扇的组成

木窗的尺寸要满足采光通风、结构构造、建筑造型和建筑模数协调的要求。

1. 窗框的断面形状与尺寸

窗框的断面形状与尺寸主要按材料的强度和接榫的需要确定，如图 6-3 所示。图中虚线为毛料尺寸，粗实线为刨光后的设计尺寸。

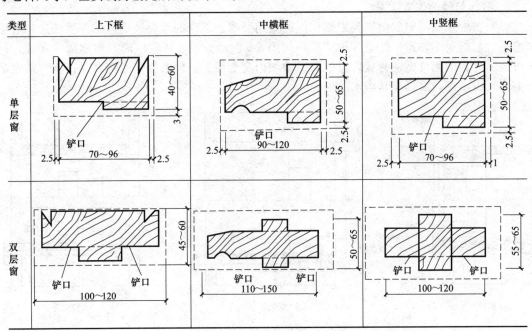

图 6-3　平开木窗框断面形式及尺寸

2. 窗框与墙的连接

窗框与墙的连接有立口和塞口两种方式。立口也称立樘子，施工时，先将窗框立好，再砌窗间墙。为加强窗框与墙体的联系，在窗框上下挡均留出 120mm 长的端头伸入墙内。在边框外侧，每隔 500～700mm 设一木拉砖或铁脚砌入墙身。木拉砖一般是用鸽尾榫与窗框拉接，如图 6-4 所示。这种做法的优点是窗框与墙连接较为紧密，但是施工时影响墙体砌筑速度。

塞口又称塞樘子，是在砌墙时先留窗洞，再安装窗框。在砌墙洞时，在洞口两侧，每隔

500～700mm 砌入一块半砖大小的防腐木砖（每边不应少于 2 块）。安装窗框时，用长钉或螺钉将窗框钉在木砖上。这种做法不影响砌墙进度，但为了安装，窗框外围尺寸长度方向均缩小 20mm 左右，致使窗框四周缝隙较大。如图 6-5 所示。

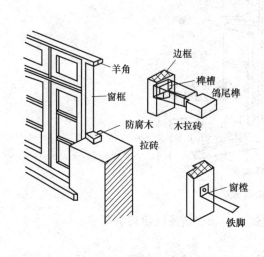

图 6-4 窗框的立口构造

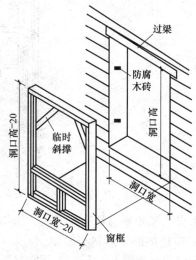

图 6-5 窗框的塞口构造

3. 窗框与墙的位置关系

（1）窗框在墙洞中的位置要根据房间的使用要求、墙身的材料及墙体的厚度确定。有窗框内平、窗框居中和窗框外平三种情况，如图 6-6 所示。当墙体较厚时，窗框居中布置，外侧可设窗台，内侧可做窗台板。窗框外平增加内窗台面积，但窗框的上部易进雨水，需在洞口上方加设雨篷，以提高其防水性能。

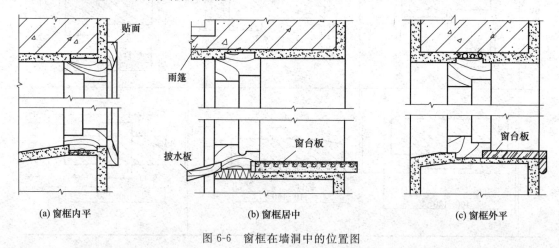

(a) 窗框内平   (b) 窗框居中   (c) 窗框外平

图 6-6 窗框在墙洞中的位置图

（2）窗框的墙缝处理。窗框与墙间的缝隙应填塞密实，以满足防风、挡雨、保温、隔声等要求。一般情况下，洞口边缘可采用平口，用砂浆或油膏嵌缝。为保证嵌缝牢，常在窗框靠墙一侧内外两角做灰口。如图 6-7（a）所示。寒冷地区在洞口两侧外线做高低口为宜，缝内填弹性密封材料，以增强密闭效果。如图 6-7（d）所示。标准较高的常做贴脸或筒子板。如图 6-7（b）、（c）所示。

4. 窗扇

窗扇的厚度为 35～42mm，多为 40mm。上、下冒头及边梃的宽度一般为 50～60mm。窗

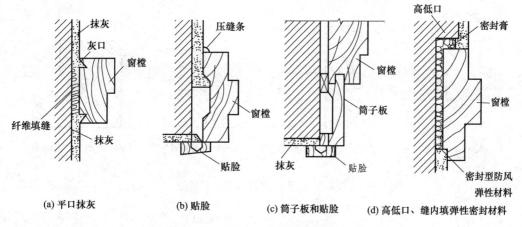

图 6-7 窗框的墙缝处理

芯宽度一般为 27～40mm。下冒头若加披水板，应比上冒头加宽 10～25mm。如图 6-8（a）、（b）所示为镶嵌玻璃，在窗扇外侧要做裁口，其深度为 8～12mm，但不应超过窗扇厚度的 1/3。各杆件的内侧常做装饰性线脚，既少挡光又美观，如图 6-8（c）所示。两窗扇之间的接缝处，常做高低缝的盖口，也可以一面或两面加钉盖缝条，以增加窗扇密闭性，提高防风雨的能力和减少冷风渗透，如图 6-8（d）所示。

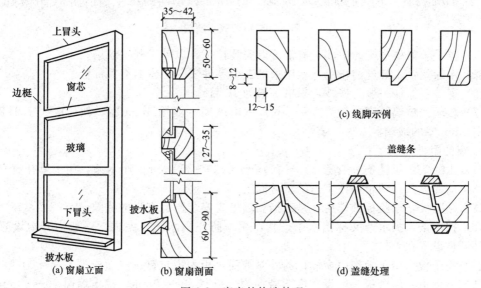

图 6-8 窗扇的构造处理

5. 窗框与窗扇的连接

平开木窗的窗扇一般都是用铰链固定在窗框上，为了提高接缝处的防风雨能力，窗框与窗扇间的密封应处理好，如图 6-9 所示。外开窗的上口和内开窗的下口，是防雨水的薄弱环节，应做披水和滴水槽，如图 6-10 所示。

6. 窗的五金

窗的五金零件有铰链、窗钩、插销、拉手等。

（1）铰链：简单的铰链，常称合页，是窗扇和窗框的连接零件，窗扇可以绕铰链轴转动。

（2）插销：窗扇在关闭状态，通过窗扇上部和下部的插销固定在窗框上。

（3）窗钩：窗钩又叫梃钩或风钩，用来固定窗扇开启后的位置。

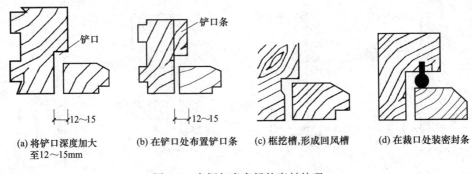

(a) 将铲口深度加大 (b) 在铲口处布置铲口条 (c) 框挖槽,形成回风槽 (d) 在裁口处装密封条
至12～15mm

图 6-9　窗框与窗扇间的密封处理

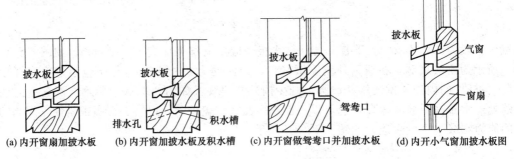

(a) 内开窗扇加披水板 (b) 内开窗加披水板及积水槽 (c) 内开窗做鸳鸯口并加披水板 (d) 内开小气窗加披水板图

图 6-10　窗的披水结构

（4）拉手：窗扇边梃的中部，通常可以安装拉手，以利于开关窗扇。

（5）木螺丝：木螺丝的作用，是用来把五金零件安装于窗的有关部位。

（6）窗纱：窗纱一般为铁纱，规格一般为 16 目 。

（7）玻璃：玻璃厚度一般为 2～5mm，钢窗玻璃一般用 3mm 厚，如长度大于 1.2m 时宜采用 5mm 厚的玻璃。

7. 窗的附件

（1）压缝条：压缝条一般是 (10～15)mm×(10～15)mm 的小木条，用于填补窗安装于墙中产生的缝隙，以利于保证室内的正常温度。

（2）贴脸板：贴脸板的作用，是遮挡靠墙里皮安装窗扇产生的缝隙。

（3）披水条：披水条又称挡水条，其作用是防止雨水流入室内。一般内开窗设置在下口，外开窗设置在上口。

（4）筒子板：筒子板在门窗洞口的外侧墙面，用木板包钉镶嵌而成。

（5）窗台板：窗台板一般设在窗下槛内侧。板厚 30～40mm，挑出墙面 30～40mm。窗台板可以使用木板、水磨石板或大理石板等。

（6）窗帘盒：窗帘盒是为掩蔽窗帘棍和窗帘上部的拴环而设的设施。窗帘棍有木、钢 、铁等材料，通常用角钢或钢板伸入墙内。

6.2　门的构造

6.2.1　门的功能

（1）水平交通与疏散　建筑给人们提供了各种使用功能的空间，它们之间既相对独立又相互联系，门能在室内各空间之间以及室内与室外之间起到水平交通联系的作用；同时，当有紧急情况和火灾发生时，门还起交通疏散的作用。

（2）围护与分隔　门是空间的围护构件之一，依据其所处环境起到保温、隔热、隔声、防雨、密闭等作用，门还以多种形式按需要将空间分隔开。

（3）采光与通风　当门的材料以透光性材料（如玻璃）为主时能起到采光的作用，如阳台门等；当门采用通透的形式（如百叶门等）时，可以起到通风的作用。

（4）装饰　门的样式多种多样，和其他的装饰构件相配合，能起到重要的装饰作用。

6.2.2　门的形式

门按开启方式分为平开门、弹簧门、推拉门、转门、卷帘门、折叠门等，如图 6-11 所示。此外还有上翻门、升降门、电动感应门等。

（1）平开门　平开门是水平开启的门，与门框相连的铰链装于门扇的一侧，使门扇围绕铰链轴转动。平开门可以内开或外开，作为安全疏散门时一般应外开。因为平开门开启灵活，构造简单，制作简便，易于维修，是建筑中最常见、使用最广泛的门，如图 6-11 （a）所示。

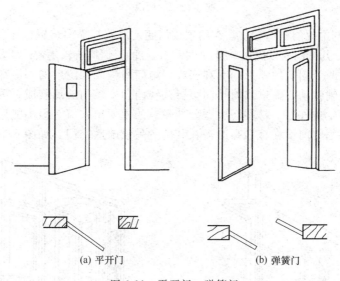

(a) 平开门　　　　　　(b) 弹簧门

图 6-11　平开门、弹簧门

（2）弹簧门　弹簧门的门扇和门框相连处使用的是弹簧铰链，借助弹簧的力量使门扇保持关闭，有单面弹簧门和双面弹簧门两种。门扇只向一个方向开启的为单面弹簧门，一般为单扇，用于有自关要求的房间；双面弹簧门的门扇可向内外两个方向开启，一般为双扇，常用于人流出入频繁的公共场所，但托儿所、幼儿园等建筑中儿童经常出入的门不得使用弹簧门。为避免出入人流相撞，弹簧门门扇上部应镶嵌玻璃，如图 6-11 （b）所示。

（3）推拉门　推拉门的门扇镶嵌在门洞口上下部的预埋轨道上，装有滑轮，可沿轨道左右滑行。推拉门的优点是不占室内空间，但因其封闭不严，用推拉门做外门的多为工业建筑，如仓库和车间大门等。在民用建筑中推拉门多用于室内，适合用在空间紧凑的地方，如图 6-12 所示。

（4）折叠门　折叠门有侧挂式和推拉式两种，折叠门由多个门扇相连组成。

侧挂式折叠门与普通平开门相似，只是用铰链将门扇连在一起。普通铰链一般只能挂两扇门，当超过两扇门时需使用特制铰链。

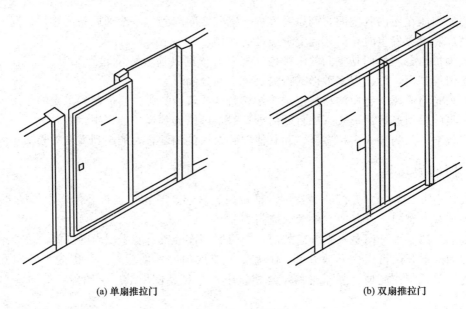

(a) 单扇推拉门　　　　　　　　　　　(b) 双扇推拉门

图 6-12　推拉门

　　推拉式折叠门与推拉门构造相似，在门顶或门底装滑轮和导向装置，开启时门扇沿导轨滑动。折叠门开启时，几个门扇靠拢在一起，可以少占空间，但构造较复杂，如图 6-13（a）所示。

　　（5）转门　由两个固定的弧形门套和三或四扇门扇构成，门扇的一侧都安装在中央的一根竖轴上，可绕竖轴转动，人进出时推门缓行。转门门扇多用玻璃制成，透光性好，亮丽大方，转门保温、卫生条件好，常用于大型公共建筑的主要出入口，但不能用作疏散门，且构造复杂，造价高。当转门设在疏散口时需在其两旁另设疏散用门，如图 6-13（b）所示。

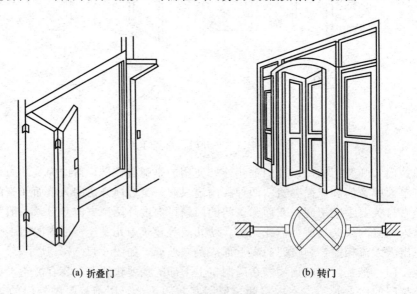

(a) 折叠门　　　　　　　　　　　(b) 转门

图 6-13　折叠门、转门

6.2.3　门的材料及技术用途

　　1. 按制作材料分类

　　按制作材料的不同，可将门分为木门、钢门、不锈钢门、铝合金门、塑料门（含钢衬或铝衬)、玻璃门及复合材料（如铝镶木门）等。

（1）木门　木门使用得比较普遍，门扇的做法也很多，如拼板门、镶板门、胶合板门、半截玻璃门、无框玻璃门等。

（2）钢门　使用钢框和钢扇的门较少，仅少量用于大型公共建筑和纪念性建筑中。但钢框木扇的钢门，广泛应用于住宅、学校、办公楼等建筑中。

（3）钢筋混凝土门　这种门仅在人防地下室等特殊场合中使用。优点是屏蔽性能好；缺点是自重大，必须妥善解决连接问题。

（4）铝合金门　这种门的表面呈银白色或深青铜色，给人以轻松、舒适的感觉，主要用于商业建筑和大型公共建筑物的主要出入口。

（5）塑料门　塑料门窗的气密、水密、耐腐蚀、保温和隔声等性能均比木、钢、铝合金门窗好，且它自重轻、阻燃、不需表面涂漆、色泽鲜艳、安装方便、可节约木材和金属材料，具有广阔的发展前景。另外还有钢塑、木塑、铝塑等复合材料制作的门。

在以上门的分类中，木门以质地具有温暖感、装饰效果好、色彩丰富、密封较好，而得到广泛采用。

2. 按技术用途分类

（1）防噪声门　防噪声门使用特殊门扇及良好的接合槽密封安装，可降低噪声 45dB。

（2）防辐射门　门扇中装有铅衬层，可以挡住 X 射线。

（3）防火和防烟门　门扇用防火材料制成，必须密封，装有门扇关闭器。

（4）防弹门　门扇中装有特殊的衬垫层，如铠甲木层，可以起到防弹作用。

（5）防盗门　防盗门使用特殊的建筑小五金和材料、安全的设计和安装，可以提高防盗性能。

6.2.4　门的尺度

门的尺度通常是指门洞的高度尺寸。门作为交通疏散通道，尺度取决于人的通行要求、要搬运的家具器械的大小，以及与建筑物的比例关系等，并要符合现行《建筑模数协调统一标准》的规定。

一般民用建筑的门的高度不宜小于 2100mm。如果门设有亮子，亮子高度一般为 300～600mm，则门洞高度为门扇高加亮子高，再加门框及门框与墙间的缝隙尺寸，即门洞高度一般为 2400～3000mm。公共建筑大门的高度可视需要适当提高。

门的宽度：单扇门为 700～1000mm，双扇门为 1200～1800mm。如果宽度在 2100mm 以上，因为门容易变形，同时也不利于开启，则做成三扇门、四扇门或双扇带固定扇的门。辅助房间（如浴厕、贮藏室等）的门的宽度可窄些，一般为 700～800mm。

为了使用方便，一般民用建筑的门（木门、铝合金门、钢门）均编制成标准图，在图上注明类型及有关尺寸，设计时可按需要直接选用。

门窗是建筑中用量较大的构件，为了设计、施工和制作方便，应对门窗进行编号。只有洞口尺寸、分格形式、用材、层数、开启方式均相同的门窗才能作为同一编号。门的代号用"M"表示，如 M1、M2、M3。窗的代号用"C"表示，如 C1、C2、C3；住宅中经常出现阳台门和窗结合在一起的情况，即"门连窗"，此时用"CM"表示，如 CM1、CM2、CM3；有些特殊的门窗也有自己的表示，如防火门用"FM"表示，人防建筑的密闭门用"MM"表示。

6.2.5　平开木门的组成和尺度

平开木门主要由门框、门扇、五金零件及贴脸、筒子板等附件组成，如图 6-14 所示。

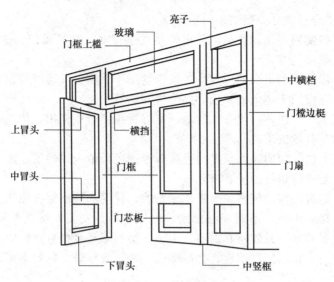

图 6-14　平开木门的组成

　　按门扇构造的不同，民用建筑中常见的门有镶板门、夹板门、弹簧门等形式。

　　(1) 夹板门　夹板门由骨架和面板组成，骨架通常用 (32～35)mm×(33～60)mm 的木料做框子，内部用 (10～25)mm×(33～60)mm 的小木料做成格形纵横肋条，肋距视木料尺寸而定，一般为 200～400mm，夹板门的骨架形式如图 6-15 所示。为节约木材，也可用浸塑蜂窝纸板代替木骨架。面板可用胶合板、硬质纤维板或塑料板等，用胶结材料双面胶结在骨架上。夹板门的构造如图 6-16 所示。胶合板有天然木纹，有一定的装饰效果，表面可涂刷聚氨酯漆、蜡克漆或清漆。纤维板的表面一般先涂底色漆，然后刷聚氨酯漆或清漆。塑料面板有各种装饰性图案和色彩，可根据室内设计的要求来选用。另外，门的四周可用 15～20mm 厚的木条镶边，以取得整齐美观的效果。

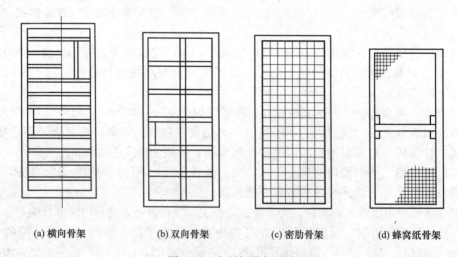

(a) 横向骨架　　　　(b) 双向骨架　　　　(c) 密肋骨架　　　　(d) 蜂窝纸骨架

图 6-15　夹板门骨架形式

　　(2) 镶板门　镶板门由骨架和门芯板组成。骨架一般由上冒头、下冒头及边梃组成，有时中间还有一道或几道横冒头或一条竖向中梃，如图 6-17 所示。门芯板可采用木板、胶合板、硬质纤维板及塑料板等。有时门芯板可部分或全部采用玻璃，称为半玻璃（镶板）门或全玻璃（镶板）门。

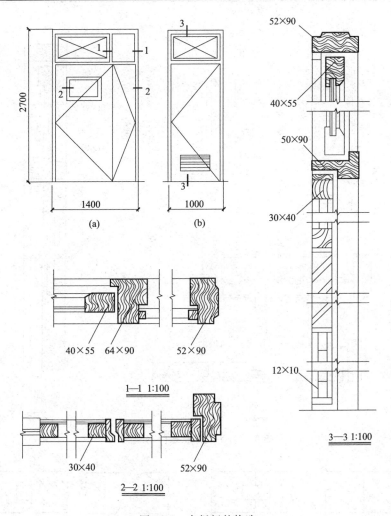

图 6-16　夹板门的构造

木制门芯板一般用 $10\sim15\text{mm}$ 厚的木板拼装成整块，镶入边梃和冒头中，板缝应结合紧密，不能因木材干缩而出现裂缝，如图 6-18 所示。门芯板的拼接方式有四种，分别为平缝胶合、木键拼缝、高低缝和企口缝，工程中常用的为高低缝和企口缝。

（3）弹簧门　弹簧门是指利用弹簧铰链，开启后能自动关闭的门。弹簧铰链有单面弹簧、双向弹簧和地弹簧等形式。单面弹簧门多为单扇，与普通平开门基本相同，只是铰链不同。双向弹簧门通常为双扇门，其门扇在双向可自由开关，门框不需裁口。为避免两门扇相互碰撞，又不使缝过大，通常上、下冒头做平缝，两扇门的中缝做圆弧形，其弧面半径为门厚的 $1\sim1.2$ 倍。地弹簧门的构造与双扇弹簧门基本相同，只是铰轴的位置不同，地弹簧装在地板上。

弹簧门的开启一般都比较频繁，对门扇的强度和刚度要求比较高，门扇一般要用硬木，用料的尺寸应比普通镶板门大一些，弹簧门门扇的厚度一般为 $42\sim50\text{mm}$，上冒头、中冒头和边梃的宽度一般为 $100\sim120\text{mm}$，下冒头的宽度一般为 $200\sim300\text{mm}$。

（4）无框玻璃门　无框玻璃门用整块安全平板玻璃直接做成门扇，立面简洁，常用于公共建筑。在使用时最好能由光感设备自动启闭，否则应有醒目的拉手或其他识别标志，以防止发生安全问题。

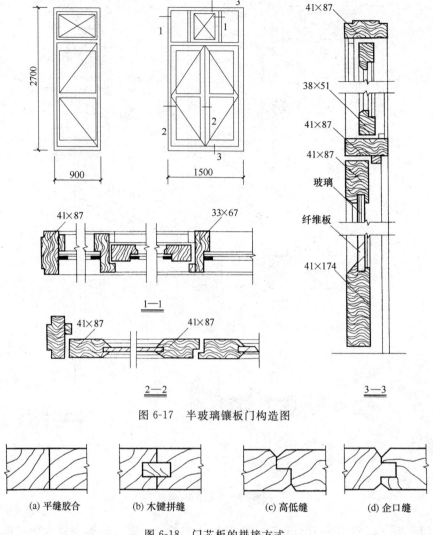

图 6-17　半玻璃镶板门构造图

(a) 平缝胶合　　　(b) 木键拼缝　　　(c) 高低缝　　　(d) 企口缝

图 6-18　门芯板的拼接方式

📝 本章小结

1. 门、窗是房屋建筑中两个非承重构件。门的主要功能是交通出入、分隔和联系内部和外部空间，有的兼顾通风和采光的作用；窗的主要功能是采光和通风，并起到空间之间视觉联系的作用。同时，两者还应具有保温、隔热、隔声、防水、防火、节能、装饰等功能。

2. 门的宽度、数量、位置及开启方式一般由使用人数和使用要求、交通疏散及防火规范的要求确定的。窗的大小、位置主要取决于室内采光要求、房间照度、通风要求及建筑立面美观等。

3. 门窗的安装方法根据施工方式的不同可分为立口法和塞口法。门、窗框与墙体的位置关系有内平、居中、外平三种。

1. 门窗在建筑中的主要功能是什么？

2. 门窗按开启方式分为哪几种？各适用于何种情况？

3. 平开木门窗主要由哪几部分组成？

4. 门窗安装方法根据施工方式的不同分为哪几种？各有何特点？

5. 门的宽度、数量、位置及开启方式由哪些因素决定？

· 7 ·

⊡ 变形缝

了解伸缩缝、沉降缝、防震缝的作用，掌握各种变形缝的构造特点及设置要求。

教学要求

知识要点	能力要求	相关知识	所占分值 （100分）	自评 分数
伸缩缝	了解伸缩缝的作用及如何设置	何为伸缩缝及如何设置	20	
沉降缝	了解沉降缝的作用及如何设置	何为沉降缝及如何设置	20	
防震缝	了解防震缝的作用及如何设置	何为防震缝及如何设置	20	
变形缝的构造	掌握各种变形缝的构造设置要求	何为变形缝及如何设置	40	

章节导读

当建筑物的长度过长，平面形式曲折变化，或一栋建筑物不同部分的高度或荷载有较大差别时，建筑物会由于温度变化、地基不均匀沉降及地震的影响产生变形和应力，如不采取措施或措施不当，会使建筑物产生裂缝甚至倒塌，影响使用与安全。为避免这种情况的发生，可以在设计时事先将结构断开，预留缝隙，使建筑物各部分成为各自独立的区段，自由变形，避免破坏。建筑物中这种预留的能够适应变形需要的缝隙称为变形缝。变形缝包括三种类型，即伸缩缝、沉降缝和防震缝。

7.1 伸缩缝

建筑构件会因热胀冷缩而产生裂缝或受到破坏，为防止这类情况的发生，沿建筑物长度方向每隔一定距离预留垂直缝隙，将建筑物断开，这种为适应温度变化而设置的缝隙称为温度缝或伸缩缝。伸缩缝要求断开建筑物地面以上的墙体、地面、屋面等全部构件，基础因受温度变化影响较小，不必断开。

伸缩缝的设置间距，与建筑物的长度、结构所用的材料、结构类型、施工方式、建筑所处位置和环境有关。《砌体结构设计规范》（GB 50003—2011）、《混凝土结构设计规范》（GB 50010—2010）对砖石墙体、钢筋混凝土结构墙体伸缩缝的最大间距进行了规定，见表7-1、表7-2。

表 7-1　砌体房屋伸缩缝最大间距　　　　　　　　　　　单位：m

砌体类别	屋顶或楼盖的类型		间 距
各种砌体	整体式或装配整体式钢筋混凝土结构	有保温层或隔热层的屋顶、楼板层	50
		无保温层或隔热层的屋顶	40
	装配式无檩体系钢筋混凝土结构	有保温层或隔热层的屋顶	60
		无保温层或隔热层的屋顶	50
	装配式有檩体系钢筋混凝土结构	有保温层或隔热层的屋顶	75
		无保温层或隔热层的屋顶	60
黏土砖、空心砖砌体	黏土瓦或石棉水泥瓦屋顶		100
石砌体	木屋顶或楼板层		80
硅酸盐砖、硅酸盐砌块和混凝土砌块砌体	砖石屋顶或楼板层		75

注：1. 层高大于5m的混合结构单层房屋，其伸缩缝间距可按照表中数值乘以1.3采用，但是当墙体采用硅酸盐砖、硅酸盐砌块和混凝土砌块时，不得大于75m。

2. 温差较大且变化频繁的地区和严寒地区不采暖的房屋及构筑物墙体的伸缩缝最大间距，应按表中数值予以适当减小后采用。

表 7-2　钢筋混凝土结构伸缩缝最大间距　　　　　　　　单位：m

结构类型		室内或土中	露天
排架结构	装配式	90	70
框架结构	装配式	75	50
	现浇式	55	35
剪力墙结构	装配式	65	40
	现浇式	45	30
挡土墙、地下室墙等结构	装配式	40	30
	现浇式	30	20

注：1. 如有充分依据或可靠措施，表中数值可以增减。

2. 当屋面板上部无保温或隔热措施时，框架、剪力墙结构的伸缩缝间距可以按照表中露天栏的数值选用，排架结构可按适当低于室内栏的数值选用。

3. 排架结构的柱顶面（从基础顶面算起）低于8m时，宜适当减小伸缩缝间距。

4. 外墙装配内墙现浇的剪力墙结构，其伸缩缝最大间距按现浇式一栏的数值选用。滑模施工的剪力墙结构，宜适当减小伸缩缝间距。现浇墙体在施工中应采取措施减小混凝土收缩应力。

7.2 沉 降 缝

建筑物由于高度、荷载、结构及地基承载力的不同，致使建筑各部分沉降不均匀，造成某些薄弱部位产生错动开裂，为了预防建筑物各部分由于不均匀沉降引起的破坏而设置的垂直缝隙称为沉降缝，如图7-1所示。

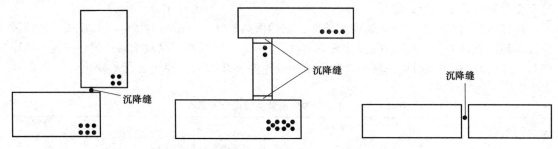

图 7-1　沉降缝设置示意图

当建筑物具有下列情况时应考虑设置沉降缝：

（1）同一建筑物两相邻部分的高度相差较大、荷载相差悬殊或结构类型不同时；

（2）建筑物建造在不用的地基上，且难以保证均匀沉降时；

（3）建筑物相邻两部分的基础形式不同、宽度和埋深相差悬殊时；

（4）建筑物平面形状比较复杂、连接部分又比较薄弱时；

（5）原有建筑物与新建或扩建建筑物相毗连时。

沉降缝要求将建筑物从基础到屋面全部构件断开，使两侧的建筑成为独立单元，可以在垂直方向上自由沉降。沉降缝一般宽度为 30～70mm，不同地基情况下沉降缝的宽度如表7-3所示。沉降缝可以与伸缩缝合并设置，兼起伸缩缝的作用，但伸缩缝不能替代沉降缝。

表 7-3　沉降缝宽度

地基性质	建筑物高度 H 或层数	缝宽/mm
一般地基	$H<5m$	30
	$H=5～10m$	50
	$H=10～15m$	70
软弱地基	2～3 层	50～80
	4～5 层	80～120
	6 层以上	>120
湿陷性黄土地基		≥30～70

注：沉降缝两侧结构单元层数不同时，由于高层部分的影响，低层结构的倾斜往往很大，因此，沉降缝的宽度应按高层部分的高度确定。

7.3 防 震 缝

在地震设防烈度为 7～9 度的地区，当建筑物的平面不规则或纵向体形较复杂时，在地震的影响下，建筑物各部分会有不同的振幅和振动周期，容易应力集中，产生裂缝、断裂等现象。这时应在变形敏感部位设缝，将建筑物分为若干体形简单、结构刚度均匀的独立单元，防止在地震波作用下相互挤压、拉伸，造成变形和破坏。这种缝隙称为防震缝。对于多层砌体建筑来说，下列情况下宜设防震缝：

(1) 建筑立面高差在 6m 以上时；

(2) 建筑错层楼板相差 1/3 层高或 1m 时；

(3) 建筑物相邻部分各段刚度、质量、结构形式均不同时。

一般情况下，防震缝仅在基础以上设置，但当与沉降缝结合设置时，应将基础断开。防震缝的宽度根据建筑物高度、结构类型所在地区的设计烈度来确定。一般多层砌体建筑的缝宽取 50～70mm。在多层钢筋混凝土框架建筑中，建筑高度在 ≤15m 时，缝宽为 70mm；当建筑高度超过 15m 时，按烈度增大缝宽，设防烈度 7 度、8 度和 9 度的地区，建筑高度每增加 4m、3m、2m，缝宽在 70mm 基础上增加 20mm。

7.4 变形缝的构造

7.4.1 墙体变形缝

变形缝的形式因墙体材料、厚度、施工条件的不同，处理方式可以有所不同，如图 7-2 所示。外墙面变形缝构造见图 7-3。

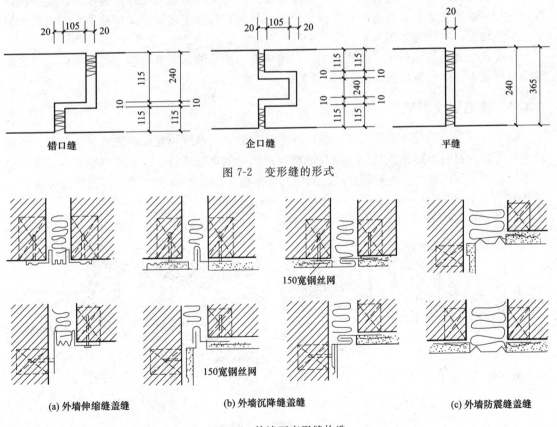

图 7-2 变形缝的形式

(a) 外墙伸缩缝盖缝   (b) 外墙沉降缝盖缝   (c) 外墙防震缝盖缝

图 7-3 外墙面变形缝构造

伸缩缝应保证各部分在水平方向自由变形。为防止风雨对室内的影响，外墙外侧缝口应填塞或覆盖具有防水、保温、防腐性能的弹性材料，如沥青麻丝、木丝板、泡沫塑料条、橡胶条、油膏等有弹性的防水材料塞缝。当变形缝宽度较大时，可采用镀锌铁皮、彩色薄钢板、铝皮等金属调节片做盖缝处理，如图7-3（a）所示。内墙伸缩缝应进行表面处理，可采用具有一定装饰效果的木条或金属盖缝，仅一边固定在墙上，允许自由移动，如图7-4（a）所示。

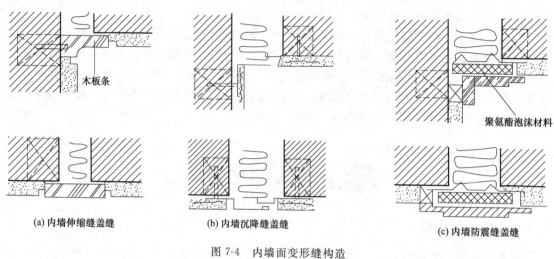

(a) 内墙伸缩缝盖缝　　　　(b) 内墙沉降缝盖缝　　　　(c) 内墙防震缝盖缝

图 7-4　内墙面变形缝构造

沉降缝应满足构件在垂直方向自由沉降变形。沉降缝一般兼起伸缩缝的作用。墙体沉降缝构造与伸缩缝构造基本相同，只是调节片或盖缝板在构造上能保证两侧结构在竖向的相对变位不受约束，其构造如图7-3（b）、图7-4（b）所示。

防震缝主要是防地震水平波的影响。它的构造与伸缩缝、沉降缝构造基本相同，只是防震缝宽度较大，其构造如图7-3（c）、图7-4（c）所示。

7.4.2　楼地层变形缝

楼地层变形缝的位置与缝宽应与墙体变形缝一致。变形缝也常以沥青麻丝、油膏、金属调节片等弹性材料填缝或盖缝，上铺与地面材料相同的活动盖板、铁板或橡胶板等以防灰尘下落，如图7-5所示。卫生间等有水房间中的变形缝还应做好防水处理。顶棚的缝隙盖板一

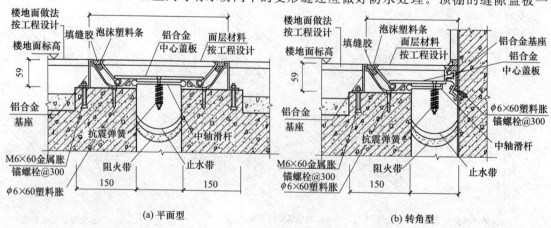

(a) 平面型　　　　　　　　　　　　(b) 转角型

图 7-5　楼地面变形缝

般为木质或金属，木盖板一般固定在一侧以保证两侧结构的自由伸缩和沉降，如图 7-6 所示。

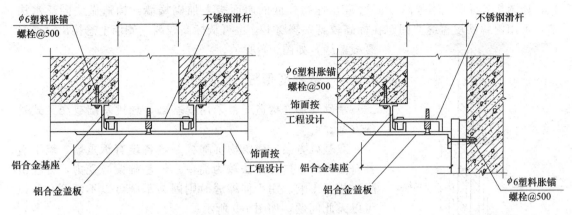

图 7-6　顶棚金属盖板变形缝构造

7.4.3　屋顶变形缝

屋顶变形缝一般设置于建筑物的高低错落处，也可设于两侧屋面处于同一标高处。等高屋面通常在缝隙两侧加砌矮墙，以挡住屋面雨水，按屋面泛水构造要求处理屋面卷材防水层

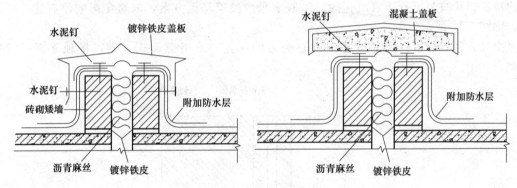

图 7-7　等高屋面变形缝构造

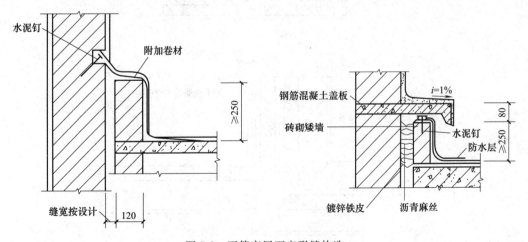

图 7-8　不等高屋面变形缝构造

与矮墙面的连接，允许两侧结构自由伸缩或沉降而不致渗漏雨水，缝隙中应填以沥青麻丝等具有一定弹性的保温材料，顶部缝隙用镀锌铁皮盖缝，也可铺一层卷材后用混凝土盖板压顶，如图7-7所示。不等高屋面通常在标高较低的屋面板上加砌矮墙，构造做法同泛水构造，可用镀锌铁皮盖缝并固定在标高较高一侧墙上，也可从标高较高一侧墙上悬挑出钢筋混凝板盖缝，如图7-8所示。

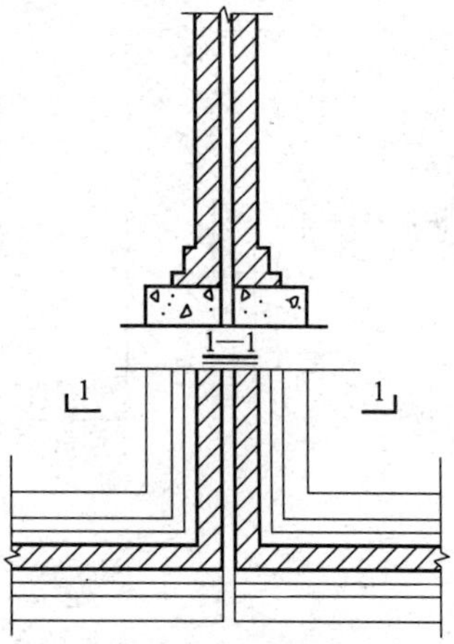

7.4.4 基础变形缝

基础变形缝构造通常采用双基础、悬挑基础或交叉式基础方案。

双基础方案：建筑物沉降缝两侧各设有承重墙，墙下有各自的基础。这种做法较为简单，但基础偏心受力，并在沉降时相互影响。用于伸缩缝时则因为基础可以不断开，所以可以无此问题，如图7-9所示。

悬挑基础方案：为使缝隙两侧结构单元能自由沉降又互不影响，经常使两侧的垂直承重构件分别退开变形缝一定距离，或单边退开，再像做阳台那样用水平构件悬臂向变形缝的方向挑出。这种方法，基础部分容易脱开距离，设缝较方便，特别适用于沉降缝。当缝隙两侧基础埋深相差较大以及新建或扩建建筑与原有建筑毗连时，一般多采取挑梁基础方案，以避免影响原有建筑的基础，如图7-10所示。

交叉式基础方案：为解决基础偏心受力的特点，采用交叉式基础，将独立基础交错排列。

图7-9 双基础沉降缝

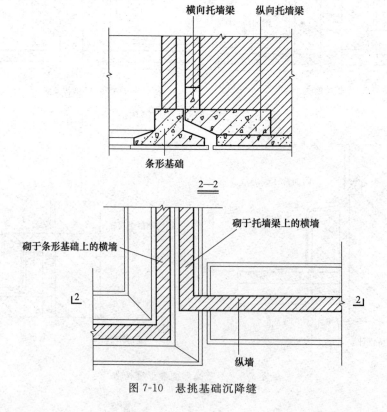

图7-10 悬挑基础沉降缝

本章小结

1. 变形缝是伸缩缝、沉降缝、防震缝的总称。为避免因建筑过长、荷载和地基承载力不均、地震等因素的影响导致建筑物破坏，故在设计时，事先将建筑物分成几个独立的部分，使各部分可以自由变形，这种缝就是变形缝。

2. 伸缩缝是为防止因温度变化、热胀冷缩对建筑物的破坏，缝从基础以上的墙体、楼板到屋顶全部断开。缝的宽度为 20～30mm；缝的间距与构件所用材料、结构类型、施工方法、构件所处位置和环境有关。

3. 沉降缝是为了避免建筑物因不均匀沉降而导致某些薄弱环节部位错动开裂而设置的。沉降缝要从基础一直断开到屋顶。缝的宽度与地基性质以及建筑物高度有关，沉降缝可以代替伸缩缝，但伸缩缝不能代替沉降缝。

4. 防震缝是考虑地震的影响而设置的，防震缝的两侧应采用双墙、双柱。防震缝可以结合伸缩缝、沉降缝的要求统一考虑。防震缝的构造原则是保证建筑物在缝的两侧，在垂直方向能自由沉降，在水平方向能左右摆动。

5. 基础沉降缝构造通常有双基础、交叉式基础、悬挑基础三种方案。

复习思考题

1. 变形缝的作用是什么？它有哪几种基本类型？

2. 什么情况下设置伸缩缝？缝宽一般为多少？

3. 什么情况下设置沉降缝？缝宽由哪些因素决定？

4. 什么情况下设置防震缝？缝宽设置的依据是什么？

5. 伸缩缝、沉降缝、防震缝各有什么特点？它们在构造上有什么异同？

6. 绘图说明伸缩缝在外墙、地面、楼面、屋面等位置时盖缝的处理做法。

·8·

→ 屋 顶

教学目标

　　了解屋顶的类型，掌握屋顶的排水设计，掌握屋面柔性防水构造措施，掌握屋面刚性防水构造措施，掌握平屋顶保温隔热的方法，了解坡屋顶的构造措施，熟练掌握屋顶的构造节点做法。

教学要求

知识要点	能力要求	相关知识	所占分值 （100分）	自评 分数
屋顶概述	1. 了解屋顶的类型； 2. 掌握屋顶的排水设计	屋顶的设计要求、屋顶排水设计	20	
平屋顶构造	1. 掌握刚性防水屋面； 2. 掌握柔性防水屋面； 3. 掌握涂膜防水和粉剂防水屋面； 4. 掌握平屋顶的保温隔热	刚性防水屋面、柔性防水屋面、涂膜防水和粉剂防水屋面、平屋顶的保温与隔热	60	
坡屋顶构造	1. 了解坡屋顶的构造； 2. 了解坡屋顶的保温隔热	坡屋顶的承重结构、面材、屋面细部构造、保温与隔热	20	

章节导读

　　屋顶是建筑最上层的覆盖构件。它主要有三个作用：一是承受作用于屋顶上的风荷载、雪荷载和屋顶自重等，起承重作用；二是围护作用，防御自然界的风、雨、雪、太阳辐射热和冬季低温等的影响；三是装饰建筑立面。屋顶的形式对建筑立面和整体造型有很大的影响，称为建筑的第五立面。

屋顶应满足坚固耐久、防水排水、保温隔热、抵御侵蚀等使用要求，同时还应做到自重轻、构造简单、施工方便、造价经济，并与建筑整体形象协调。屋顶具有不同的类型和相应的设计要求。

8.1 概 述

8.1.1 屋顶的设计要求

屋顶是建筑物的重要组成部分之一，设计时应满足使用功能、结构安全、建筑艺术等要求。

8.1.1.1 使用功能

屋顶是建筑物上部的围护结构，主要应满足排水防水和保温隔热等功能要求。

（1）排水防水要求　屋顶应采用不透水的防水材料及合理的构造处理来达到排水、防水的目的。屋顶排水是屋面设置一定的排水坡度而将雨水尽快排走；屋顶防水则是采用防水材料形成一个封闭的防水层。屋顶排水防水是一项综合性的技术问题，它与建筑结构形式、防水材料、屋顶坡度、屋顶构造处理做法等有关，应将防水与排水相结合，综合考虑各方面的因素。

（2）保温隔热要求　屋顶保温是在屋顶的构造层次中采用保温材料作保温层，并避免产生结露或内部受潮，使在严寒、寒冷地区的建筑能保持室内正常的温度。屋顶隔热是在屋顶的构造中采用相应的构造做法，使南方地区在炎热的夏季避免强烈的太阳辐射而引起室内温度过高。

8.1.1.2 结构安全

屋顶是建筑物上部的承重结构，它要承受自重和作用在屋顶上的各种荷载，同时还对房屋上部起水平支撑作用。因此要求屋顶结构具有足够的强度、刚度和整体空间的稳定性。

8.1.1.3 建筑艺术

屋顶是建筑物外部形体的重要组成部分，屋顶的形式对建筑的特征有很大的影响。变化多样的外形、装修精美的屋顶细部，是中国传统建筑的重要形式之一。在现代建筑中，处理好屋顶的形式和细部也是设计不可忽视的重要方面。

8.1.2 屋顶的类型

8.1.2.1 平屋顶

平屋顶通常是指排水坡度小于 10% 的屋顶，常用坡度为 2%～3%。这是目前应用最广泛的一种屋顶形式，民用建筑多采用平屋顶，如图 8-1 所示。

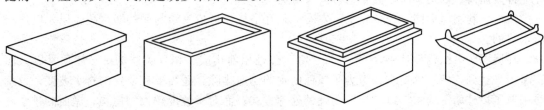

图 8-1　平屋顶的形式

8.1.2.2 坡屋顶

坡屋顶通常是指屋顶坡度大于 10% 的屋顶，是我国传统的建筑屋顶形式，有着悠久的历史，现代的建筑在考虑到景观环境或建筑风格的要求时也常采用坡屋顶。坡屋顶的常见形式如图 8-2 所示。

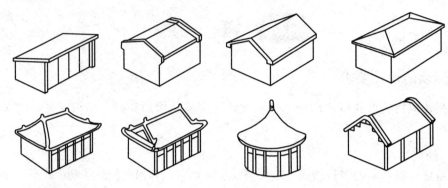

图 8-2　坡屋顶的常见形式

8.1.2.3 其他形式的屋顶

随着科学技术的发展，出现了许多新型的屋顶结构形式，如拱结构、薄壳结构、悬索结构、网架结构等屋顶形式。这类屋顶多用于较大跨度的公共建筑，如图 8-3 所示。

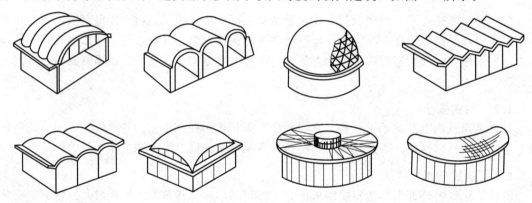

图 8-3　其他形式的屋顶

8.1.3　屋面防水及防水等级

屋面防水的功能主要依靠选用合理的屋面防水材料和与之相应的排水坡度，经过结构设计和精心施工而达到，可以"导"和"堵"两个方面来概括。

导——按照防水材料的不同要求，设置合理的排水坡度，使得降到屋面的雨水，因势利导地排离屋面，以达到防水的目的。

堵——利用屋面防水盖料在上下左右的相互搭接，形成一个封闭的防水覆盖层，以达到防水目的。

在屋面防水结构设计中，"导"与"堵"总是相辅相成、相互关联的。平屋顶是以大面积覆盖来达到"堵"的要求，但为了屋面雨水的迅速排除，还需要有一定的排水坡度，也就是采取了以"堵"为主，以"导"为辅的处理方式；而对于坡度较大的屋顶，屋面的排水坡度体现了"导"的概念，防水材料之间的相互搭接体现了"堵"的概念，采取以"导"为主，以"堵"为辅的处理方式。

根据我国现行的《屋面工程技术规范》（GB/T 50345—2012），按照建筑物的类别、重要程度、使用功能要求确定防水等级，并应按相应等级进行防水设防，对防水有特殊要求的建筑屋面应进行专项防水设计。屋面防水等级和设防要求应符合表8-1中的规定。

表 8-1　屋面防水等级和设防要求

防水等级	建筑类别	设防要求
Ⅰ级	重要建筑和高层建筑	两道防水设防
Ⅱ级	一般建筑	一道防水设防

8.1.4　屋顶排水设计

为了迅速排除屋顶雨水，保证水流通畅，首先要选择合理的屋顶坡度和恰当的排水方式，再进行周密的排水设计。

8.1.4.1　屋顶坡度的选择

（1）屋顶坡度的表示方法　常见的屋顶坡度表示方法有斜率比法、百分比法和角度法三种，如图8-4所示。斜率比法多用于坡屋顶；百分比法多用于平屋顶；角度法在实际工程中较少采用。

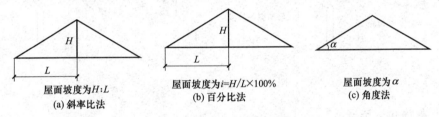

图 8-4　屋面坡度表示方法

（2）影响屋顶坡度的因素

1）防水材料　防水材料的性能越好，屋面排水坡度可以适当减小；防水材料的尺寸越小，接缝就越多，漏水的可能性也就越大，排水坡度应该适当增大，以便迅速地排除雨水，减少渗漏的机会。

屋面防水材料及最小坡度应符合《民用建筑设计通则》（GB 50352—2005）的规定，见表8-2。

表 8-2　屋面的排水坡度

屋面类别	屋面排水坡度/%	屋面类别	屋面排水坡度/%
卷材防水、刚性防水的平屋面	2～5	网架、悬索结构金属板	≥4
平瓦	20～50	压型钢板	5～35
波形瓦	10～50	种植土屋面	1～3
油毡瓦	≥20		

2）地区降水量的大小　建筑所在地区降雨量越大，漏水的可能性越大，屋面排水坡度应该适当增加。例如，我国南方地区与北方地区相比较，即使采用同样的屋面防水材料，一般南方地区的屋顶坡度都要大于北方地区。

对于一般的民用建筑而言，屋顶坡度的确定主要受以上两个因素的影响。其次，屋顶结构形式、建筑造型要求及经济条件等因素也在一定程度上影响了屋顶坡度的确定。因此，实际工程中屋顶坡度的确定应综合考虑以上各种因素。

（3）屋顶坡度的形成方法

1）材料找坡　是指屋面板水平搁置，利用轻质材料垫置坡度，故材料找坡又称垫置坡度，如图 8-5（a）所示。常用的找坡材料有水泥粉煤灰页岩陶粒、水泥炉渣等，垫置找坡材料时最薄处以不小于 30mm 厚为宜。此做法可获得平整的室内顶棚，但找坡材料增加了屋顶荷载，一般坡度不宜过大，2‰～3‰左右。当屋顶坡度不大或需设保温层时可以采用这种做法。

2）结构找坡　是指将屋面板倾斜搁置在下部的墙体或屋顶梁及屋架上，故结构找坡又叫搁置坡度，如图 8-5（b）所示。这种做法不用在屋顶上另设找坡层，具有结构简单、施工方便、节省人工和材料、减轻屋顶自重的优点，但室内顶棚面是倾斜的，空间不够完整。因此结构找坡常用于设有吊顶棚或室内美观要求不高的建筑工程中。

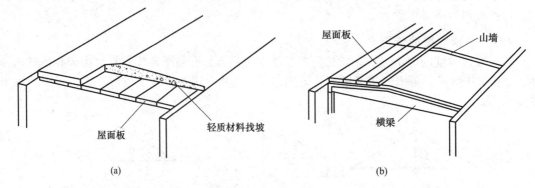

图 8-5　屋顶坡度形成方式

8.1.4.2　屋顶排水方式

（1）无组织排水　无组织排水是指屋面雨水直接从檐口滴落至室外地面的一种排水方式，又称自由落水。这种做法结构简单、经济，但雨水通常会溅湿勒脚，有风雨时还可能冲刷墙面，故主要适用于少雨地区或一般底层建筑，不适用于临街建筑和较高的建筑。

（2）有组织排水　有组织排水是将屋面雨水通过天沟、雨水口、雨水管等构件有组织地排至地面或地下城市排水系统中的一种排水方式，可进一步分为外排水和内排水。这种排水方式虽然结构较复杂，造价相对较高，但是减少了雨水对建筑的不利影响，因而在工程建筑中广泛应用。

1）外排水　外排水是指将雨水管装在建筑外墙外侧的一种排水方案。其优点是雨水管不妨碍室内空间的使用和美观，并减少了渗漏，构造简单。外排水方案可归纳成以下几种：

① 外檐沟排水　在屋面设置排水檐沟，雨水从屋面至檐沟，沟内垫出不小于 0.5% 的纵坡，将雨水顺着檐沟的纵坡引向雨水口，再沿雨水管排至地面或地下城市排水系统中。如图 8-6（a）所示。

② 女儿墙内檐排水　设有女儿墙的屋顶，可在女儿墙里面设置内檐沟或近外檐沟处垫坡排水，雨水口穿过女儿墙，在外墙外侧设置雨水管。如图 8-6（b）、（c）所示。

③ 女儿墙外檐排水　上人屋顶通常采用，屋顶檐口部位既设有女儿墙，又设有挑檐沟，利用女儿墙作为围护，利用挑檐沟汇集雨水。如图 8-6（d）、（e）所示。

④ 暗管外排水　在一些重要的公共建筑立面设计中，为避免明装的雨水管有损建筑立面，常采取雨水管安装方式，把雨水管隐藏在假柱或空心墙中。假柱可以处理成建筑立面上

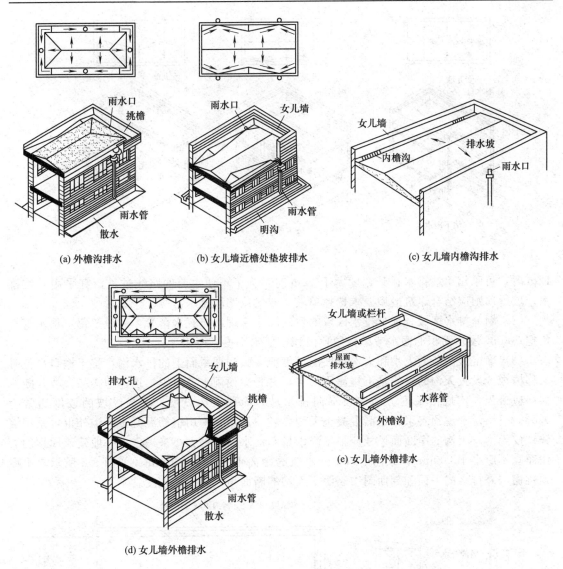

(a) 外檐沟排水

(b) 女儿墙近檐处垫坡排水

(c) 女儿墙内檐沟排水

(d) 女儿墙外檐排水

(e) 女儿墙外檐排水

图 8-6 屋面外排水

的竖线条，增加立面表现力。

2）内排水 建筑屋面有时采用外排水并不适当，例如高层建筑中，维修室外雨水管既不方便，更不安全；又如严寒地区，因室外的雨水管有可能因雨水结冻也不适宜外排水，再如某些屋顶面积较大的建筑，无法完全依靠外排水排除屋顶雨水，因此采用内排水方案。

内排水是指雨水经雨水口流经室内落水管，再排到室外排水系统，如图 8-7 所示。

8.1.4.3 屋顶排水组织设计

屋顶排水组织设计是指把屋顶分成若干个排水区，将各区的雨水分别引向各雨水管，使排水线路短捷，各雨水管负荷均匀，排水流畅，避免屋顶积水而引起渗漏。因此屋顶必须有适当的排水坡度，设置必要的天沟、雨水管和雨水口，并合理地确定这些水装置的规格、数量和位置，最后将它们按比例标绘在屋顶平面图上，这一系列的工作就是屋顶排水组织设计。一般按下列步骤进行。

（1）确定排水坡面的数目（分坡） 一般情况下，临街建筑或平屋顶顶层屋面宽度小于

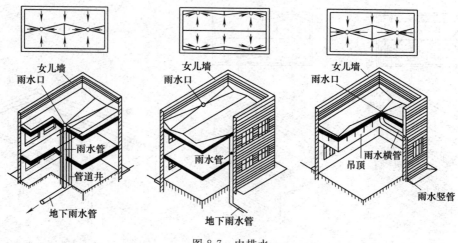

图 8-7　内排水

12m 时，可采用单坡排水；其宽度大于 12m 时，为了不使水流的路线过长，宜采用双坡排水。坡屋顶则应结合建筑造型要求选择单坡、双坡或四坡排水。

（2）划分排水区域　划分排水区域的目的在于合理地布置水落管，一般按每一根水落管负担 200m² 屋顶面积的雨水考虑。屋顶面积按照水平投影面积计算。

（3）确定天沟断面大小和天沟纵坡的坡度值　天沟即屋面上的排水沟，位于檐口部位时又称檐沟。设置天沟的目的是汇集屋面雨水，并将屋面雨水有组织、迅速地排除，故其断面大小应恰当，沟底沿长度方向应设纵向排水坡，简称天沟纵坡。天沟纵坡的坡度通常为 0.5%～1%。平屋顶多采用钢筋混凝土天沟，坡屋顶除了采用钢筋混凝土天沟外也可采用镀锌铁皮天沟。天沟的净断面尺寸应根据降水量和汇水面积的大小来确定。一般建筑屋顶的天沟净宽不应小于 200mm，天沟上口至分水线的距离不应小于 120mm。如图 8-8 所示，平屋顶挑檐沟外排水的平面和剖面图中表明了天沟的断面尺寸和纵坡坡度。

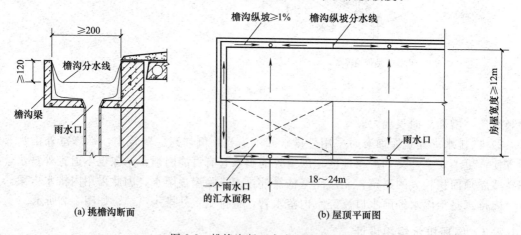

图 8-8　挑檐沟断面大小和纵坡坡度

（4）确定雨水管的间距和直径　雨水管根据材料不同分为铸铁、塑料、镀锌铁皮、石棉水泥、PVC 和陶土等多种雨水管，应根据建筑物的耐久等级加以选择。目前多采用塑料雨水管，其管径有 50mm、75mm、100mm、125mm、150mm、200mm 等几种规格。一般民用建筑常用 75～100mm 的雨水管，面积小于 25m² 的露台和阳台可选用直径 50mm 的雨水管。雨水管的数量与雨水口相等，雨水管的最大间距应予以控制，一般情况下雨水口间距为

18m，最大间距不宜超过 24m，因间距过大，会导致天沟纵坡过长，沟内垫坡材料加厚，使天沟的容积减小，大雨时雨水易溢向屋顶，引起渗漏或从檐沟外侧涌出。

综合考虑上述各种因素，即可绘制屋顶平面图，如图 8-9 所示，女儿墙近檐处垫坡排水的平面、剖面图中表明了雨水管的布置。

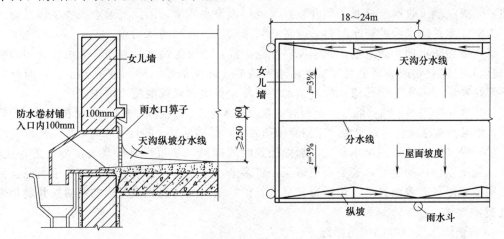

图 8-9　女儿墙近檐处垫坡排水雨水管布置

8.2　平屋顶构造

按照平屋顶防水材料的不同可分为刚性防水屋面、柔性防水屋面、涂膜防水屋面和粉剂防水屋面等。

8.2.1　刚性防水屋面

刚性防水屋面的防水层采用防水砂浆抹面或密实混凝土浇筑而成的刚性防水材料，具有施工方便、节约材料、造价经济、维修方便等优点，缺点是对温度变化和结构变形较为敏感，施工技术要求较高，较易产生裂缝而渗漏水，必须采取防止裂缝的构造措施。构造层次如图 8-10 所示。

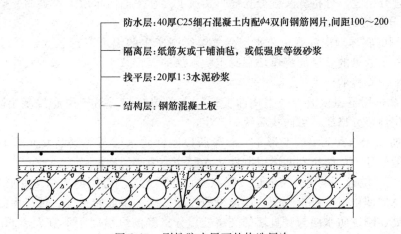

图 8-10　刚性防水屋面的构造层次

1. 刚性防水屋面的防水材料

刚性防水屋面的水泥砂浆和混凝土在施工时，如果用水量超过水泥水凝过程所需的用水量，多余的水在混凝土硬化过程中逐渐蒸发形成许多空隙和互相连贯的毛细管网；另外过多的水分在砂石骨料表面会形成一层游离的水，相互之间也会形成毛细管道。这些毛细管道都会使砂浆或混凝土收水干缩时表面开裂，形成屋顶渗水通道。因此普通水泥砂浆和混凝土不能作为刚性屋顶防水层的防水材料，通常必须采取以下几种防水措施。

（1）掺加防水剂　防水剂由化学原料配制而成，通常为憎水性物质、无机盐，如硅酸钠（水玻璃）类氯化物或金属皂类制成的防水粉或浆。防水剂掺入砂浆或混凝土后，能与之生成不溶性物质，填塞毛细孔道，形成憎水性壁膜，提高砂浆或混凝土的密实性。

（2）掺加膨胀剂　细石混凝土配制时，在普通水泥中掺入适量的矾土水泥和二水石粉等膨胀剂，则混凝土在硬化过程中会产生微膨胀剂效应，抵消混凝土的自身收缩，以提高抗裂性。

（3）提高密实性　控制水灰比，加强浇筑时的振捣，均可提高砂浆与混凝土的密实性。细石混凝土屋顶在初凝前，表面用滚碾压，将多余水分压出，初凝后再加少量干水泥，待收水后用铁板压平、表面打毛，然后覆盖浇水养护，从而提高混凝土面层的密实性并避免表面的龟裂。

2. 防止防水层裂缝的构造措施

刚性防水屋面最严重的问题是防水层在施工完成后出现裂缝而漏水，产生裂缝最常见的原因是屋面层受室内外、早晚、冬夏，包括太阳辐射所产生的温差影响而引起的胀缩、移位、起翘和变形。

刚性防水屋面一般由结构层、找平层、隔离层、防水层组成。可以采取以下措施防止防水层产生裂缝。

（1）配筋　防水层常采用不低于 C20 的防水细石混凝土整天混浇而成，其厚度不小于 40mm，并应配置 $\phi 4 \sim 6.5$mm、间距为 $100 \sim 200$mm 的双向钢筋网片以提高其抗裂和应变能力。由于裂缝易在面层出现，钢筋宜置于中层偏上，使上面有 15mm 厚的保护层。

（2）设置隔离层　隔离层又称为浮筑层，作用是减少结构变形对防水层的不利影响。结构层在荷载作用下会产生挠曲变形，在温度变化作用下也会产生胀缩变形。由于结构层较防水层厚，刚度相应较大，当结构产生相应变形时容易将刚度较小的防水层拉裂。因此在结构层上做找平层，其上设隔离层将结构层与防水层脱开。隔离层通常采用铺纸筋灰、低强度等级砂浆，或薄砂层上干铺一层油毡做法。

（3）设置分格缝　分格缝又称分仓缝，实质上是在屋面防水层上设置的变形缝。

① 设置分格缝的作用

a. 大面积的整体现浇混凝土防水层受气温影响产生的温度变形较大，容易导致混凝土开裂，设置一定数量的分格缝将单块混凝土防水层的面积减小，从而减少其伸缩变形，可有效地防止和限制裂缝的产生。

b. 在荷载作用下屋顶板会产生挠曲变形、支承端翘起，易于引起混凝土防水层开裂，如在这些部位预留分格缝，可防止裂缝的产生。

c. 刚性防水层与女儿墙的变形不一致，所以刚性防水层不能紧贴女儿墙上，它们之间应做柔性封缝处理，以防止女儿墙或刚性防水层开裂引起的渗漏。

② 分格缝的位置　屋面分格缝应设置在屋顶变形允许的范围内和结构变形敏感的部位。结构变形敏感的部位主要是指装配式屋面板的支承架端、屋面转折处、现浇屋面板与预制屋面板的交接处、刚性防水层与竖直墙的交接处。分格缝的纵横间距不宜大于 6m，在横墙承重的民用建筑中，进深在 10m 以下者可在屋脊设分格缝，进深大于 10m 者最好在坡中某一

板缝上再设一条纵向分格缝,如图 8-11 所示。横向分格缝每开一间设一道,并与装配式屋顶板板缝对齐,沿女儿墙四周的刚性防水层与女儿墙之间也应设分格缝,其他突出屋顶的结构物四周都应设置分格缝。

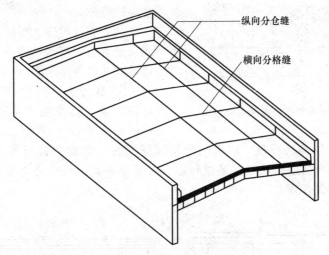

图 8-11 分格缝位置设备

③ 分格缝的构造要点

a. 防水层内的钢筋在分格缝处断开。

b. 分格缝宽度宜做 20mm 左右,缝内不可用砂浆填实,一般用油膏嵌缝,厚度 20～30mm。

c. 为了不使油膏下落,缝内用弹性材料沥青麻丝或干细砂等填底。

d. 刚性防水层与山墙、女儿墙、变形缝、伸出屋面的管道等交接部位,留 30mm 宽的凹槽,凹槽内填密封膏。

为了方便施工,近年来混凝土刚性屋面防水层施工中,常将大面积细石混凝土防水层一次性连续浇筑,然后用电锯切割分格缝,这种做法的切割缝只有 5～8mm,此种缝称为半缝,缝的处理同上。

3. 刚性防水屋面节点构造

刚性防水屋面要处理好分仓缝、泛水、天沟、檐口、雨水口等节点构造。

(1) 分仓缝构造 如图 8-12 所示。

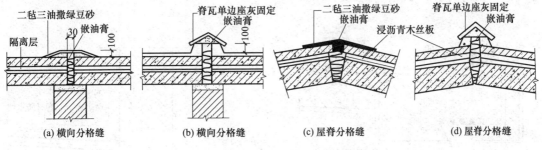

图 8-12 混凝土刚性防水屋面分仓缝构造

(2) 泛水构造 泛水是指屋面防水层与垂直墙交接处的防水处理,突出于屋面之上的女儿墙、烟囱、楼梯间、变形缝、检修孔、立管等的壁面与屋顶交接处均要做泛水。泛水应有足够高度,一般不小于 250mm。刚性防水层与屋顶突出物间需留分格缝,为使混凝土防水层在收缩和温度变形时不受女儿墙、烟囱等的影响,防止开裂,在分格缝内嵌入油膏,如图

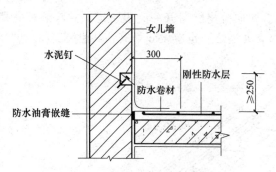

图 8-13 刚性防水屋面泛水构造

8-13 所示。缝外用附加卷材铺贴至泛水所需高度并做好压缝收头处理（泛水嵌入立墙上的凹槽内并用压条及水泥钉固定），防止雨水渗进缝内。

（3）檐口构造 刚性防水屋面檐口的形式一般有自由落水挑檐口、挑檐沟外排水檐口、女儿墙外排水檐口、坡檐口等。

① 自由落水挑檐口 当挑檐较短时，可将混凝土防水层直接悬挑出去形成挑檐口，如图 8-14（a）所示。当所需挑檐较长时，为了保证悬挑结构的强度，应采用屋顶圈梁连为一体的悬臂板形成挑檐，如图 8-14（b）所示。在挑檐板与屋面板上找平层和隔离层后浇钢筋混凝土防水层，无论采用哪种做法，都要注意檐口做好滴水。

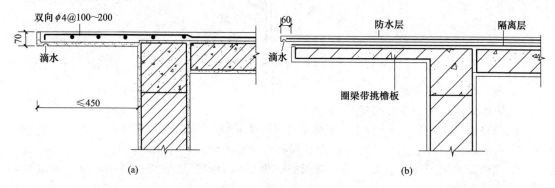

(a)   (b)

图 8-14 自由落水挑檐口

② 挑檐沟外排水檐口 挑檐口采用有组织排水方式时，常将檐部做成排水檐沟板的形式。檐沟板的断面为槽形，并与屋顶圈梁连成整体，如图 8-15 所示。沟内底部设纵向排水坡，防水层挑入沟内并做滴水，以防止回水。

③ 女儿墙外排水檐口 在跨度不大的平屋顶中，当采用女儿墙外排水时，常利用倾斜的屋顶板与女儿墙间的夹角做成三角形断面天沟，如图 8-16 所示。防水层端部构造类同泛水构造，天沟内也需设纵向排水坡。

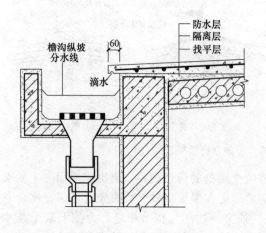

图 8-15 挑檐沟外排水檐口

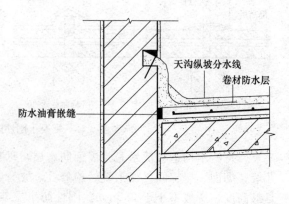

图 8-16 女儿墙外排水檐口

④ 坡檐口 建筑设计中出于造型方面的考虑，常采用一种"平顶坡"的处理形式，使较为呆板的平顶建筑具有某种传统的韵味，以丰富城市景观。坡檐口的厚度及配筋按结构设计，表面按建筑设计贴瓦或面砖，如图 8-17 所示。

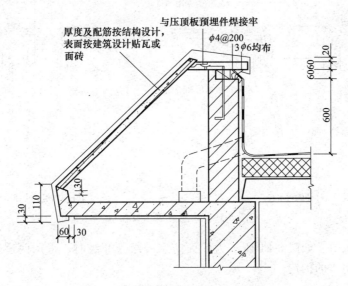

图 8-17 平屋顶坡檐构造

（4）雨水口构造 雨水口是屋面排水汇集并排至水落管的关键部位，要求排水流畅，防止渗漏和堵塞。刚性防水屋面的雨水口有直管式和弯管式两种。直管式一般用于挑檐沟外排水的雨水口，弯管式用于女儿墙外排水的雨水口。

① 直管式雨水口 直管式雨水口为防止雨水从雨水口套管与沟底接缝处渗漏，应在雨水口周边加铺柔性防水层并铺至套管内壁，檐处浇筑的混凝土防水层应覆盖于附加的柔性防水层之上，并在防水层与雨水口之间用油膏嵌实，如图 8-18 所示。

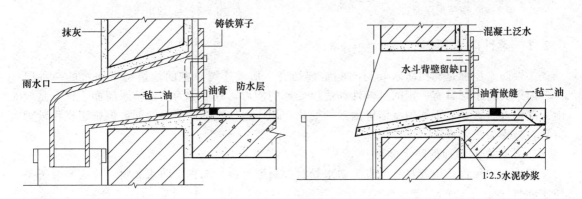

图 8-18 直管式雨水口构造

② 弯管式雨水口 弯管式雨水口一般用铸铁做成弯头。雨水口安装时，在雨水口处的层面应加铺附加卷材与弯头搭接，其搭接长度不小于 100mm，然后浇筑混凝土防水层，防水层与弯头交接处需用油膏嵌缝，如图 8-19 所示。

（5）管道出屋面 伸出屋面管道与刚性防水层交接处应留设缝隙，用密封材料嵌填，并应加设卷材，构造如图 8-20 所示。

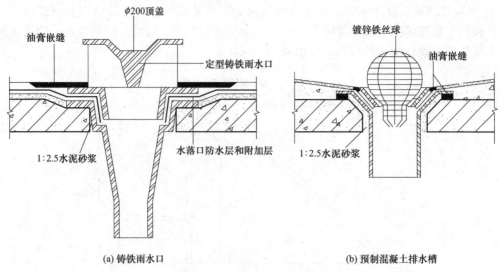

(a) 铸铁雨水口　　　　　　　　　　　(b) 预制混凝土排水槽

图 8-19　弯管式雨水口构造

（6）屋面出入口　如图 8-21 所示为屋面防水等级为Ⅱ级时，采用两道防水设防，上部防水材料为刚性防水的构造。

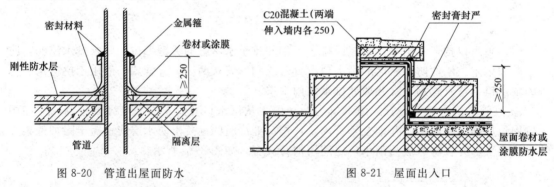

图 8-20　管道出屋面防水　　　　　　　　图 8-21　屋面出入口

8.2.2　柔性防水屋面

柔性防水屋面是利用防水卷材与黏结剂结合，形成连续致密的构造层来防水的一种屋面。由于其防水层具有一定的延伸性和适应变形的能力，故被称为柔性防水屋面。优点是较能适应温度、振动、不均匀沉陷等因素的变化作用，整体性好，不易渗漏，但施工操作较为复杂，技术要求较高。

1. 柔性防水屋面的防水材料

柔性防水屋面所用卷材有沥青类防水卷材、高聚物改性沥青类防水卷材、合成高分子类防水卷材。

（1）沥青类防水卷材　沥青类防水卷材是用原纸、纤维织物、纤维毡等胎体材料浸涂沥青，表面撒布粉状、粒状或片状材料后制成的可卷曲片状材料，传统上用得最多的是纸胎石油沥青油毡。纸胎油毡是将纸胎在热沥青中渗透浸泡两次后制成。沥青油毡防水屋顶的防水层容易产生起鼓、沥青流淌、油毡开裂等问题，从而导致防水质量下降和使用寿命缩短，近年来在实际工程中已较少采用。

（2）高聚物改性沥青类防水卷材　高聚物改性沥青类防水卷材是以合成高分子聚合物改性沥青为涂盖层，纤维织物或纤维毡为胎体，粉状、粒状、片状或薄膜材料为覆盖材料制成的可卷曲片状防水材料，常用的有弹性体改性沥青防水卷材（SBS）、塑性体改性沥青防水卷材（APP）、改性沥青聚乙烯胎防水卷材（PEE）。

高聚物改性沥青类防水卷材的配套材料有氯丁橡胶沥青胶黏剂（由氯丁胶加入沥青及溶剂等配制而成，为黑色液体）、橡胶沥青嵌缝膏、石片、各色保护涂料等保护层料、90#汽油、二甲苯（用于清洗受污染部分）。

（3）合成高分子类防水卷材　合成高分子类防水卷材是以各种合成橡胶、合成树脂或两者的共混体为基料，加入适量的化学辅助剂和填充料，经不同的工序加工而成的卷曲片状防水材料，或者将上述材料与合成纤维等复合形成两层以上可卷曲的片状防水材料。常用的合成高分子类防水卷材有三元乙丙橡胶防水卷材、氯化聚乙烯防水卷材。

2. 柔性防水屋面的基本构造

卷材防水屋面由多层材料叠合而成，其基本构造层次按其作用分别为结构层、找平层、结合层、防水层和保护层等，如图 8-22 所示。

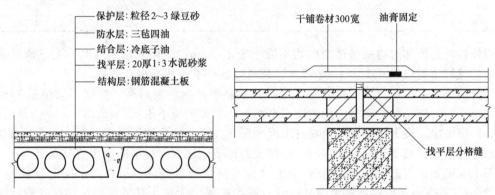

图 8-22　柔性防水屋面基本构造层次

（1）结构层　通常为预制或现浇钢筋混凝土屋面板，要求具有足够的强度和刚度。

（2）找平层　卷材防水层要求铺贴在坚固而平整的基层上，以防止卷材凹陷或断裂，在松软材料及预制屋顶板上铺设卷材以前，必须先做找平层。找平层一般采用 1∶3 水泥砂浆或 1∶8 沥青砂浆，整体混凝土结构可以做较薄的找平层（15～20mm），表面平整度较差的装配式结构或在散料上宜做较厚的找平层（20～30mm）。为防止找平层变形开裂而使卷材防水层破坏，在找平层中留设分格缝。分格缝的宽度一般为 20mm，纵横间距不大于 6m，屋顶板为预制装配式时，分格缝应设在预制板的板端接缝处。分格缝上面应覆盖一层 200～300mm 宽的附加卷材，用黏结剂单边点贴，使分格缝处的卷材有较大的伸缩余地，避免开裂。

（3）结合层　结合层的作用是使卷材防水层与基层黏结牢固。结合层所用材料应根据卷材防水层材料的不同来选择。沥青类卷材通常用冷底子油［一般的质量配合比为 40% 的石油沥青及 60% 的煤油（或轻柴油）或 30% 的石油沥青及 70% 的汽油］做结合层，高分子卷材则多用配套基层处理剂，高聚物改性沥青类防水卷材用氯丁橡胶沥青胶黏剂加入工业汽油稀释并搅拌均匀后做结合层。

（4）防水层　高聚物改性沥青防水卷材应采用热熔法施工，即用火焰加热器将卷材均匀加热至表面光亮发黑，然后立即滚铺卷材使之平展并辊压牢实。合成高分子防水卷材采用冷粘法施工。

铺贴防水卷材前基层必须干净、干燥。干燥程度的简易检验方法，是将 $1m^2$ 卷材平坦干铺在找平层上，静置 3～4h 后掀开检查，找平层覆盖部位与卷材上未见水印即可铺设。大面积铺贴防水卷材前，要在女儿墙、水落口、管根、檐口、阴阳角等部分铺贴卷材附加层。

卷材铺贴方向应符合下列规定：

① 屋面坡度小于3％时，卷材宜平行屋脊铺贴。

② 屋面坡度在3％～15％时，卷材可平行或垂直屋脊铺贴。

③ 屋面坡度大于15％或屋面受震动时，沥青防水卷材应垂直屋脊铺贴，高聚物改性沥青防水卷材和合成高分子防水卷材可平行或垂直屋脊铺贴。

④ 上下层卷材不得相互垂直铺贴。

卷材的铺贴厚度应满足表8-3的要求。

表 8-3　卷材铺贴厚度选用表

屋面防水等级	设防道数	合成高分子防水卷材	高聚物改性沥青防水卷材	沥青防水卷材
Ⅰ级	三道或三道以上设防	不应小于1.5mm	不应小于32mm	—
Ⅱ级	二道设防	不应小于1.2mm	不应小于3mm	—
Ⅲ级	一道设防	不应小于1.2mm	不应小于4mm	三毡四油
Ⅳ级	一道设防	—	—	二毡三油

两幅卷材长边和短边的搭接宽度均不应小于100mm，采用双层卷材时，上下两层和相邻两幅卷材的接缝应错开1/3～1/2幅宽，且两层卷材不能相互垂直铺贴。

卷材接缝必须粘贴封严，接缝处应用材性相容的密封材料封严，宽度不应小于10mm。在立面与平面的转角处，卷材的接缝应留平面上，立面不应小于600mm。

（5）保护层　设置保护层是使卷材不因光照和气候等的作用而迅速老化，防止沥青类卷材的沥青过热流淌或受到暴雨的冲刷。保护层的构造做法根据屋顶的使用情况而定。

不上人屋顶的构造做法如图8-23（a）所示，沥青防水屋顶一般在防水层上撒粒径3～5mm的小石子作为保护层，称为绿豆砂或豆石保护层，为防止暴风雨的冲刷使砂粒流失而使沥青类防水卷材裸露，将石子的粒径增大到15～25mm，厚度增加到30～100mm，使太阳辐射温度明显下降，对提高柔性防水屋面的使用寿命有利，但是增大了屋顶的自重。合成高分子卷材（如三元乙丙橡胶）防水屋顶等通常是在卷材面上涂刷水溶性或溶剂型的浅色涂料保护层，如氯丁银粉胶等。

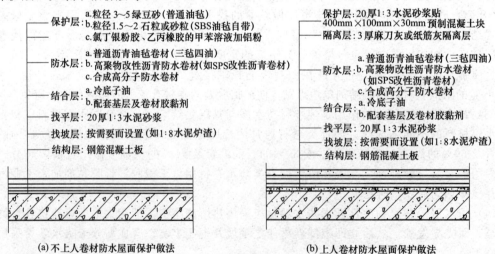

(a)不上人卷材防水屋面保护做法　　　(b)上人卷材防水屋面保护做法

图 8-23　防水保护层构造

上人屋顶的构造做法如图8-23（b）所示，既是保护层又是楼面面层。要求保护层平整耐磨，一般可在防水层上浇筑 30～40mm 厚的细石混凝土面层，每 2m 左右设一分格缝，保护层分格缝应尽量与找平层分格缝错开，缝内用防水油膏嵌封。也可用水泥砂浆、块材等做防水保护层，保护层与防水层之间应设置隔离层。刚性保护层与女儿墙、山墙之间应预留宽度为 30mm 的缝隙，并用密封材料嵌填封密。

（6）找坡层　为确保防水性，减少雨水在屋顶的滞留时间，结构层水平设置时可采用材料找坡，形成所需屋顶排水坡度，找坡的材料可结合辅助构造层次设置。

（7）辅助层　辅助层是为了满足房屋的使用要求，或提高屋顶的性能而补充设置的构造层，如为防止冬季室内冷而设置的保温层，为防止室内过热而设置的隔热层，为防止潮气侵入屋顶保温层而设置的隔汽层等。

3. 柔性防水屋面细部构造　为保证柔性防水屋面的防水性能，对可能造成的防水薄弱环节均要采取加强措施，主要包括屋顶上的泛水、天沟、雨水口、檐口、变形缝等处的细部构造。

（1）泛水构造　一般需用砂浆在转角处做弧形（$R=50～100mm$）或 45°斜面。防水按层粘贴至垂直面一般为 250mm 高，为了加强节点的防水作用，必须加设卷材附加层，垂直面也用水泥砂浆抹光，并设置结合层将卷材粘贴在垂直面上。为了防止卷材在垂直墙面上下滑动而渗水，必须做好泛水上口的卷材收头固定，可在垂直墙中预留凹槽或凿出通长凹槽，将卷材的收头压入槽内，用防水压条钉压后再用密封材料嵌填封严，外抹水泥砂浆保护，凹槽上部的墙体则用防水砂浆抹面。构造做法如图 8-24 所示。

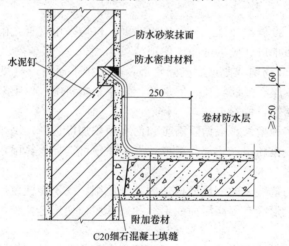

图 8-24　柔性防水屋面泛水构造

（2）檐口构造　挑檐口构造分为自由落水挑檐口和挑檐后外排水檐口两种做法。

自由落水挑檐口采用与圈梁整浇的混凝土挑板，不宜直接采用屋顶楼板外悬挑，因其温度变形大，易使檐口抹灰砂浆开裂。自由落水挑檐口的卷材收头极易开裂渗水，目前一般的处理方法是在檐口 800mm 范围内的卷材采取满贴法，为防止卷材收头处粘贴不牢而出现漏水，在混凝土檐口上用细石混凝土或水泥砂浆先做一凹槽，然后将卷材贴在槽内，将卷材收头用水泥钉钉牢，上面用防水油膏嵌填，挑檐口构造如图 8-25（a）所示。

挑檐口沟外排水檐口的现浇钢筋混凝土檐沟板可与圈梁连成整体，如图 8-25（c）所示，沟内转角部位的找平层应做成圆弧或 45°斜面，檐沟加铺 1～2 层附加卷材。为了防止檐沟壁面上的卷材下滑，各地采取的措施不同，一般有嵌油膏、压钉等，如图 8-25（b）所示。

女儿墙檐口顶部通常做混凝土压顶，并设有坡度坡向屋面，压顶的水泥砂浆抹面做滴水，如图 8-25（d）所示。

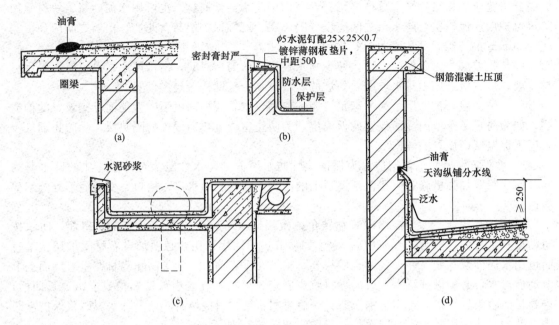

图 8-25　檐口构造

（3）雨水口构造　挑檐沟外排水和内排水的雨水口均采用直管式雨水口，女儿墙外排水采用弯管式雨水口。雨水口处应尽可能比屋顶或檐沟面低一些，有垫坡层或保温层的屋顶，可在雨水口直径 500mm 周围减薄，形成漏斗形，使之排水通畅，避免积水。雨水口的材质过去多为铸铁，管壁较厚，强度较高，但易锈，近年来塑料雨水口越来越多地得到应用。塑料雨水口质轻，不易锈蚀，色彩丰富。

直管式雨水口有多种型号，根据降雨量和汇水面积加以选择。民用建筑常用的雨水口由套管、环形筒、顶盖底座和顶盖几部分组成，上人屋顶可选择铁箅雨水口，各层卷材（包括附加层）也要粘贴在水斗内壁上。

（4）屋面变形缝构造　屋面变形缝构造的处理原则：既不能使屋面变形，又要防止雨水从变形缝渗入室内。变形缝有等高屋面变形缝和高低屋面变形缝两种情况，这两种情况的变形缝处理方法不同。

等高屋面变形缝的做法是在缝的两边的屋面板上砌筑矮墙，以挡住屋顶雨水。矮墙的高度不小于 250mm。屋面卷材防水层与矮墙面的连接处理类同于泛水构造，缝内嵌填沥青麻丝。矮墙顶部可用镀锌铁皮盖缝，如图 8-26（a）所示。也可铺一层卷材后用混凝土盖板压顶，如图 8-26（b）所示。

高低屋面变形缝则是在低侧屋面板上砌筑矮墙。当变形缝宽度较小时，可用镀锌铁皮盖缝并固定在高侧墙上，如图 8-26（c）所示。也可以从高侧墙上悬挑钢筋混凝土板盖缝，如图 8-26（d）所示。

（5）屋顶出入口、检修孔构造　直达屋顶的楼梯间，室内应高于屋顶，若不满足时应设门槛，屋顶与门槛交接处的构造可参考泛水构造。屋顶出入口防水构造如图 8-27 所示。

不上人屋面必须设屋顶检修孔。检修孔四周应设附加竖墙，在现浇屋面板时可用混凝土上翻制成，其高度一般为 300mm，当设保温层等时视具体情况而定。竖墙外侧的防水层应做成泛水并做好收头处理，如图 8-28 所示。

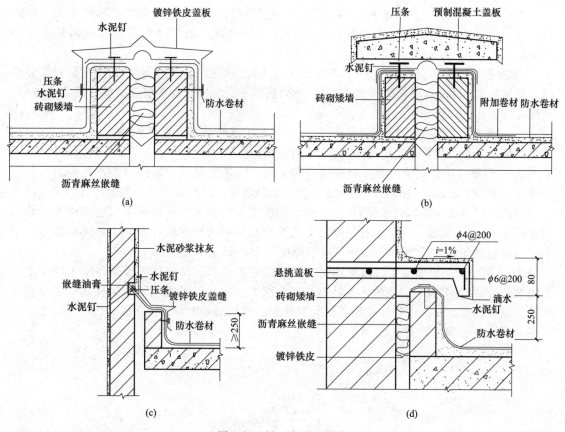

图 8-26 屋面变形缝构造

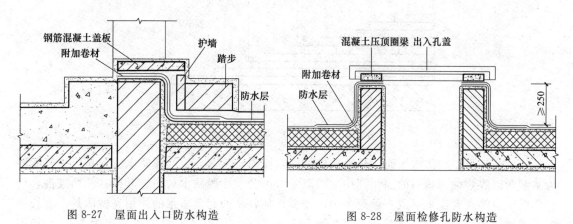

图 8-27 屋面出入口防水构造

图 8-28 屋面检修孔防水构造

8.2.3 涂膜防水屋面

涂膜防水屋面又称涂料防水屋面,是将可塑和黏结力较强的防水涂料直接涂刷在屋面基层上,形成一层不透水的薄膜层以达到防水目的。其特点是防水、抗渗、黏结力强、延伸率大、弹性好、耐腐蚀、耐老化、不燃烧、无毒、冷作业施工方便,在建筑防水工程中已得到广泛应用。主要类型有两大类:一类是水或溶剂溶解后于基层上涂刷,通过水或溶剂蒸发干燥硬化,称为涂料类;另一类是通过材料的化学反应,使涂料与胎体配合,增强涂层的贴附覆盖能力和抗变能力,称为胎体增强材料类。

（1）氯丁胶乳沥青防水涂料屋面　氯丁胶乳沥青防水涂料以氯丁胶石油沥青为主要原料，选用阳离子乳化剂和其他助剂，经软化和乳化而成，是一种水乳型涂料。其构造做法为：

① 找平层　在屋面板上用 1：2.5～1：3 的水泥砂浆做 15～20mm 厚的找平层并设分格缝，分格缝宽 20mm，其间距不大于 6m，缝内嵌填密封材料。找平层应平整、坚实、洁净、干燥，方可作为涂料施工的基层。

② 底涂层　将稀释涂料（防水涂料：0.5～1.0 的离子水溶液为 6：4 或 7：3）均匀涂布于找平层上作为底涂层，干后再刷 2～3 遍涂料。

③ 中涂层　中涂层为加胎体增强材料的涂层，要铺贴玻璃纤维网格布，有干铺和湿铺两种施工方法。在已干的底涂层上干铺玻璃纤维网格布，展开后加以点粘固定。当铺过两个纵向搭接缝以后依次涂刷防水涂料 2～3 遍，待涂层干后按上述做法铺第二层网格布，然后再涂刷 1～2 遍，铺法是在已干的底涂层上边涂防水涂料边铺贴网格布，干后再刷涂料。一布二涂的厚度通常大于 2mm，二布三涂的厚度大于 3mm。

④ 面层　面层根据需要可做细砂保护层或涂覆着色层。细砂保护层是在未干的中涂层上抛撒 20 厚细砂并辊压，使砂牢固地黏结于涂层上；着色层可使用防水涂料或耐老化的高分子乳液作黏合剂，加上各种矿物颜料配制成成品着色剂，涂布于中涂层表面。

全部涂层的做法如图 8-29 所示。

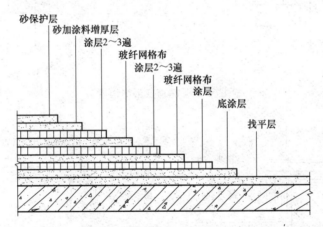

图 8-29　涂膜防水屋面构造做法

（2）焦油聚氨酯防水屋面　焦油聚氨酯防水涂料，又名 851 涂膜防水胶，是以异氰酸酯为主剂和以煤焦油为填料的固化剂构成的双组分高分子涂膜防水材料。其甲、乙两液混合后经化学反应能在常温下形成一种耐久的橡胶弱性体，从而起到防水的作用。做法是：将找平以后的基层面吹扫干净，待其干燥后用配制好的涂液（甲、乙两液的质量比为 1：2）均匀涂刷在基层上。不上人屋面可待涂层干后在其表面刷银灰色保护涂料；上人屋面在最后一遍涂料未干时撒上绿豆砂，三天后在其上做水泥砂浆或浇混凝土贴地砖的保护层。

（3）塑料油膏防水屋面　塑料油膏以废旧聚氯乙烯塑料、煤焦油、增塑剂、稀释剂、防老化剂和填充材料配制而成。做法是：先用预制油膏条冷嵌于找平层的分格缝中，在油膏条与地基的接触部位和油膏条相互搭接处刷冷黏剂 1～2 遍；然后按产品要求的温度将油膏热熔液化，按基层表面涂油膏、铺贴玻璃纤维网格布、压实、表面再刷油膏、刮板收齐边沿顺序进行。根据设计要求可做成一布二油或二布三油。

涂膜防水屋面的细部泛水构造要求及做法类与卷材防水屋面相同，如图 8-30 所示。

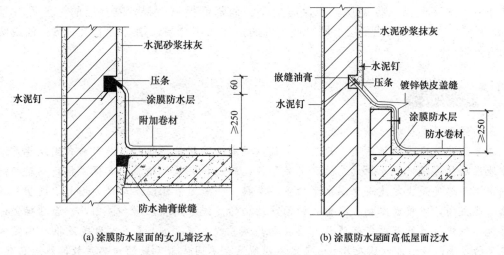

(a) 涂膜防水屋面的女儿墙泛水　　　　(b) 涂膜防水屋面高低屋面泛水

图 8-30　涂膜防水屋面泛水构造

8.2.4　平屋顶的保温与隔热

1. 平屋顶的保温

冬季室内采暖时，气温较室外高，热量通过围护结构向外散失。为了防止室内热量散失过多、过快，必须在围护结构中设置保温层，以提高屋顶的热阻，使室内有一个舒适的环境。保温层的材料和构造方案是根据使用要求、气候条件、屋顶的结构形式、防水处理方法、材料种类、施工条件、经济指标等因素，经综合考虑后确定的。

（1）屋顶的保温材料　保温材料应具有吸水率低、导热系数较小并具有一定强度的性能。屋顶保温材料一般为轻质多孔材料，分为松散料、现场浇筑的混合料和板块料三大类。

（2）屋顶保温层的设置　平屋顶因屋面坡度平缓，适合将保温层放在屋面结构层上（刚性防水屋面不适宜设保温层）。

① 保温层设在防水层的上面　也称"倒铺法"。优点是防水层受到保温层的保护，保护防水层不受阳光和室外气候及自然界的各种因素的直接影响，耐久性增强。保温层应选用吸湿性小和耐气候性强的材料，如聚苯乙烯泡沫塑料板、聚氨酯泡沫塑料板等，加气混凝土板和泡沫混凝土板因吸湿性强，故不宜选用。保温层需加强保护，应选择有一定荷载的大粒径石子或混凝土做保护层，保证保护层不因下雨而"漂浮"。

② 保温层与结构层融为一体　加气钢筋混凝土屋顶板，既能承载又能保温，构造简单、施工方便、造价较低，使保温与结构融为一体，但承载小、耐久性差，可适用于标准较低的不上人屋顶中。

③ 保温层设置在防水层的下面　这是目前广泛采用的一种形式。屋顶的保温构造有多个构造层次，如图 8-31 所示，包括找平层、结合层和隔汽层。设置隔汽层的目的

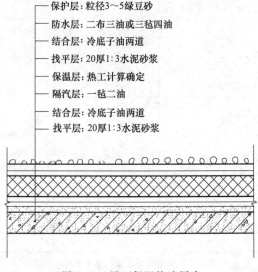

保护层：粒径3～5绿豆砂
防水层：二布三油或三毡四油
结合层：冷底子油两道
找平层：20厚1:3水泥砂浆
保温层：热工计算确定
隔汽层：一毡二油
结合层：冷底子油两道
找平层：20厚1:3水泥砂浆

图 8-31　屋面保温构造层次

是防止室内水蒸气渗入保温层，使保温层受潮而降低保温效果。隔汽层的一般做法是在20mm厚1∶3水泥砂浆找平层上刷冷底子油两道作为结合层，结合层上做一毡二油或两道热沥青隔汽层。

 **知识拓展**

屋面保温层厚度的选择。

在屋面和外墙等围护结构中设置保温层以提高外围护结构热阻，是目前我国改善严寒和寒冷地区居住建筑采暖能耗大、热环境差等状况的一种有效的措施。在保温材料确定的情况下，保温层厚度是决定建筑保温水平的重要参数。一般随着保温层厚度的增加，围护结构的绝热性能提高，采暖成本相应降低，但围护结构的建筑费用相应增加。因此，合理确定保温层厚度，对建筑节能及建筑经济具有重要的现实意义。表8-4、表8-5为规范推荐确定保温层厚度的方法。我们可以从表8-4中确定不同地区、不同体形系数的传热系数，然后在表8-5中根据不同屋面防水材料及保温材料确定保温层厚度。

表 8-4　公共建筑屋面传热系数限值

建筑气候分区	体形系数≤0.3 传热系数 $K/[W/(m^2 \cdot K)]$	0.3<体形系数≤0.4 传热系数 $K/[W/(m^2 \cdot K)]$	传热系数 $K/[W/(m^2 \cdot K)]$
严寒地区 A 区	≤0.35	≤0.30	—
严寒地区 B 区	≤0.45	≤0.35	—
寒冷地区	≤0.55	≤0.45	—
夏热冬冷地区	—	—	≤0.70
夏热冬暖地区	—	—	≤0.90

注：体形系数是建筑物与室外大气接触的表面积与其所包围的体积之比。

表 8-5　保温隔热层厚度选用参考表

厚度/mm ＼ 材料 传热系数 $K/[W/(m^2 \cdot K)]$	卷材、涂膜防水屋面		刚性防水屋面		坡屋面	
	B_1	B_2	B_1	B_2	B_1	B_2
0.25	175	130	175	130	185	135
0.30	145	15	140	105	150	110
0.35	120	90	120	90	130	95
0.40	105	75	100	75	110	80
0.45	90	65	90	65	100	70
0.50	80	60	75	55	85	65
0.55	70	50	70	50	80	60
0.60	60	45	60	45	70	50
0.70	50	40	50	35	60	45
0.80	40	30	40	30	50	35
0.90	35	25	35	25	45	30
1.00	30	20	30	20	45	25

注：B_1 为聚苯乙烯泡沫塑料板：热导率≤0.041W/(m·K)，表观密度20～22kg/m³；B_2 为挤塑聚苯乙烯泡沫塑料板：热导率≤0.030W/(m·K)，表观密度32～38kg/m³。

2. 平屋顶的隔热

夏季南方炎热地区,在太阳辐射和室外气温的综合作用下,从屋顶传入室内大量热量,影响室内的温度环境。为创造舒适的室内生活和工作条件,应采取适当的构造措施解决屋顶的降温和隔热问题。

屋顶隔热降温主要是通过减少热量对屋顶表面的直接作用来实现。所采用的方法包括反射隔热降温屋顶、间层通风隔热降温屋顶、蓄水隔热降温屋顶、种植隔热降温屋顶等。

(1)反射隔热降温屋顶 利用表面材料的颜色和光洁度对热辐射的反射作用,对平屋顶的隔热降温有一定的效果,如图8-32(a)所示为表面不同材料对热辐射的反射程度。如屋顶采用淡色砾石铺面或用石灰水刷白,对反射降温都有一定效果。如果在通风屋顶的基层加一层铝箔,则可利用其第二次反射作用,屋顶的隔热效果将有进一步的改善,如图8-32(b)所示为铝箔的反射作用。

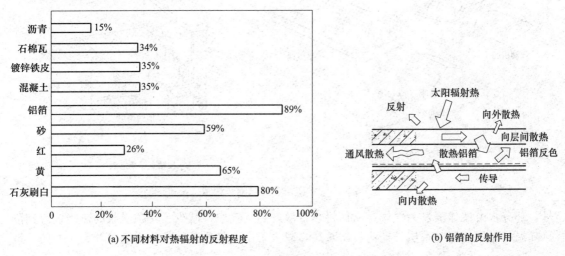

(a) 不同材料对热辐射的反射程度　　　　　　(b) 铝箔的反射作用

图 8-32　反射隔热降温屋面

(2)间层通风隔热降温屋顶 间层通风隔热降温屋顶就是在屋顶设置架空通风间层,使其上层表面遮挡阳光辐射,同时利用风压和热压作用把间层中的热空气不断带走,使通过屋顶传入室内的热量减少,从而达到隔热降温的目的。通风间层的设置通常有两种方式:一种是在屋顶上做架空通风隔热间层;另一种是利用吊顶棚内的空间做通风间层。

① 架空通风隔热降温间层 架空通风隔热降温间层设于屋顶防水层上,同时也起到保护防水层的作用。架空层一方面利用架空的面层遮挡直射阳光,另一方面架空层内被加热的空气与室外冷空气产生对流,将间层内的热量源源不断地排走,从而达到降低室内温度的目的。

架空通风层通常用砖、瓦、混凝土等材料及制品制作架空构件,其屋面基本构造如图8-33所示。架空通风隔热间层设计应满足以下要求:架空层应用适当的净高,一般以180~240mm为宜;距女儿墙500mm范围内不铺架空板;隔热板的支点可做成砖垄墙或砖墩,间距视隔热板的尺寸而定。

② 顶棚通风隔热降温屋面 利用顶棚与屋顶之间的空间作通风隔热层,隔热层可以起到与架空通风层同样的作用。顶棚通风隔热层设计应满足以下要求:顶棚通风层应有足够的净空高度,一般为500mm左右;需设置一定数量的通风孔,平屋顶的通风孔通常开设在外墙,以利空气对流;通风孔应考虑防飘雨措施。

(3)蓄水隔热降温屋顶 蓄水隔热降温屋顶利用平屋顶所蓄积的水层来达到屋顶隔热降温的目的。蓄水层的水面能反射阳光,减少阳光辐射对屋顶的热作用;蓄水层能吸收大量的

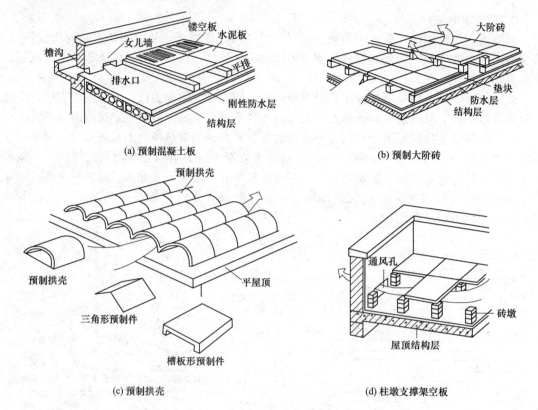

图 8-33 屋面架空通风隔热构造

热，部分水由液体蒸发为气体，从而将热量散发到空气中，减少了屋顶吸收的热能，起到隔热降温的作用。同时水层长期淹没防水层，减少了由于气候条件变化引起的开裂，并防止混

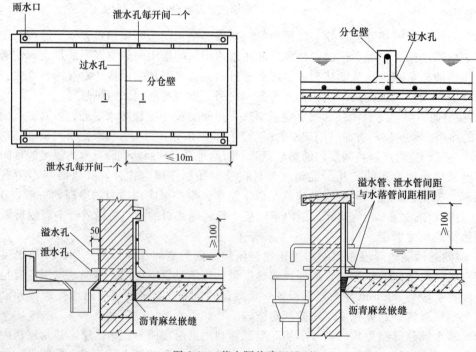

图 8-34 蓄水隔热降温屋顶

凝土的碳化,使沥青和嵌缝油膏之类的防水材料在水层的保护下推迟老化进程,延长使用年限。蓄水屋面构造与刚性防水屋面基本相同,主要区别是增加了一壁三孔,即蓄水分仓壁、溢水孔、泄水孔和过水孔。其基本构造如图 8-34 所示。

蓄水隔热屋面构造应注意以下几点:合适的蓄水深度,一般为 150～200mm;根据屋面面积划分成若干蓄水区,每区的边长一般不大于 10m;足够的泛水高度,至少高出水面100mm;合理设置溢水孔和泄水孔,并应与排水檐沟或水落管连通,以保证多雨季节不超过蓄水深度和检修屋面时能将蓄水排除;注意做好管道的防水处理。

(4) 种植隔热降温屋顶　种植隔热降温屋顶是在平屋顶上种植植物,利用植被的蒸腾和光合作用,吸收太阳辐射热及遮挡阳光,从而达到降温隔热的目的。

种植隔热降温屋顶根据栽培介质层构造方式的不同,可分为一般种植隔热降温屋顶和蓄水种植隔热降温屋顶两类。

① 一般种植隔热降温屋顶　一般种植隔热降温屋顶是在屋顶上用床埂分为若干的种植床,直接铺填种植介质,栽培各种植物。其基本构造如图 8-35 所示。

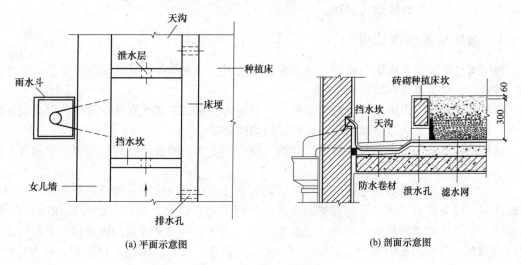

(a) 平面示意图　　　　　　　　(b) 剖面示意图

图 8-35　一般种植隔热降温屋面

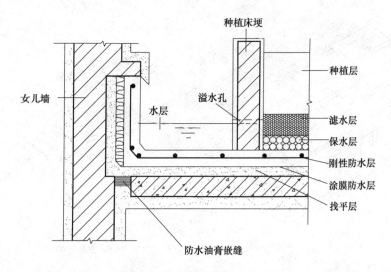

图 8-36　蓄水种植隔热降温屋面

②蓄水种植隔热降温屋顶　蓄水种植隔热降温屋顶是将一般种植屋顶与蓄水屋顶结合起来，从而形成一种新型的隔热降温屋顶。在屋顶上用床埂分为若干种植床，直接填种植介质，同时蓄水，栽培各种水中植物。其基本构造如图8-36所示。

种植隔热降温屋顶不但在隔热降温的效果方面有优越性，而且在净化空气、美化环境、改善城市生态、提高建筑物综合利用效益等方面都具有极为重要的作用，是具有一定发展前景的屋顶形式。

8.3　坡屋顶构造

屋面坡度大于10％的屋顶叫做坡屋顶。坡屋顶的坡度大，雨水容易排除，屋面防水问题比平屋顶容易解决，在隔热和保温方面，也有其优越性。

坡屋顶根据承重部分不同，主要有传统的木构架屋顶、钢筋混凝土屋架屋顶、钢结构屋顶，及近年发展起来的膜结构屋顶。

8.3.1　坡屋顶的承重结构

坡屋顶与平屋顶相比坡度较大，其承重结构的顶面是一斜面。承重结构可分为山墙承重（硬山搁檩）、梁架承重和屋架承重等。

（1）山墙承重　山墙指房屋两端的横墙，利用山墙砌成尖顶状直接搁置檩条以承载屋顶荷载，这种结构形式为山墙承重或硬山搁檩，如图8-37所示。

这种结构形式的优点是做法简单、经济，适合于多数相同开间并列的房屋，如宿舍、办公室等。

（2）梁架承重　是我国传统的结构形式，它由柱和梁组成排架，檩条置于梁间承受屋面荷载并将各排架联系成为一完整骨架。内外墙体均填充在骨架之间，仅起分隔和围护作用，不承受荷载，因此这种结构形式有"墙倒屋不塌"之称。梁架交接点为榫齿结合，整体性和抗震性较好。这种形式的梁受力不够合理，梁截面需要较大，总体耗木料较多，耐火及耐久性均差，维修费用高，现已很少采用，如图8-38所示。

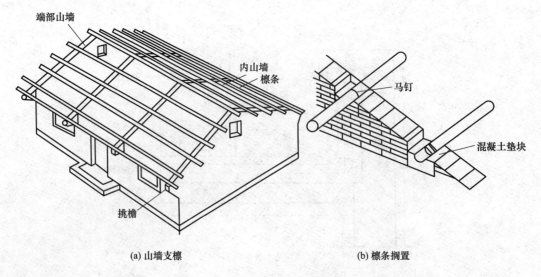

(a) 山墙支檩　　　　　　　　　　　　　(b) 檩条搁置

图8-37　山墙支承檩条

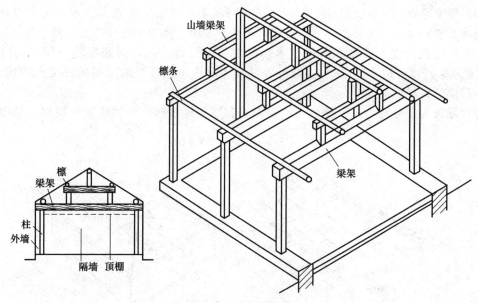

图 8-38 梁架结构

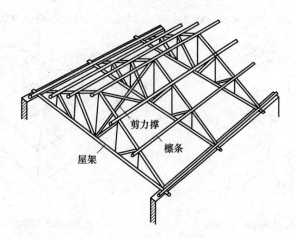

(a) 屋架承重示意图

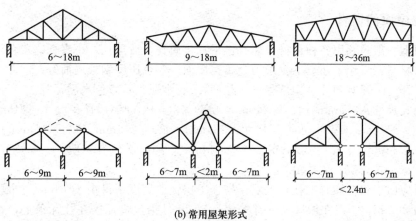

(b) 常用屋架形式

图 8-39 屋架结构

（3）屋架承重　用作屋顶承重结构的桁架叫屋架，如图 8-39 所示。屋架可根据排水坡度和空间要求，组成三角形、梯形、矩形、多边形屋架。屋架中各杆件受力较合理，杆件截面较小，且能获得较大跨度和空间。木制屋架跨度可达 18m，钢筋混凝土屋架跨度可达24m，钢屋架跨度可达 26m 以上。如利用内纵墙承重，还可将屋架制成三支点或四支点，以减少跨度节约材料。

当房屋顶为平台转角、纵横交接、四面坡和歇山屋顶时，可制成异形屋架，如图 8-40所示。

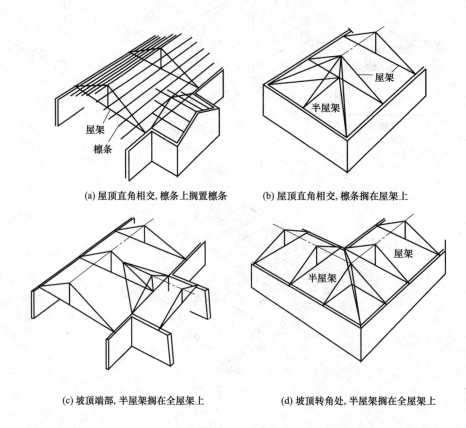

(a) 屋顶直角相交，檩条上搁置檩条　　　(b) 屋顶直角相交，檩条搁在屋架上

(c) 坡顶端部，半屋架搁在全屋架上　　　(d) 坡顶转角处，半屋架搁在全屋架上

图 8-40　屋架布置示意

8.3.2　坡屋顶的面材

坡屋顶上一般是利用各种瓦材，如有机平瓦、筒瓦、波形瓦、小青瓦、彩色油毡瓦等作为屋面防水材料，近年来还有不少采用金属瓦屋面、彩色压型钢板屋面等。

（1）平瓦　平瓦有陶瓦（颜色有青、红两种）、水泥瓦及彩色水泥瓦等。

青红陶瓦尺寸：380mm（长）×240mm（宽）×20mm（厚）；脊瓦尺寸：445mm（长）×190mm（宽）×20mm（厚）；水泥瓦尺寸：385mm（长）×235mm（宽）×15mm（厚）。彩色水泥瓦尺寸：420mm（长）×330mm（宽）×15mm（厚），颜色有玛瑙红、素烧红、金橙黄、翠绿、孔雀蓝、古岩灰、仿珠黑等。

铺瓦时应由檐口向屋脊铺挂。上层瓦搭盖下层瓦的宽度不得小于 70mm。最下一层瓦应伸出封檐板 80mm。一般在檐口及屋脊处用一道 20 号铅丝将瓦拴在挂瓦条上，在屋脊处用脊瓦铺 1：3 水泥砂浆铺盖严。

（2）波形瓦　波形瓦有非金属波形瓦和金属波形瓦之分，非金属波形瓦有纤维水泥瓦、聚氯乙烯塑料波纹瓦、玻璃钢波瓦、石棉水泥瓦等。波形瓦种类繁多，性能价格各异，多用于标准较低的民用建筑、厂房、附属建筑、库房及临时性建筑的屋面。波形瓦有以下三种规格。

大波瓦：2800mm（长）×994mm（宽）×8mm（厚）；中波瓦：2400mm（长）×745mm（宽）×6.5mm（厚）；1800mm（长）×745mm（宽）×6.5mm（厚）；1200mm（长）×745mm（宽）×6.5mm（厚）；小波瓦：1800mm（长）×720mm（宽）×6mm（厚）；脊瓦：700mm（长）×230mm（两边各宽）×6mm（厚）。

（3）彩色油毡瓦　彩色油毡瓦一般为4mm厚，长1000mm，宽333mm，用钉子固定。这种瓦适用于屋面坡度≥1/3的屋面。当用于屋面坡度1/5～1/3时，油毡瓦的下面应增设有效的防水层。当屋面坡度<1/5时，不宜采用油毡瓦。

（4）彩色压型钢板波形瓦　彩色压型钢板波形瓦用0.5～0.8厚镀锌钢板冷压成仿水泥瓦外形的大瓦，横向搭接后中距1000mm，纵向搭接后最大中距为400mm×6mm，挂瓦条中距400mm。这种瓦采用自攻螺钉或拉铆钉固定于Z形挂瓦条上，中距500mm。

（5）压型钢板　压型钢板一般为0.40～0.8mm彩色压型钢板制成，宽度为750～900mm，断面有V形、长平短波和高低波等多种断面。

除以上瓦材之外，建筑中亦有用小青瓦、琉璃瓦等做坡屋顶屋面的。

8.3.3　坡屋顶的屋面细部构造

（1）坡屋顶檐口　屋面檐口常用有挑出檐口（图8-41）和挑檐沟檐口（图8-42）两种。为加强檐沟处的防水，必须在檐沟内附加卷材防水层。

（2）坡屋顶山墙　平瓦、油毡瓦屋面与山墙及突出屋面结构的交接处，均应做泛水处理，如图8-43所示。天沟构造图如图8-44所示

（3）坡屋顶屋脊　坡屋顶屋脊构造如图8-45所示，脊瓦下端与坡面之间可用专用异形瓦封堵，也可用卧瓦砂浆封堵抹平（刷色同瓦），按瓦型配件确定。

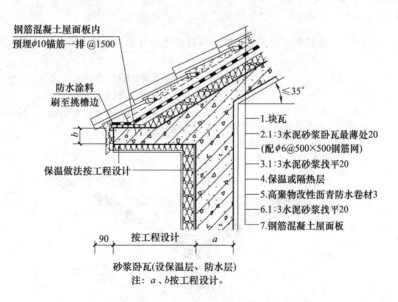

砂浆卧瓦（设保温层、防水层）
注：a、b按工程设计。

图8-41　块瓦屋面挑出檐口（砂浆卧瓦）

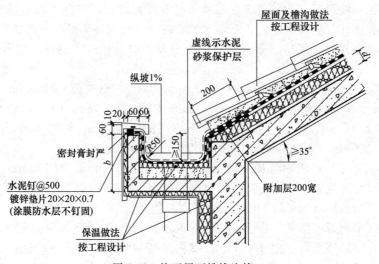

图 8-42　块瓦屋面挑檐沟檐口

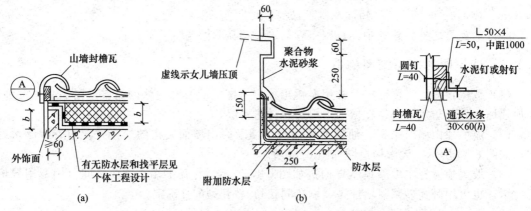

图 8-43　块瓦屋面泛水、山墙封檐（砂浆卧瓦）

注：防水层为卷材者，附加防水层采用2厚高聚物改性沥青卷材；防水层为涂膜者，附加防水层采用一布二涂。

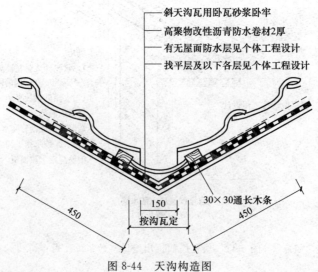

图 8-44　天沟构造图

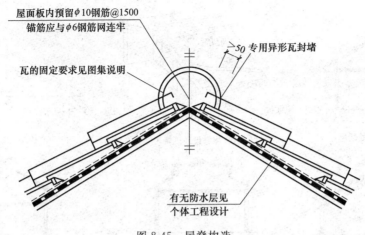

图 8-45　屋脊构造

注：本节所示图例均为无檩体系屋面构造节点，有檩体系构造节点可参考国家或地方标准图集。

8.3.4　坡屋顶的保温与隔热

（1）坡屋顶保温构造　坡屋顶的保温层一般布置在顶棚层上面，若使用散料，较为经济但不方便。近年来，多采用松质纤维板或纤维毡成品铺设在顶棚的上面。为了使用上部空间，也有把保温层设置在斜屋顶的底层，通风口仍设在檐口及屋脊，如图 8-46 所示。隔汽层和保温层可共用通风口，保温材料可根据工程具体要求选用松散料或板块料。

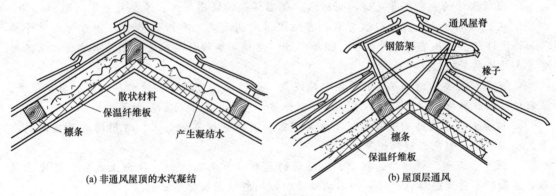

图 8-46　屋脊通风

（2）坡屋顶隔热构造　炎热地区在坡屋顶中设进气口和排气口，利用屋顶内外的热压差和迎风面的压力差，促使空气对流，形成屋顶内的自然通风，以减少由屋顶传入室内的辐射热，从而达到隔热降温的目的。进气口一般设在檐墙上、屋檐部位或室内顶棚上；出气口最好设在屋脊处，以增大高差，加速空气流通。

挑檐顶棚处通风孔如图 8-47（a）所示。有的地方用空心屋顶板的孔洞作为通风散热的通道，其进风孔设在檐口处，屋脊处设通风桥，如图 8-47（b）所示。坡屋顶的通风孔常设在山墙上部，如图 8-47（c）所示；或檐口外墙处，如图 8-47（f）所示；也可在屋顶设置双层屋面板而形成通风隔热层，如图 8-47（d）所示，其中上层屋顶板用来铺设防水层，下层屋顶板则用作通风顶棚，通风层的四周仍需设通风孔。屋顶跨度较大时还可以在屋顶上开设天窗作为出气孔，以加强顶棚层内的通风，进气孔可根据具体情况设在顶棚或外墙上，如图 8-47（e）所示。

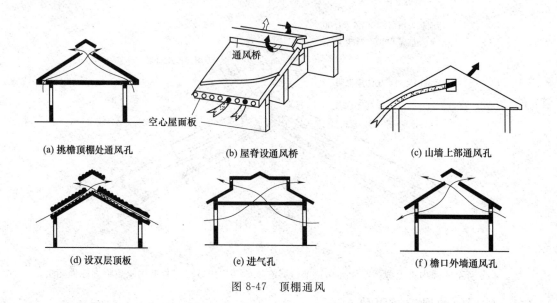

(a) 挑檐顶棚处通风孔　　　　(b) 屋脊设通风桥　　　　(c) 山墙上部通风孔

(d) 设双层顶板　　　　(e) 进气孔　　　　(f) 檐口外墙通风孔

图 8-47　顶棚通风

本章小结

1. 屋顶按外形分为坡屋顶、平屋顶和其他形式的屋顶。坡屋顶的坡度一般大于 10%，平屋顶的常用坡度为 2%～3%。

2. 屋顶设计的主要任务是解决好防水、保温隔热、坚固耐久、造型美观等问题。

3. 屋顶排水方式分为无组织排水和有组织排水两大类。有组织排水又分为女儿墙外排水、檐沟排水、女儿墙檐沟外排水、内排水等。屋顶排水设计要确定屋面排水坡度，选择排水方式并绘制屋顶排水平面图。

4. 平屋顶主要由结构层、找平层、隔汽层、保温层、找坡层、防水层、保护层等组成。屋顶按屋面防水材料分为卷材防水屋面、刚性防水屋面、涂膜防水屋面等。

5. 坡屋面的承重结构有屋面板、屋架搁檩、山墙搁檩三种形式。常用的坡屋顶面材有平瓦、油毡瓦、彩色压型钢板等。

6. 泛水、天沟、雨水口、檐口、坡屋面的屋脊、屋面出入口、屋面上人孔、管道出屋面等屋面防水的薄弱部位应做好细部构造处理，一般需附加防水卷材。

 ### 复习思考题

1. 屋顶设计需要满足哪些要求？

2. 屋顶有哪些类型？平屋顶和坡屋顶的坡度界限是多少？

3. 影响屋顶坡度的因素有哪些？坡度的形成方式有哪些？比较各种方法的优缺点。

4. 屋顶排水组织设计的内容和要求是什么？

5. 屋面防水主要从哪两个方面入手？

6. 屋顶的排水方式有哪些？各有什么优缺点？

7. 什么是刚性防水屋面、柔性防水屋面？其构造组成分别是什么？

8. 防水卷材施工时的注意事项有哪些？

9. 在泛水、檐口、雨水口等细部，刚性防水和柔性防水都有哪些区别？绘图表达。

10. 什么是涂膜防水屋面？具有什么优点？

11. 平屋顶的保温材料有哪几种？隔热措施有哪些？

12. 坡屋顶的承重结构有哪几种类型？坡屋顶平面呈垂直相交处的屋顶结构布置有哪些原则？

13. 坡屋顶的构造都有哪些？

9 · 工业建筑

教学目标

掌握单层工业厂房的组成及各组成部分的构造要求，了解工业建筑的特点，熟悉单层工业建筑的结构类型和选择。

教学要求

知识要点	能力要求	相关知识	所占分值(100分)	自评分数
工业建筑	掌握工业建筑的特点和分类	工业建筑使用功能、建筑防火规范	10	
单层工业建筑组成	1. 掌握单层工业建筑的构造组成 2. 掌握单层工业建筑的构造组成的作用	建筑行业相关知识、建筑制图	10	
单层工业建筑的结构类型和选择	1. 了解单层工业建筑的结构类型 2. 能合理选择单层工业建筑的结构类型	建筑力学中荷载的概念、工业建筑的使用功能	10	
单层工业厂房定位轴线	掌握单层工业厂房定位轴线的确定	建筑使用功能、建筑制图	10	
单层工业建筑的构造	1. 掌握基础、基础梁及柱的构造 2. 掌握外墙构造 3. 掌握屋面及天窗构造 4. 掌握侧窗、大门构造 5. 掌握地面及其他节点构造	建筑使用功能、建筑行业相关知识、建筑制图	60	

章节导读

工业建筑在 18 世纪后期最先出现于英国，后来在美国及欧洲一些国家也兴建了各种工业建筑。前苏联在 20 世纪 20～30 年代，开始进行大规模工业建设。中国在 20 世纪 50 年代开始大量建造各种类型的工业建筑。

随着我国经济的高速发展，城市化进程不断加速和产业结构、社会生活方式的变化，工业生产正以劳动力密集型向技术密集型转化。一个个造型活泼生动的、洁净优美的现代化工厂在祖国的工地上展现出来。业主为创造自己的品牌、树立企业的形象，加大对生产空间及生存空间的人性化投入，在工业建筑设计中更多地考虑了人的需求，这不仅体现在人们对生活物质的需求，更体现在人们的精神世界对美的渴望、对理想的追求、对事业的进取，这些都是可以通过工业建筑体现出来的。随着时代的发展和科技的进步，人们的要求也不断发展，对工艺建筑设计也提出了更高的要求。工业建筑不单单是工业厂房那么简单，它已经融入了人们的生活。

本章内容主要是学习单层工业建筑的构造，通过系统地学习了解工业厂房的具体构造做法，了解厂房的构造是进行厂房建筑设计、施工的前提。

工业建筑是指从事各类工业生产及直接为生产服务的房屋（一般指厂房），通常把在工业厂房内按生产工艺过程进行各类工业产品的加工和制作的生产部门称为生产车间。一般来说，一个工厂除了有若干个生产车间外，还要有生产辅助用房，如锅炉房、水泵房、仓库、办公室及生活用房等。它与民用建筑一样，要体现适用、安全、经济、美观，在设计原则、建筑材料和建筑技术等方面，两者有很多共同之处。

9.1 工业建筑的特点与分类

9.1.1 工业建筑的特点

由于工业建筑的生产工艺复杂多样，在设计配合、使用要求、室内采光、屋面排水及建筑构造等方面，工业建筑又有自己的一些特点：

（1）以工艺流程为设计基础。厂房应满足生产工艺的要求，使生产活动顺利进行。由于产品及工艺的多样性，不同生产工艺的厂房有不同的特征。

（2）内部空间高而大。由于厂房内各生产部门联系紧密，需要设置大量的或者大型的生产设备及起重运输设备，同时还要保证各种起重设备、运输工具的畅通运行，因此需要较大的内部空间。

（3）厂房多采用大型的承重骨架结构。厂房由于屋盖和楼板的荷载较大，多数厂房采用大型的承重构件组成的钢筋混凝土骨架结构。对于特别高大或有重型吊车的厂房，以及地震烈度较高地区的厂房，宜采用钢结构骨架承重。

（4）屋顶等构造复杂。厂房的宽度一般较大，特别是采用多跨厂房，为满足室内采光、通风的需要，屋顶上往往设有天窗。为了屋面防水、排水的需要，还应该设置屋面排水系统，如天沟、水落管等，因此屋顶构造复杂。

9.1.2 工业建筑的分类

1. 按用途分类

（1）主要生产厂房　主要生产厂房是用于完成产品从原料到成品的加工的主要工艺过程的各类厂房，在全厂生产中占重要地位，是厂房中的主要厂房，如机械制造工厂的铸造车间、冲压车间等。

（2）辅助生产厂房　辅助生产厂房是为主要生产车间服务的各类厂房，如机械制造厂的机械修理车间和工具车间等。

（3）动力用厂房　动力用厂房是为工厂提供能源和动力的各类厂房，如发电站、锅炉房、煤气站等。

（4）储存用房屋　储存用房屋指为生产提供储备各种原料、材料、半成品、成品的房屋，如炉料库、砂料库、金属材料库、木材库、油料库、易燃易爆材料库、半成品库、成品库等。

（5）运输用房屋　运输用房屋指管理、停放、检修交通运输工具的房屋，如机车库、汽车库、电瓶车库、消防车库等。

（6）其他厂房　如水泵房、污水处理站等。

2. 按层数分类

（1）单层厂房　这类厂房主要用于重型机械制造工业、冶金工业、纺织工业等。

（2）多层厂房　这类厂房广泛用于食品工业、电子工业、化学工业、轻型机械制造工业、精密仪器工业等。

（3）混合层次厂房　厂房内既有单层跨，又有多层跨，多用于化学、热电站。

3. 按生产状况分类

（1）冷加工车间　生产操作是在常温下进行，如机械加工车间、机械装配车间等。

（2）热加工车间　生产中散发大量余热，有时伴随烟雾、灰尘、有害气体，如铸工车间、锻工车间等。

（3）恒温恒湿车间　为保证产品质量，车间内部要求稳定的温湿度条件，如精密机械车间、纺织车间等。

（4）洁净车间　为保证产品质量，防止大气中灰尘及细菌的污染，要求保持车间内部高度洁净，如精密仪器加工及装配车间、集成电路车间等。

（5）其他特种状况的车间　如有爆炸可能性、有大量腐蚀物、有放射性散发物、防微振、高度隔声、防电磁车间等。

9.2　单层工业建筑构造

9.2.1　单层工业建筑的组成

单层工业厂房结构是由多种构件组成的空间整体（如图 9-1 所示）。根据组成构件的作用不同，可将单层工业厂房结构分为承重结构、围护结构和支撑系统三大类。直接承受荷载并将荷载传递给其他构件，如屋面板、天窗架、屋架、柱、吊车梁和基础，这些构件是单层厂房的主要承重构件；外纵墙、山墙、连系梁、抗风柱和基础梁都是围护结构构件，这些构件承受的荷载，主要是墙体和构件的自重及作用在墙面上的风荷载。

1. 承重构件

单层工业厂房的承重构件包括屋盖结构、吊车梁、连系梁、基础梁、柱、基础。

（1）屋盖结构　屋盖结构分为有檩体系和无檩体系两种。

有檩体系屋盖由小型屋面板、檩条、屋架（或屋面梁）及支撑体系等组成。无檩体系屋盖由大型屋面板、屋架（或屋面梁）、天窗架及托架等组成。目前，单层工业厂房多采用无檩体系屋盖。

屋面结构具有承重和围护的双重作用，其将自身的自重、作用于屋盖上的风荷载、雪荷

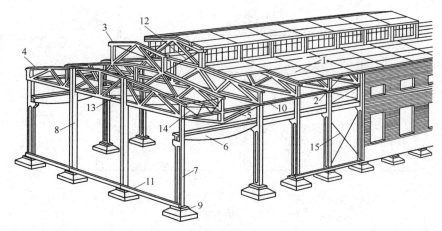

图 9-1　单层工业厂房的构成
1—屋面板；2—天沟板；3—天窗架；4—屋架；5—托架；6—吊车梁；7—排架柱；8—抗风柱；
9—基础；10—连系梁；11—基础梁；12—天窗架垂直支撑；13—屋架下弦横向水平支撑；
14—屋架端部垂直支撑；15—柱间支撑

载及其他荷载传给排架柱。另外，屋面结构利用天窗架及其支撑构件可达到采光和通风的良好效果。

（2）吊车梁　搁置在柱牛腿上，承受吊车荷载（包括吊车起吊重物的荷载及启动或制动时产生的纵、横向水平荷载），并把它们传递给柱子，同时可增加厂房的纵向刚度。

（3）连系梁　作用是增加厂房的纵向刚度，承受其上部墙体的荷载。

（4）基础梁　搁置在柱基础上，主要承受其上部墙体的荷载。

（5）柱　承受屋架、吊车梁、连系梁及支撑系统传递来的荷载，并把它们传给基础。

（6）基础　承受柱及基础梁传递来的荷载，并把它们传递给地基。

2. 围护系统

单层工业厂房的围护系统包括墙体、屋面、门窗、天窗、地面。墙体多采用自承重墙及框架墙。外墙通常砌筑在基础梁上，基础梁两端搁置在基础上。当墙体较高时，需要在墙上设一道或几道连系梁，以便承受其上部墙体重量。墙体主要起防风、防雨、保温、隔热、遮阳、防火等作用。

3. 支撑系统

单层工业厂房的支撑系统包括柱间支撑和屋架支撑。支撑系统的作用是加强厂房结构的整体空间刚度和稳定性，并传递水平风荷载及吊车的冲击荷载，如柱间支撑。

9.2.2　单层工业建筑的结构类型和选择

单层工业厂房的结构形式，主要有排架结构和刚架结构两种。其中，排架结构是目前单层工业厂房结构的基本形式，其应用比较普遍。

1. 排架结构

排架结构由屋架（或屋面梁）、柱和基础组成。

（1）排架结构的特点　柱顶与屋架（或屋面梁）铰接，柱底与基础刚接。根据生产工艺和用途的不同，排架结构可以设计成等高、不等高和锯齿形（通常用于单向采光的纺织厂）等多种形式。排架结构形式如图 9-2 所示。

（2）排架结构的荷载　单层工业厂房中的荷载包括动荷载和静荷载两大类，静荷载一般

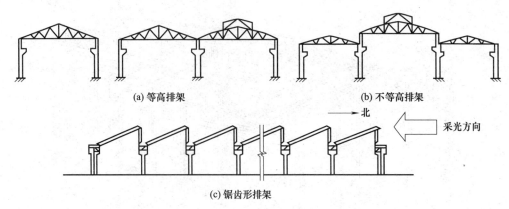

(a) 等高排架　　　　　　　　　　　(b) 不等高排架

(c) 锯齿形排架

图 9-2　排架结构形式

包括建筑物自重，动荷载主要由吊车运行时的启动和制动力构成。

　　横向排架由屋架（或屋面梁）、柱和基础组成。其承受的主要荷载是屋盖荷载、吊车荷载、纵墙风荷载及纵墙自重等，并将荷载传至基础和地基。横向平面排架主要荷载示意图如图 9-3 所示。

　　纵向排架由吊车梁、连系梁、纵向柱列及柱间支撑等组成。其主要承受纵向由山墙传来的水平荷载及吊车水平力、地震水平作用和温度压力等。纵向平面排架主要荷载示意图如图 9-4 所示。

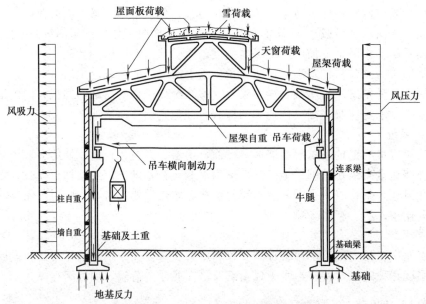

图 9-3　横向平面排架主要荷载示意图

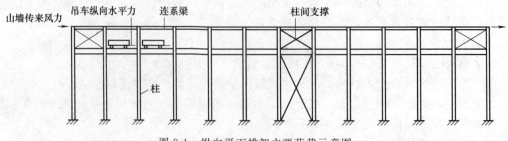

图 9-4　纵向平面排架主要荷载示意图

2. 刚架结构

单层厂房中的刚架结构主要是门式刚架，刚架结构通常由钢筋混凝土的横梁、柱和基础组成。屋架（或屋面梁）与柱刚接，而柱与基础一般为铰接。根据横梁形式不同，分为人字形门式刚架［如图 9-5（a）、（b）所示］和弧形门式刚架［如图 9-5（c）、（d）所示］两种。钢筋混凝土门式刚架的顶节点做成铰接时，称为三铰门式刚架；其顶节点做成刚接时，称为两铰门式刚架。刚架结构的优点是梁柱整体结合、构件种类少、制作简单，跨度和高度较小时比钢筋混凝土排架结构节省材料。其缺点是梁柱转折处因弯矩较大而容易产生裂缝；同时，刚架柱在横梁的推力作用下，将产生相对位移，使厂房的跨度发生变化。因此，刚架结构在有较大起重量的吊车厂房中的应用受到一定的限制。门式刚架构件类型少、制作简单，较为经济，室内空间宽敞、整洁。在高度不超过 10m、跨度不超过 18m 的纺织、印染等厂房中应用较为普遍。

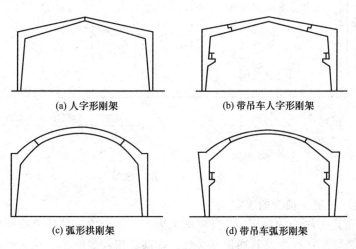

(a) 人字形刚架　　　　　　　　　　(b) 带吊车人字形刚架

(c) 弧形拱刚架　　　　　　　　　　(d) 带吊车弧形刚架

图 9-5　装配式钢筋混凝土刚架结构

9.2.3　单层工业厂房定位轴线

单层厂房定位轴线就是确定厂房的主要承重构件位置及其相互间标志尺寸的基准线，也是厂房施工放线和设备安装定位的依据。厂房设计只有采用合理的定位轴线划分，才能采用较少的标准构件来建造。如果定位轴线划分得不合适，必然导致构、配件搭接混乱，甚至无法安装。定位轴线的划分是在柱网布置的基础上进行的，并与柱网布置一致。通常把平行于厂房长度方向的定位轴线称为纵向定位轴线；而把垂直于厂房长度方向的定位轴线称为横向定位轴线。

1. 单层厂房柱网尺寸的确定

在单层工业厂房中，为支撑屋顶和吊车，必须设柱子，为了确定柱位，在平面图上要布置定位轴线，在纵横定位轴线相交处设置柱子。柱子在平面上排列所形成的网格称为柱网。

确定柱网尺寸时，首先要满足生产工艺的要求，尤其是工业设备的布置；其次是根据建筑材料、结构形式、施工技术水平、经济效果及提高建筑工业化程度和建筑处理、扩大生产、技术改造等方面因素来确定。国家标准《厂房建筑模数协调标准》（GB/T 50006—2010）对单层工业厂房柱网尺寸作了如下规定。

（1）柱距　相邻两条横向定位轴线的距离称为柱距。单层厂房的柱距应采用 60M 数列，如 6m、12m，一般情况下均采用 6m。抗风柱柱距宜采用 15M 数列，如 4.5m、6m、7.5m。

（2）跨度　相邻两条纵向定位轴线的距离称为跨度。单层厂房的跨度在18m及18m以下时，取30M数列，如9m、12m、15m、18m；在18m以上时，取60M数列，如24m、30m、36m等。跨度和柱距示意图如图9-6所示。

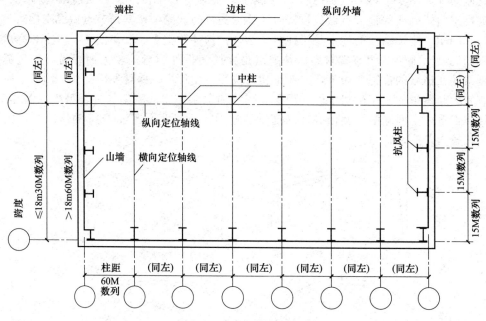

图9-6　跨度和柱距示意图

2. 单层工业厂房定位轴线的确定

单层工业厂房定位轴线的确定原则：应满足生产工艺要求，并注意减少构件的类型和规格；扩大构件预制装配化程度及其通用互换性；提高厂房建筑的工业化水平。厂房的定位轴线分为横向和纵向两种。

（1）横向定位轴线　与横向排架平面平行的称为横向定位轴线。它标志着厂房柱距，也是吊车梁、连系梁、基础梁、屋面板、外墙等一系列纵向构件的标志长度。

① 中间柱与横向定位轴线的联系　除横向变形缝及端部排架柱外，中间柱的中心线应与横向定位轴线相重合。屋架位于柱中心线通过处，连系梁、吊车梁、基础梁、屋面板及外墙等构件的标志长度都以柱中心线为准，柱距相同时，构件长度相同，连接方式一样。中间柱与横向定位轴线的联系如图9-7所示。

② 山墙与横向定位轴线的联系　山墙有承重墙和非承重墙之分。

山墙为非承重墙时，山墙内缘和抗风柱外缘应与横向定位轴线相重合。端部柱的中心线应自横向定位轴线向内移600mm，端部实际柱距减少600mm，不出现缝隙，保证抗风柱得以通过。非承重山墙与横向定位轴线的定位如图9-8所示。

承重山墙，即砌体山墙。墙内缘与横向定位轴线间的距离λ应按砌体的块料类别分别为半块或半块的倍数或墙厚的一半。承重山墙与横向定位轴线的定位如图9-9所示。

③ 横向伸缩缝、防震缝处柱与横向定位轴线的联系　横向伸缩缝、防震缝处一般是在一个基础上设双柱、双屋架，各柱有各自的基础杯口，双柱间应有一定的间距，采用非标准的补充构件连接吊车梁和屋面板。

这种处理增加了构件类型，不利于建筑工业化。因此，采用双轴线处理，各轴线均由吊车梁和屋面板标志尺寸端部通过。两轴线间的距离 a_i 为缝宽 a_e。两柱中心线各自轴线后退

600mm 。伸缩缝、防震缝处柱与横向定位轴线的定位如图 9-10 所示。这样处理使构件尺寸规格不变，只是连接位置有变。

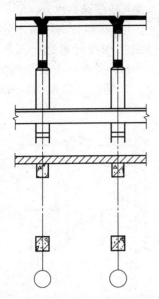

图 9-7　中间柱与横向定位轴线的联系

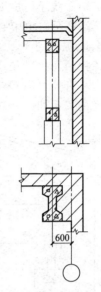

图 9-8　非承重山墙与横向定位轴线的定位

半块或半块的倍数
或墙厚之半

图 9-9　承重山墙与横向定位轴线的定位

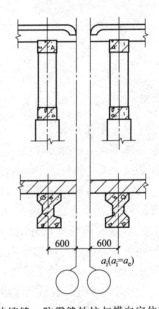

图 9-10　伸缩缝、防震缝处柱与横向定位轴线的定位

　　（2）纵向定位轴线　纵向定位轴线与横向排架平面垂直的称为纵向定位轴线。它标志厂房的跨度，也是屋架的标志尺寸。

　　① 墙、边柱与纵向定位轴线的联系　纵向定位轴线的标定与吊车桥架端头长度、桥架端头与上柱内缘的安全缝隙宽度及上柱宽度有关。

　　为使吊车跨度 L_k 与厂房跨度 L 相协调，二者之间的关系为：

$$L - L_k = 2e$$

式中　L——吊车跨度，即吊车轨道中心线间的距离；

　　　　L_k——厂房跨度，即纵向定位轴线间的距离；

e——轴线至吊车轨中心线的距离，一般取 750mm；当吊车起重量 $Q>50t$ 或有构造适要求时，取 1000mm；砖混结构、用梁式吊车时，取 500mm。

吊车轨道中心线至厂房纵向轴线间的距离 e 是根据厂房上柱截面高度 h、吊车侧方宽度尺寸 B（吊车端部至轨道中心线的距离）、吊车侧方间隙 C_b（吊车运行时，吊车端部与上柱内缘间的安全间隙尺寸）确定，即 $e=B+C_b+h$。h 值由结构设计确定，一般为 $400\sim500mm$；B 值由吊车生产技术要求确定，一般为 $186\sim400mm$；吊车侧方安全间隙 C_b 与吊车起重量的大小有关，当 $Q\leqslant50t$ 时 C_b 值取 80mm，当 $Q\geqslant63t$ 时 C_b 值取 100mm。吊车跨度与厂房跨度的关系如图 9-11 所示。

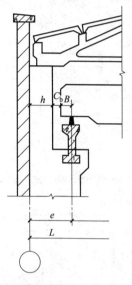

图 9-11　吊车跨度与厂房跨度的关系

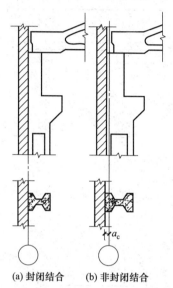

(a) 封闭结合　　(b) 非封闭结合

图 9-12　墙、边柱与纵向定位轴线的定位

实际工程中，由于吊车的形式、起重量、厂房跨度、高度和柱距不同，以及是否设置安全走道板等条件不同，外墙、边柱与纵向定位轴线有以下两种关系。

a. 封闭组合：纵向定位轴线通过屋架端部与封墙的内边缘、边柱的外边缘重合，此时 $C_b\leqslant e-(h+B)$。采用这种封闭轴线时，用标准的屋面板便可铺满整个屋面，其具有构造简单、施工方便的特点。它适合用于无吊车或只设悬挂式吊车的厂房，以及柱距为 6m、吊车起重量不大且不需增设联系尺寸的厂房。如图 9-12（a）所示。

b. 非封闭组合：纵向定位轴线通过屋架或屋面梁的端部与墙体内缘、柱子外缘之间出现一段空隙，即插入距 a_c，a_c 称为联系尺寸。当外墙为墙板时，联系尺寸 a_c 应为 300mm 或其整倍数；当围护结构为砌体时，联系尺寸可采用 50mm 或其整倍数。如图 9-12（b）所示。

当厂房采用承重墙结构时，承重外墙的墙内缘与纵向定位轴线间的距离宜为半块砌体的倍数，或使墙体的中心线与纵向定位轴线相重合。若为带壁柱的承重墙，其内缘与纵向定位轴线相重合，或与纵向定位轴线相间半块或半块砌体的倍数。承重墙的纵向定位轴线如图 9-13 所示。

② 中柱与纵向定位轴线的联系　中柱处纵向定位轴线的确定方法与边柱相同，定位轴线与屋架或屋面大梁的标志尺寸相重合。

a. 等高跨中柱设单柱时与纵向定位轴线的关系　等高厂房的中柱宜设置单柱和一条定位轴线，定位轴线通过相邻两跨屋架端部，并与上柱中心线重合。上柱截面高度一般取 600mm，以保证屋顶承重结构的支承长度。当相邻跨内的桥式吊车起重量较大时，设两条

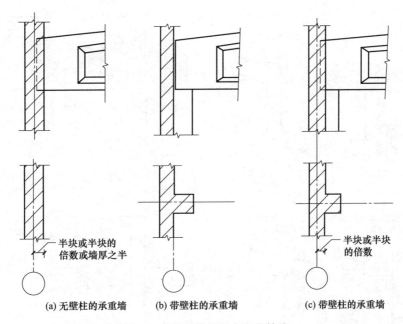

图 9-13　承重墙的纵向定位轴线

定位轴线，两轴线间的距离（插入距）用 a_i 表示，上柱中心线与插入距中心线相重合。等高跨中柱设单柱时与纵向定位轴线的关系如图 9-14 所示。

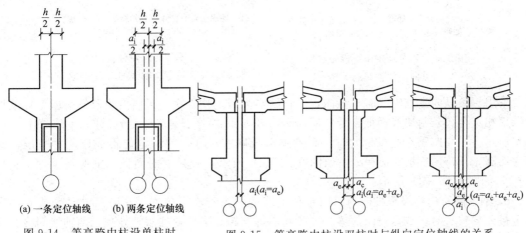

图 9-14　等高跨中柱设单柱时　　　　图 9-15　等高跨中柱设双柱时与纵向定位轴线的关系
　　　　与纵向定位轴线的关系

　　b. 等高跨中柱设双柱时与纵向定位轴线的关系　若厂房设置纵向防震缝时，应采用双柱及两条定位轴线，此时的插入距 a_i 与相邻两跨吊车起重量大小有关。若相邻两跨吊车起重量不大，其插入距 a_i 等于防震缝的宽度 a_e，即 $a_i=a_e$；若相邻两跨中，一跨吊车起重量大，必须在此跨设联系尺寸 a_c，此时插入距 $a_i=a_e+a_c$；若相邻两跨吊车起重量都大，两跨都需设联系尺寸 a_c，此时插入距 $a_i=a_c+a_e+a_c$。等高跨中柱设双柱时与纵向定位轴线的关系如图 9-15 所示。

　　c. 不等高跨中柱设单柱时与纵向定位轴线的关系　不等高跨的纵向伸缩缝一般设在高低跨处，若采用单柱，高跨采用封闭结合，且高跨封墙底面高于低跨屋面，宜采用一条纵向定位轴线，如图 9-16（a）所示；若封墙底面低于低跨屋面，宜采用两条纵向定位轴线。

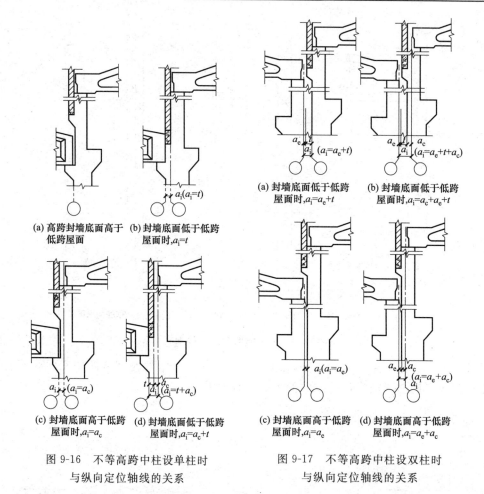

图 9-16 不等高跨中柱设单柱时
与纵向定位轴线的关系

图 9-17 不等高跨中柱设双柱时
与纵向定位轴线的关系

采用一条纵向定位轴线时，纵向定位轴线与高跨上柱外缘、封墙内缘及低跨屋架标准尺寸端部相重合。若封墙底面低于低跨屋面时，插入距 a_i 等于封墙厚度 t，即 $a_i = t$，如图 9-16（b）所示。当高跨吊车起重量大时，高跨中需设联系尺寸，此时定位轴线有两种情况：封墙底面高于低跨屋面时，$a_i = a_c$，如图 9-16（c）所示；若封墙底面低于低跨屋面时，$a_i = a_c + t$，如图 9-16（d）所示。

d. 不等高跨中柱设双柱时与纵向定位轴线的关系　当厂房不等高跨高差悬殊或者吊车起重量差异较大时，或需设防震缝时，常在不等高跨处采用双柱双轴处理，两轴线间设插入距 a_i。若高跨吊车起重量不大、封墙底面低于低跨屋面时，插入距 a_i 等于沉降缝宽 a_e 加上封墙厚度 t，即 $a_i = a_e + t$，如图 9-17（a）所示。封墙底面高于低跨屋面时，插入距 a_i 等于沉降缝宽度 a_e，即 $a_i = a_e$，如图 9-17（c）所示。若高跨吊车起重量大，高跨内需设联系尺寸 a_c，当封墙底面低于低跨屋面时，此时插入距 $a_i = a_c + a_e + t$。如图 9-17（b）所示。当封墙底面高于低跨屋面时，插入距 $a_i = a_e + a_c$，如图 9-17（d）所示。

（3）纵横跨相交处柱与定位轴线的联系　在厂房的纵横跨相交时，常在相交处设有变形缝，使纵横跨在结构上各自独立。所以纵横跨分别有各自的柱列和定位轴线，可按各自的柱列和定位轴线关系，遵循各自原则定位。

当山墙比侧墙低，且长度等于或小于侧墙时，采用双柱单墙处理，墙体属于横跨。外墙为砌体时，$a_i = a_e + t$ 或 $a_i = a_e + t + a_c$，如图 9-18（a）、（b）所示。

当山墙比侧墙短而高时，应采用双柱双墙（至少在低跨柱顶及其以上部分用双墙），并设置伸缩缝或防震缝。外墙为砌体时，$a_i = t + a_e + t$ 或 $a_i = t + a_e + t + a_c$，如图 9-18（c）、（d）所示。

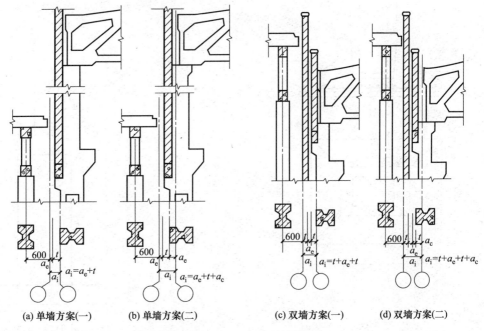

| (a) 单墙方案(一) | (b) 单墙方案(二) | (c) 双墙方案(一) | (d) 双墙方案(二) |

图 9-18　纵横跨相交处柱与定位轴线的联系

9.2.4　基础、基础梁及柱

1. 基础

单层工业厂房和民用建筑一样，基础的作用是承担上部所有荷载，并将荷载传给地基，因此，基础是工业厂房的主要组成构件之一。

单层厂房的柱下基础一般采用独立基础（也称扩展基础）。按施工方法，可分为预制柱下独立基础和现浇柱下独立基础两种。对装配式钢筋混凝土单层厂房排架结构，常见的独立基础形式主要有杯形基础、高杯基础和桩基础。

（1）基础的材料　基础所用的混凝土强度等级要求不得低于 C15，钢筋采用 HPB235 级或 HRB335 级，基础底部的垫层采用 C10 素混凝土浇筑 100mm 厚，垫层宽度一般比基础底面每边宽出 100mm，以便施工放线和保护钢筋。

（2）基础的尺寸　为便于预制钢筋混凝土柱插入基础安装，基础的顶部做成杯口形式，杯口尺寸应大于柱截面尺寸，周边需留有空隙。杯口顶应比柱子每边大出 75mm，杯口底应比柱子每边大出 50mm，杯口深度应满足锚固长度的要求。基础杯口底面的厚度不小于 200mm，基础杯壁的厚度不应小于 200mm。杯口与柱之间的缝隙用 C20 细石混凝土填实。基础杯口顶面标高应在室内地坪以下至少 500mm。杯形基础如图 9-19 所示。

（3）高杯形基础　当厂房地形起伏、局部地质软弱，或基础旁有深的设备基础时，为了使柱子的长度统一，应采用高杯形基础。高杯基础如图 9-20 所示。

2. 基础梁

采用装配式钢筋混凝土排架结构的厂房时，墙体仅起围护和分隔作用，通常不再做基础，而将墙砌在基础梁上，基础梁两端搁置在杯形基础的杯口上。基础梁的支承如图 9-21 所示。墙体的重量通过基础梁传到基础上，这样可使内、外墙和柱一起沉降，墙面不易开裂。

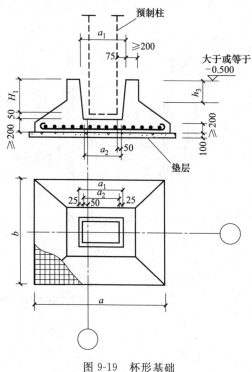

图 9-19 杯形基础

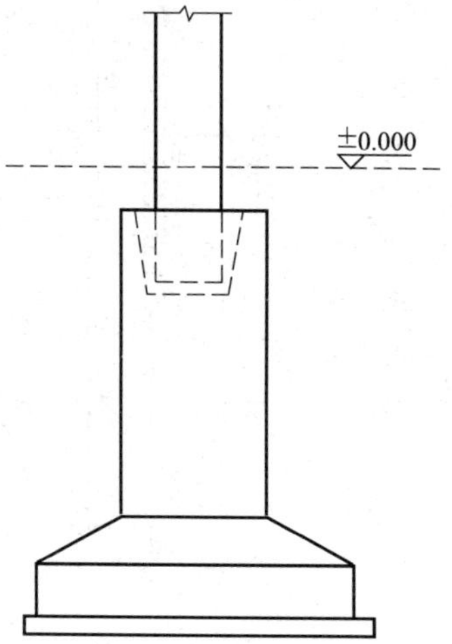

图 9-20 高杯基础

基础梁的构造要求如下：

（1）基础梁的形状　基础梁的标志长度一般为 6m，其截面形状常用梯形，有预应力和非预应力混凝土两种。其外形尺寸如图 9-22 所示。

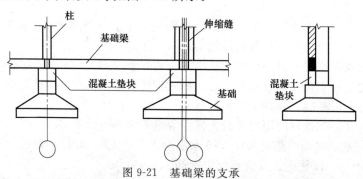

图 9-21 基础梁的支承

（2）基础梁的位置　为了避免影响开门及满足防潮要求，基础梁顶面标高应至少低于室内地坪 50mm，高于室外地坪 100mm。

（3）基础梁与基础的连接　基础梁搁置在杯形基础顶面的方式视基础埋深而定。当基础埋深不大时，基础梁搁置在基础杯口的基础顶面上；当基础杯口顶面距室内地坪大于 500mm 时，C15 混凝土垫块搁置在杯口顶面，垫块的宽度当墙厚为 370mm 时为 400mm，当墙厚为 240mm 时为 300mm；基础埋置较深时，基础梁搁置在高杯口基础或柱牛腿上。基础梁的位置与搁置方式如图 9-23 所示。

（4）防冻胀措施　为使基础梁与柱基础同步沉降，基础梁下的回填土要虚铺、不夯实，并留有 50～100mm 的空隙。寒冷地区要铺设较厚的干砂或炉渣，以防地基土壤冻胀将基础梁及墙体顶裂。基础梁下部的保温措施如图 9-24 所示。

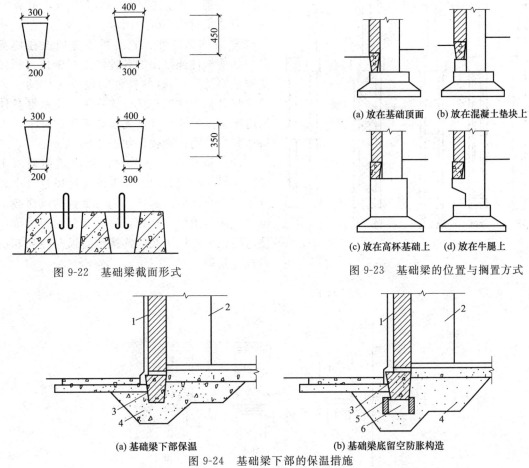

图 9-22　基础梁截面形式

图 9-23　基础梁的位置与搁置方式

(a) 放在基础顶面　　(b) 放在混凝土垫块上

(c) 放在高杯基础上　　(d) 放在牛腿上

(a) 基础梁下部保温

(b) 基础梁底留空防胀构造

图 9-24　基础梁下部的保温措施

1—外墙；2—柱；3—基础梁；4—炉渣保温材料；5—立砌普通砖；6—空隙

3. 柱

单层工业厂房中，柱按其作用不同分为承重柱（排架柱）和抗风柱。

（1）承重柱　承重柱是厂房结构中的主要承重构件之一。它主要承受屋盖、吊车梁及部分外墙等传来的垂直荷载，以及风和吊车制动力等的水平荷载，有时还承受管道设备荷载等。承重柱多为钢筋混凝土柱。

① 柱的截面形式　钢筋混凝土承重柱按其截面形式分为两类：单肢柱〔包括矩形、工字形截面，如图 9-25 （a）、（b） 所示〕和双肢柱〔包括平腹杆、斜腹杆、双肢管柱，如图 9-25 （c）、（d）、（e） 所示〕。

一般情况下，当排架柱的截面高度 $h \leqslant 500mm$ 时，采用矩形截面柱；当 $h = 600 \sim 800mm$ 时，采用矩形或工字形截面柱；当 $h = 900 \sim 1200mm$ 时，采用工字形截面柱；当 $h = 1300 \sim 1500mm$ 时，采用工字形截面柱或双肢柱；当 $h \geqslant 1600mm$ 时，采用双肢柱。

矩形截面柱外形简单、施工方便，但不能充分发挥混凝土的承载能力，自重大，材料消耗多。截面尺寸较小或小偏心受压柱及现浇柱经常采用。

工字形截面柱自重轻，节省材料，受力较为合理，但外形复杂、制作麻烦。一般翼缘厚度不宜小于 80mm，腹板厚度不宜小于 60mm。为了加强吊装和使用时的整体刚度，在柱与吊车梁、柱间支撑连接处、柱顶部、柱脚处均做成矩形截面。

双肢柱在荷载作用下主要承受轴向力，能充分发挥混凝土的强度。因承载能力高，可以

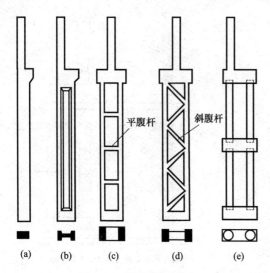

图 9-25　柱的截面形式

不设置牛腿，两肢间便于通过管道，节省空间，但施工时支模较为困难。

②柱的预埋件　它是指预先埋设在柱身上与其他构件连接用的各种铁件（钢板、螺栓及锚拉钢筋等）。这些铁件的设置与柱的位置及柱与其他构件的连接方式有关，应根据具体的情况将这些铁件准确无误地埋置在柱上，不得遗漏。柱的预埋铁件如图 9-26 所示。

（2）抗风柱　当单层厂房的端横墙（山墙）受风面积较大时，就需设置抗风柱将山墙分为若干个区格。这样，墙面受到的风荷载一部分直接传给纵向柱列，另一部分则通过抗风柱与屋架上弦或下弦的连接传给纵向柱列和抗风柱下基础。

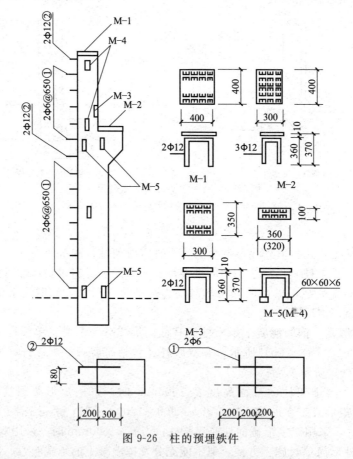

图 9-26　柱的预埋铁件

当厂房的跨度为 9~12m，抗风柱高度在 8m 以下时，可采用与山墙同时砌筑的砖壁柱作为抗风柱。当厂房的跨度和高度较大时，应在山墙内侧设置钢筋混凝土抗风柱，并用钢筋与山墙拉接。抗风柱与屋架既要可靠地连接，以保证把风荷载有效地传给屋架直至纵向柱列；又要允许两者之间具有一定竖向位移的可能性，以防厂房与抗风柱沉降不均匀时产生不利的影响。在实际工程中，抗风柱与屋架常采用横向有较大刚度，而竖向又可位移的钢制弹簧板连接。抗风柱一般与基础刚接，与屋架上弦铰接。抗风柱与屋架上端、山墙连接构造如图 9-27 所示。

钢筋混凝土抗风柱的上柱宜采用不小于 350mm×350mm 的矩形截面，下柱可采用矩形截面或工字形截面，其截面宽度 $b \geqslant 350mm$，截面高度 $h \geqslant 600mm$，且 $h \geqslant H_e/25$（H_e 为抗风柱基础顶至与屋架连接处的高度）。

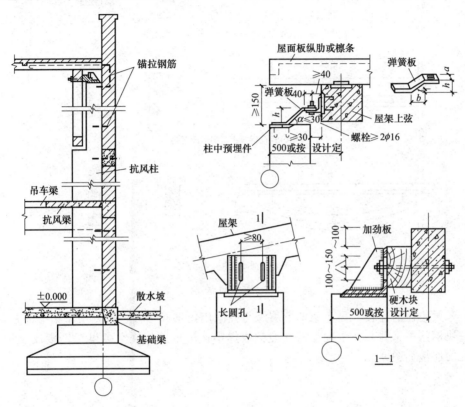

图 9-27　抗风柱与屋架上端、山墙连接构造

9.2.5　吊车梁、连系梁、圈梁

1. 吊车梁

设有梁式或桥式吊车的厂房，为铺设轨道需设置吊车梁。吊车梁支撑在承重柱的牛腿上，沿厂房纵向布置，是厂房的纵向连系构件之一。吊车梁直接承受吊车传来的竖向荷载和水平制动力，由于吊车起吊重物是重复工作，因此吊车梁除了要满足承载能力、抗裂和刚度要求外，还要满足疲劳强度的要求。

（1）吊车梁的截面形式　吊车梁的类型很多，按材料分为钢筋混凝土梁和钢梁两种，常采用钢筋混凝土梁。按外形分为等截面的 T 形、工字形和变截面的鱼腹式。吊车梁的类型如图 9-28 所示。

① T 形吊车梁　T 形吊车梁的上部翼缘较宽，可增加梁的受压面积，也便于固定吊车轨道，施工简单、制作方便，但自重大，消耗材料多。这种梁适用于跨度不大于 6m，吊车起重量：轻级工作制不大于 30t/5t，重级工作制不大于 20t/5t。

② 工字形吊车梁　工字形吊车梁的腹板较薄，节省材料，自重轻。

③ 鱼腹式吊车梁　鱼腹式吊车梁受力合理，能较好地发挥材料强度，节省材料、自重轻、刚度大，能承受较大荷载，但构造和制作较为复杂。

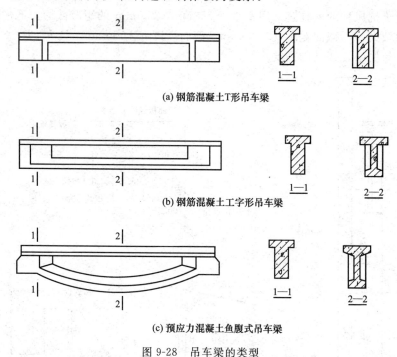

(a) 钢筋混凝土T形吊车梁

(b) 钢筋混凝土工字形吊车梁

(c) 预应力混凝土鱼腹式吊车梁

图 9-28　吊车梁的类型

（2）吊车梁与柱的连接　吊车梁的上翼缘与柱间用角钢或钢板连接，吊车梁下部在安装前应焊上一块钢垫板，并与柱牛腿上的预埋钢板焊牢，吊车梁与柱空隙以 C20 混凝土填实。吊车梁与柱的连接如图 9-29 所示。

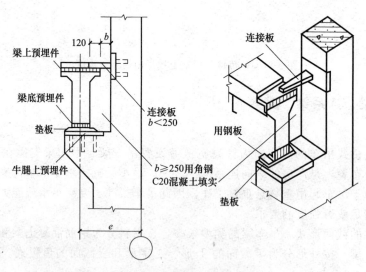

图 9-29　吊车梁与柱的连接

（3）吊车轨道及车挡的固定　吊车轨道的断面和型号由吊车吨位来确定，分轻轨（5～24kg/m）、重轨（33～50kg/m）和方钢。吊车梁与轨道的连接方法一般采用螺栓连接。吊车梁与吊车轨道的固定连接如图 9-30 所示。

为了防止吊车在运行过程中来不及刹车而冲撞到山墙上，应在吊车梁的尽端设车挡装置。车挡用钢板制成，用螺栓固定到吊车梁的上翼缘，上面固定缓冲橡胶。车挡如图 9-31 所示。

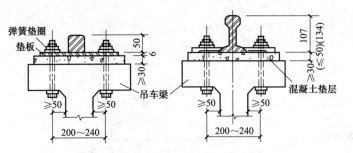

图 9-30　吊车梁与吊车轨道的固定连接

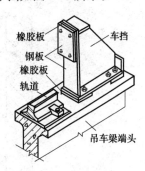

图 9-31　车挡

2. 连系梁

连系梁一般为预制钢筋混凝土构件，两端支承在柱牛腿上，用预埋件或螺栓与牛腿连接。连系梁的作用是承受其上墙体及窗重，并传给排架柱；同时起连系纵向柱列增强厂房纵向刚度的作用。连系梁与柱的连接如图 9-32 所示。

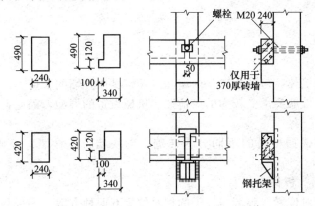

(a) 连系梁的截面尺寸　　　　(b) 连系梁与柱的连接

图 9-32　连系梁与柱的连接

3. 圈梁

圈梁是连续、封闭，在同一标高上设置的梁，其作用是将墙体同厂房柱箍在一起，以加强厂房的整体刚度，防止由于地基的不均匀沉降或较大振动荷载引起对厂房的不利影响。圈梁设置于墙体内，和柱连接仅起拉结作用。圈梁不承受墙体重量，所以柱上不设置支承圈梁的牛腿。

圈梁的截面宽度宜与墙厚相同，当墙厚大于 240mm 时，其宽度不宜小于 2/3 墙厚。圈梁的截面高度不应小于 180mm。圈梁中的纵向钢筋不应少于 4φ12，箍筋为 φ6@200mm，圈梁应与柱子中伸出的预埋筋进行连接。圈梁与柱的连接如图 9-33 所示。圈梁兼作过梁时，过梁部分的钢筋按计算另行增配。

圈梁的布置与墙体高度、对厂房刚度的要求及地基情况有关。对于一般单层厂房，可参照下述原则布置：对无桥式吊车的厂房，当墙厚≤240mm，檐高为 5～8m 时，应在檐口附近布置一道，当檐高大于 8m 时，宜增设一道；对有桥式吊车或有极大振动设备的厂房，除在檐口或窗顶布置外，尚宜在吊车梁处或墙中适当位置增设一道，当外墙高度大于 15m 时，还应适当增设。

在进行厂房结构布置时，应尽可能将圈梁、连系梁和过梁结合起来，以节约材料、简化施工，使一个构件在一般厂房中能起到两种或三种构件的作用。

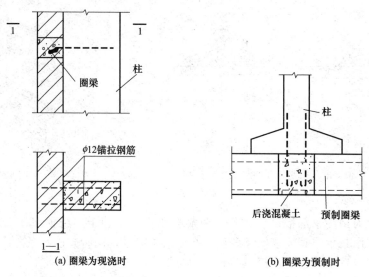

图 9-33　圈梁与柱的连接

9.2.6　外墙构造

单层工业厂房的墙体，包括外墙、内墙和隔墙。其中外墙的长度、高度均比较大，而相比之下厚度却较小。外墙要承受较大的风荷载和机械设备的振动，因此，墙身的刚度和稳定性应有可靠的保证。

单层厂房的外墙根据材料的不同分为砖墙、砌块墙、板材墙、轻质板材墙和开敞式外墙。

1. 砖墙及砌块墙、板材墙

（1）墙与柱的相对位置　砖墙与柱子的相对位置有两种方案，一种是墙体砌筑在柱的外侧，具有构造简单、施工方便、热工性能好、基础梁与连系梁便于标准化等优点，一般单层厂房多采用此方案。另一种方案是将墙体砌筑在柱的中间，可增加柱子的刚度，对抗震有利，在吊车吨位不大时，可省去柱间支撑；但砌筑施工不便，基础梁与连系梁的长度要受到柱子宽度的影响，增加了构件类型。墙、柱的相对位置如图 9-34 所示。

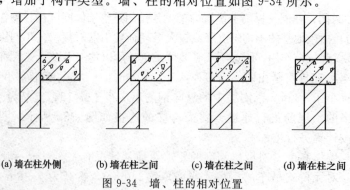

(a) 墙在柱外侧　　(b) 墙在柱之间　　(c) 墙在柱之间　　(d) 墙在柱之间

图 9-34　墙、柱的相对位置

（2）墙的一般构造　为防止单层厂房外墙由于受风力、地震或振动等而破坏，在构造上应使墙与柱子、山墙与抗风柱、墙与屋架（或屋面梁）之间有可靠的连接，以保证墙体有足够的稳定性与刚度。

① 墙与柱的连接。为了使砖墙与排架柱保持一定的整体性及稳定性，墙体与柱子之间应有可靠的连接。通常的做法是沿柱子高度方向每隔 500～600mm 甩出两根 φ6 的钢筋（伸出长度 450mm），砌墙时砌入墙内。如图 9-35 所示。

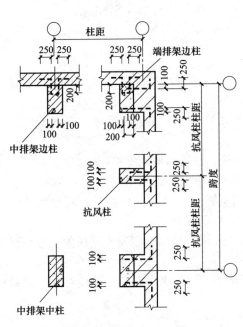

图 9-35　墙与柱的连接

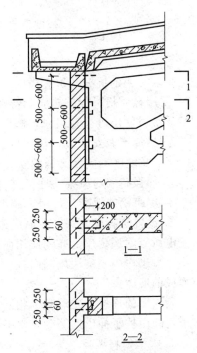

图 9-36　墙与屋架的连接

② 墙与屋架的连接。通常是在屋架的上下弦或屋面梁预埋钢筋拉结砖墙。在屋架的腹杆不便预埋钢筋时，可在预埋钢板上焊接钢筋。如图 9-36 所示。

③ 山墙与屋面板的连接。山墙、女儿墙处，需在每块屋面板的纵缝内设置 2φ8 钢筋，砌入女儿墙。如图 9-37 所示。

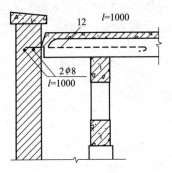

图 9-37　山墙与屋面板的连接

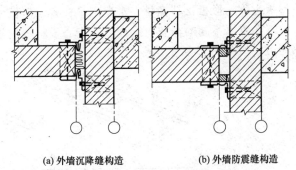

(a) 外墙沉降缝构造　　　(b) 外墙防震缝构造

图 9-38　外墙沉降缝、防震缝构造

④ 墙身变形缝。伸缩缝的缝宽一般为 20～30mm；沉降缝的缝宽一般为 30～50mm；抗震缝的缝宽一般为 50～90mm，在厂房纵横跨交接处设缝时，缝宽宜取 100～150mm。缝内填沥青麻丝或沥青木丝板，板缝表面用 26# 镀锌铁板或 1mm 厚铝板盖缝。外墙沉降缝、防震缝构造如图 9-38 所示。外墙伸缩缝构造如图 9-39 所示。

（3）墙的抗振与抗震措施　对震区厂房和有振源产生的车间，除满足一般构造要求外，

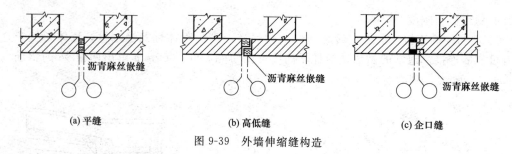

(a) 平缝　　　　　　(b) 高低缝　　　　　　(c) 企口缝

图 9-39　外墙伸缩缝构造

还需采取必要的抗振和抗震措施。

① 用轻质板材代替砖墙，特别是高低跨相交处的高跨封墙以及山墙山尖部位应尽量采用轻质板材。山墙少开门窗，侧墙第一开间不宜开门窗。

② 尽量不做女儿墙，在 7 度、8 度地震区做女儿墙时，若无锚固措施，高度不应超过 500mm，9 度区不应做无锚固女儿墙。

③ 加强砖墙与屋架、柱子（包括抗风柱）的连接，并适当增设圈梁。

④ 单跨钢筋混凝土厂房，砖墙可嵌砌在柱子之间，由柱两侧伸出钢筋砌入砖缝。

⑤ 设置防震缝。一般在纵横跨交接处、纵向高低跨交接处、与厂房毗连贴建生活间以及变电所等附属房屋处，均应用防震缝分开，缝两侧应设墙或柱。

（4）砌块墙　砌块墙是由轻质材料制成的块材，或用普通钢筋混凝土制成的空心块材砌筑而成的墙体。

砌块墙的连接与砖墙基本相同，即块材砌筑要横平竖直、灰浆饱满，错缝搭接，块材与柱子之间由柱子伸出钢筋砌入水平缝内实现锚拉。

2. 大型板材墙

采用板材墙有利于墙体的改革，可促进建筑工业化，提高厂房的抗震性，但用钢量较大、造价偏高，接缝不易保证质量，保温隔热效果差。

（1）墙板的类型　按其构造和材料可分为钢筋混凝土槽形板或空心板、配筋轻混凝土墙板、复合墙板三种。

① 钢筋混凝土槽形板、空心板。这类板的优点是耐久性好、制造简单、可施加预应力。槽形板也称肋形板，其钢材、水泥用量较省，但保温隔热性能差，故只适用于某些热车间和保温隔热要求不高的车间、仓库等。空心板材料用量较多，但双面平整，并有一定的保温隔热能力。如图 9-40 所示。

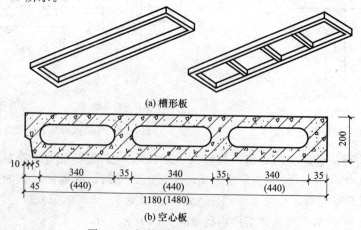

(a) 槽形板

(b) 空心板

图 9-40　钢筋混凝土槽形板、空心板

② 配筋轻混凝土墙板。这种板种类较多，如粉煤灰硅酸盐混凝土墙板、加气混凝土墙板等，它们的共同特点是比普通混凝土和砖墙轻，保温隔热性能好。缺点是吸湿性较大，故必须加水泥砂浆等防水面层。如图 9-41 所示。

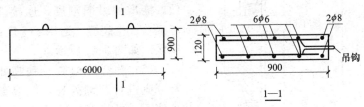

图 9-41　配筋轻混凝土墙板

③ 复合墙板。这种板是用钢筋混凝土、塑料板、薄钢板等材料做成骨架，其内填以矿毡棉、泡沫塑料、膨胀珍珠岩板等轻质保温材料而成。其特点是材料各尽所长，性能优良。主要缺点是制造工艺较复杂。如图 9-42 所示。

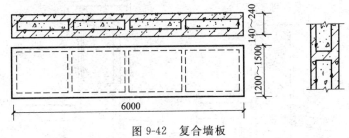

图 9-42　复合墙板

(2) 墙板的尺寸　墙板的长和高采用扩大模数，板长有 4500mm、6000mm、7500mm（用于山墙）和 12000mm 四种，可适用于 6m 或 12m 柱距及 3m 整倍数的跨距。板高有 900mm、1200mm、1500mm、1800mm 四种。板厚以 20mm 为模数进级，常用厚度为 160～240mm。

(3) 墙板的布置　墙板排列的原则应尽量减少所用墙板的规格类型。墙板可从基础顶面开始向上排列至檐口，最上一块为异形板；也可从檐口向下排，多余尺寸埋入地下；还可以柱顶为起点，由此向上和向下排列。

(4) 墙板与柱的连接　墙板与柱子的连接有柔性连接和刚性连接两种。

① 柔性连接。柔性连接是通过柱的预埋件和连接件进行墙板与柱的连接，墙板在垂直方向由钢支托支撑，水平方向用螺栓挂钩拉结固定。这种连接适用在地震区或地基下沉不均匀及有较大振动的厂房。如图 9-43 所示。

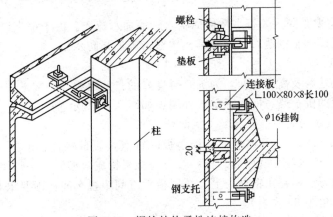

图 9-43　螺栓挂钩柔性连接构造

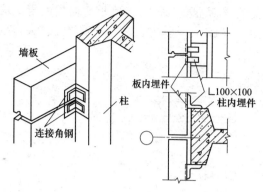

图 9-44　刚性连接构造

② 刚性连接。刚性连接指焊接连接。在墙板和柱子上设置预埋件，安装时用角钢将其焊接在一起，无需钢支托。其特点是施工方便，能增加纵向刚度，连接件用钢量少，但墙板易产生裂缝，适用于 7 度或 7 度以下的地震区。如图 9-44 所示。

（5）勒脚的构造　勒脚处墙板埋入地下部分应进行防潮处理，轻混凝土墙板不宜埋入地下，可将墙板支承在混凝土墩上或基础梁上，板下表面位于室内地面以下 50mm。如图 9-45 所示。

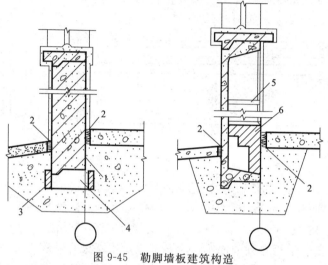

图 9-45　勒脚墙板建筑构造

1—表面刷热沥青；2—沥青麻丝填缝；3—砌砖；4—空隙；5—工具柜板；6—砖砌工具柜底

（6）板缝的处理　板缝有水平缝和垂直缝两种。根据不同的情况，板缝可以做出各种形式的缝型。

① 水平缝。主要是防止沿墙面下淌的雨水渗入内侧。做法是用憎水材料（油膏、聚氯乙烯胶泥等）填缝，将混凝土等亲水材料表面刷防水涂料，并将外侧缝口敞开使其不能形成毛细管作用。

② 垂直缝。主要是防止风将水从侧面吹入和墙面水流入。由于垂直缝的胀缩变形较大，单用填缝的办法难以防止渗透，常配合其他构造措施加强防水。

3. 开敞式外墙

我国南方炎热地区及高温车间，为了获得良好的自然通风，通常采用挡雨板或遮阳板局部或全部代替房屋的围护墙，即为开敞式外墙。如图 9-46 所示。

挡雨板有石棉水泥瓦和钢筋混凝土板两种。

① 石棉水泥瓦挡雨板。石棉水泥瓦挡雨板的特点是质量轻，它由型钢支架（或钢筋支架）、型钢檩条、石棉水泥瓦（中波）挡雨板及防溅板构成。型钢支架焊接在柱的预埋件上，石棉水泥瓦用弯钩螺栓勾在角钢檩条上。挡雨板垂直间距视车间挡雨要求和飘雨角而定（一般取雨线与水平夹角为 30°左右）。

② 钢筋混凝土挡雨板。钢筋混凝土挡雨板分有支架和无支架两种，其基本构件有支架、

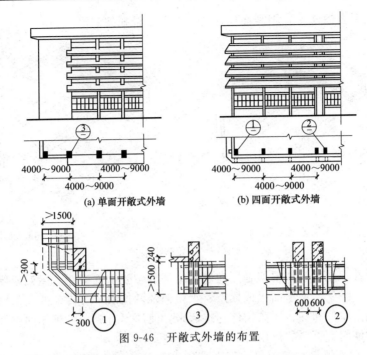

图 9-46 开敞式外墙的布置

挡雨板和防溅板。各种构件通过预埋件焊接予以固定。如图 9-47 所示。

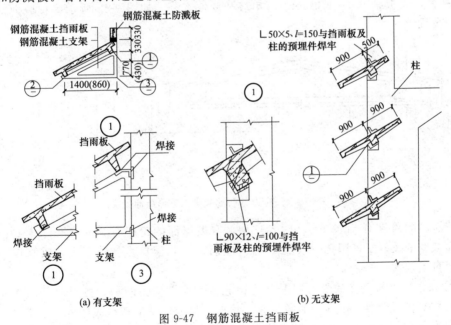

图 9-47 钢筋混凝土挡雨板

9.2.7 屋面及天窗构造

1. 屋盖结构构件

单层工业厂房的屋盖结构分为无檩体系和有檩体系，如图 9-48 所示。无檩体系由大型屋面板、屋架或屋面梁、屋盖支撑组成。有檩体系由小型屋面板、檩条、屋架或屋面梁、屋盖支撑组成。有檩体系，因其刚度小、整体性差，故仅适用于中小型厂房。为满足厂房内通风和采光的需要，屋盖结构中有时还需设置天窗架（其上也有屋面板）及天窗架支撑。当生产工艺或使用上要求抽柱时，则需在抽柱的屋架下设置托架。

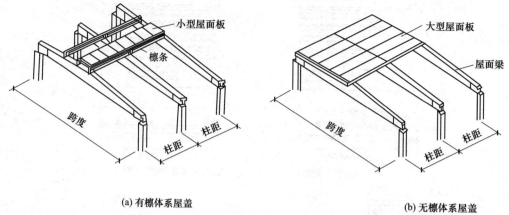

(a) 有檩体系屋盖　　　　　　　　　　(b) 无檩体系屋盖

图 9-48　屋盖结构形式

（1）承重构件　屋面梁和屋架是厂房屋盖结构的主要承重构件，屋架或屋面梁一般直接支承在排架柱上，承受大型屋面板或檩条、天窗架及悬挂吊车等传来的全部屋盖荷载，并将其传至排架柱顶。屋架和柱、屋面构件连接起来，使厂房组成一个整体的空间结构，对于保证厂房的空间刚度起着重要的作用。

① 屋面梁　屋面梁又称薄腹梁，其断面形式有 T 形和工字形，其顶面宽度为 300mm 和 400mm 两种，腹板厚 100～120mm。有单坡和双坡之分。如图 9-49 所示为预应力钢筋混凝土工字形屋面梁。

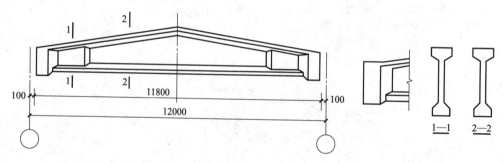

图 9-49　预应力钢筋混凝土工字形屋面梁

单坡屋面的跨度有 6m、9m、12m 三种，双坡屋面的跨度有 9m、12m、15m、18m 四种。屋面坡度平缓，多采用统一坡度 1/10。屋面梁形状简单、制作方便，梁高较小而稳定性好，但自重较大。

② 屋架　屋架按钢筋的受力情况分为预应力和非预应力两种；按材料分为木屋架、钢筋混凝土屋架和钢屋架；按其外形通常有三角形、梯形、拱形和折线形等。

a. 三角形屋架的特点：上下弦交角小，端节点构造复杂。三角形屋架的适用范围：跨度小、坡度大、采用轻型屋面材料的有檩体系。

芬克式：长腹杆受拉，短腹杆受压，受力合理，应用广泛。如图 9-50 所示为芬克式三角形屋架。

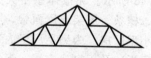

图 9-50　芬克式三角形屋架

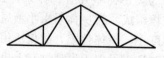

图 9-51　人字形三角形屋架

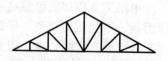

图 9-52　单斜式三角形屋架

人字形的特点：杆件数量少，节点数量少，受压杆较长，但抗震性能优于芬克式屋架，适用于跨度小于 18m 的屋架。如图 9-51 所示为人字形三角形屋架。

单斜式的特点：腹杆和节点数量较多，长腹杆受拉，但夹角小，适用于下弦设置天棚的屋架。如图 9-52 所示为单斜式三角形屋架。

b. 梯形屋架的特点：外形和弯矩图比较接近，弦杆内力沿跨度分布较均匀，用料经济，应用广泛。梯形屋架的适用范围：适用于屋面坡度平缓且跨度较大时的无檩屋盖结构。梯形屋架的屋架高度：梯形屋架的中部高度一般为 $(1/10 \sim 1/8)L$。与柱刚接的梯形屋架，端部高度一般为 $(1/16 \sim 1/12)L$，通常取为 $2.0 \sim 2.5m$。与柱铰接的梯形屋架，端部高度可按跨中经济高度和上弦坡度决定。

人字式：按支座斜杆与弦杆组成的支承点在下弦或在上弦又可分为下承式和上承式两种。特点：腹杆总长度短，节点少。如图 9-53 所示为人字式梯形屋架。

再分式：特点是可避免节间直接受荷（非节点荷载）。如图 9-54 所示为再分式梯形屋架。

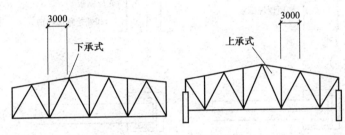

图 9-53　人字式梯形屋架

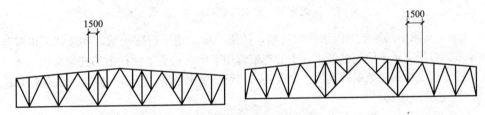

图 9-54　再分式梯形屋架

c. 人字形桁架，如图 9-55 所示。其上、下弦可以具有不同坡度或下弦有一部分水平段，以改善屋架受力情况。上、下弦可为平行，坡度为 $1/20 \sim 1/10$，节点构造较为统一；跨中高度一般为 $2.0 \sim 2.5m$，跨度大于 36m 时可取较大高度但不宜超过 3m；端部高度一般为跨度的 $1/18 \sim 1/12$。

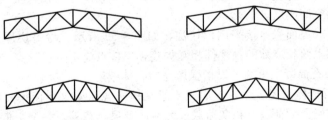

图 9-55　人字形桁架

d. 平行弦屋架，如图 9-56 所示。其上、下弦杆水平，杆件和节点规格化，便于制造。一般用于托架和支撑体系。

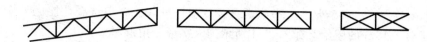

图 9-56 平行弦屋架

屋架与柱的连接有螺栓连接和焊接两种方法，其中焊接方法使用较多。其做法是将柱顶和屋架下弦端部的预埋件通过支座钢板焊接在一起。螺栓连接是在柱顶预埋螺栓，屋架下弦端部焊有带缺口的支承钢板，吊装就位后用螺母将屋架拧紧。如图 9-57 所示。

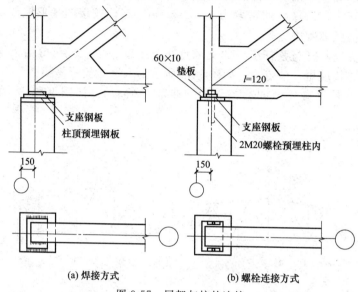

(a) 焊接方式 (b) 螺栓连接方式

图 9-57 屋架与柱的连接

③ 托架 支承中间屋架的桁架称为托架，托架一般采用平行弦桁架，其腹杆采用带竖杆的人字形体系。直接支承于钢筋混凝土柱上的托架常用下承式；支于钢柱上的托架常用上承式。托架高度应根据所支承的屋架端部高度、刚度要求、经济要求及有利于节点构造的原则来决定。

（2）屋盖的覆盖构件

① 屋面板 目前，单层厂房屋面板主要有两类：大型屋面板，常用的尺寸为 1.5m×6.0m，为配合屋架尺寸，还有 0.9m×6.0m，这类板适用于无檩条体系的屋盖；小型屋面板，常用的尺寸为 1.0m×(1.7～4.0)m，这类板适用于有檩条体系的屋盖。屋面板的类型如图 9-58 所示。

大型屋面板两端搁置在屋架或屋面梁上，将屋面荷载传给屋架或屋面梁。施工时应保证屋面板至少有三点与屋架或屋面梁可靠连接，使其与屋架或屋面梁以及支撑系统形成空间整体，以保证厂房的空间刚度。

屋面板与屋架或屋面梁连接采用焊接法，如图 9-59 所示。将每块屋面板纵向主肋端底部的预埋件与屋架上弦相应处的预埋件相互焊接，焊接点应不少于三点。板与板间的缝隙处用不低于 C15 的细石混凝土填实，以增强屋盖的整体刚度。

② 檩条 在有檩体系屋盖中，屋面板支承在檩条或屋架（屋面梁）或天窗架上，直接承受施加在其上的屋面活荷载、积灰荷载、雪荷载及风荷载等，并把它们传给其下的支承构件，檩条同时起着增强屋盖总体刚度的作用。檩条有钢檩条和钢筋混凝土檩条两种，其中钢筋混凝土檩条的截面形式有 L 形和倒 T 形，如图 9-60 所示。檩条支承于屋架上弦杆或屋面梁上有正放和斜放两种，如图 9-61 所示。

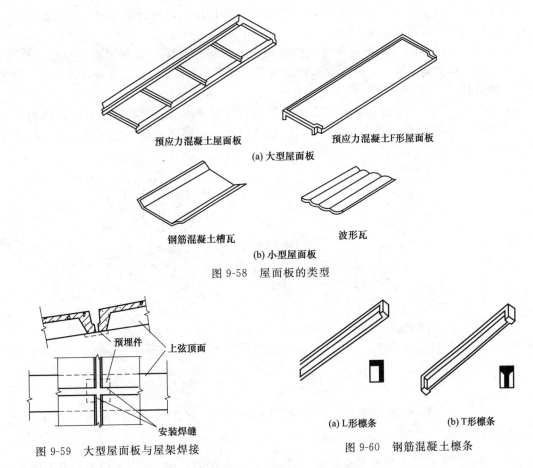

图 9-58　屋面板的类型

图 9-59　大型屋面板与屋架焊接

图 9-60　钢筋混凝土檩条

2. 天窗

在大跨度或多跨单层厂房的屋顶部位设置窗口,以取得较均匀的采光、合理的通风或排除高温灰尘,这种窗口称为天窗。如图 9-62 所示。

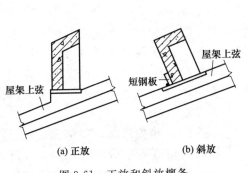

图 9-61　正放和斜放檩条

图 9-62　天窗

在实际工作中，天窗一般不会只起采光或通风的作用，采光天窗可同时具有通风天窗功能，通风天窗也可兼有采光作用。

天窗按其在屋面的位置不同分为上凸式天窗，如矩形天窗、M形天窗、梯形天窗等；下沉式天窗，如横向下沉式、纵向下沉式、井式天窗等；平天窗，如采光板、采光罩、采光带等。如图9-63所示。

按功能分，有采光天窗与通风天窗两大类型。主要用作采光的有矩形天窗、锯齿形天窗、平天窗、横向下沉式天窗等；主要用作通风的有矩形避风天窗、纵向或横向下沉式天窗、井式天窗、M形天窗。

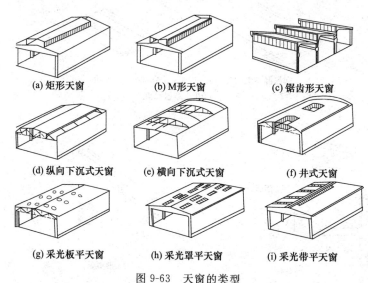

(a) 矩形天窗　　(b) M形天窗　　(c) 锯齿形天窗

(d) 纵向下沉式天窗　(e) 横向下沉式天窗　(f) 井式天窗

(g) 采光板平天窗　(h) 采光罩平天窗　(i) 采光带平天窗

图9-63　天窗的类型

（1）上凸式天窗　上凸式天窗是单层厂房中采用最多的一种，尤其是矩形天窗，南北方均适用。矩形天窗主要由天窗架、天窗屋面板、天窗端壁、天窗侧板、天窗扇等组成，如图9-64所示。

① 天窗架　天窗架是天窗的承重结构，它直接支承在屋架上，天窗架的材料与屋架相同，常用钢筋混凝土天窗架和钢天窗架。天窗架的宽度根据采风和通风要求一般为厂房跨度的1/2～1/3，且应尽可能将天窗架支承在屋架的节点上，目前常采用钢筋混凝土天窗架。

钢筋混凝土天窗架一般由两榀或三榀预制构件拼接而成，各榀之间采用螺栓连接，支脚与屋架采用焊接。天窗架的高度应根据采光和通风的要求，并结合所选用的天窗扇尺寸确定，一般高度为宽度的0.3～0.5倍。

② 天窗扇　天窗扇有钢制和木制两种。钢天窗扇具有耐久、耐高温、重量轻、挡光少、不宜变形、关闭严密等优点，因此工业建筑中多采用钢天窗扇。

③ 天窗檐口　一般情况下，天窗屋面的构造与厂房屋面相同。天窗檐口常采用无组织排水，由带挑檐的屋

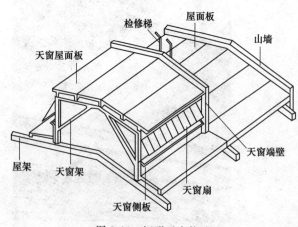

图9-64　矩形天窗构造

面板构成，挑出长度一般为 300～500mm。

④ 天窗侧板　天窗侧板是天窗窗口下部的围护构件，其主要作用是防止屋面上的雨水流入或溅入室内。天窗侧板应高出屋面不小于 300mm。侧板的形式有两种。当屋面为无檩体系时，采用钢筋混凝土侧板，侧板长度与屋面板长度一致；当屋面为有檩体系时，侧板可采用石棉水泥波瓦等轻质材料。侧板安装时向外稍倾斜，以利排水。侧板与屋面交接处应做好泛水处理。

⑤ 天窗端壁　天窗两端的山墙称为天窗端壁。其作用是支承天窗屋面板、围护天窗端部。天窗端壁有预制钢筋混凝土端壁和石棉水泥瓦端壁。如图 9-65 所示。

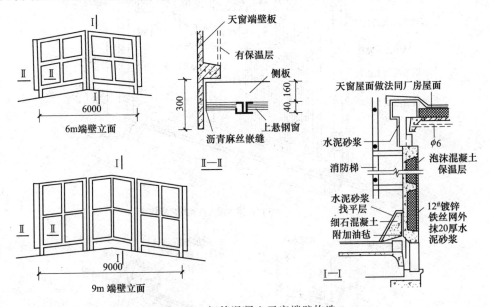

图 9-65　钢筋混凝土天窗端壁构造

（2）矩形避风天窗　矩形天窗两侧加设挡风板，窗口不设窗扇，增加挡雨设施，称为矩形避风天窗（又称为矩形通风天窗）。如图 9-66 所示。

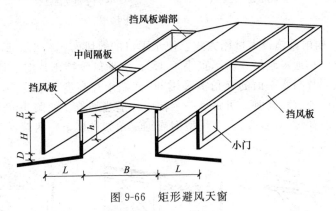

图 9-66　矩形避风天窗

① 挡风板的形式　挡风板的形式有立柱式（直或斜立柱式）和悬挑式（直或斜悬挑式）。

立柱式是将立柱支承在屋架上弦的柱墩上，用支撑与天窗架相连，结构受力合理，但挡风板与天窗之间的距离受屋面板排列的限制，立柱处防水处理较复杂。

悬挑式的支架固定在天窗架上，挡风板与屋面板脱开，处理灵活，适用于各类屋面。但增加了天窗架的荷载，对抗震不利。挡风板可向外倾斜或垂直设置，向外倾斜的挡风板，倾

角一般与水平面成 $50°\sim70°$，当风吹向挡风板时，可使气流大幅度飞跃，从而增加抽风能力，通风效果比垂直的好。

挡风板常用石棉波形瓦、钢丝网水泥瓦、瓦楞铁等轻型材料，用螺栓将瓦材固定在檩条上。檩条有型钢和钢筋混凝土的两种，其间距视瓦材的规格而定。檩条焊接在立柱或支架上，立柱与天窗架之间设置支撑使其保持稳定。立柱式挡风板构造如图 9-67 所示。

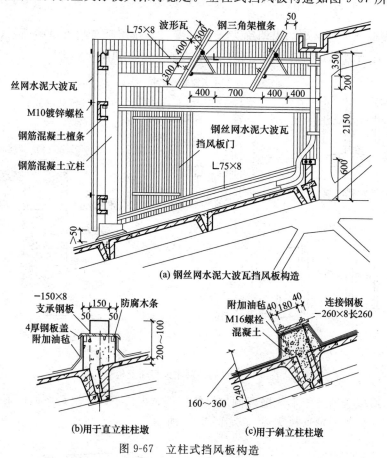

图 9-67　立柱式挡风板构造

② 挡雨设施　挡雨设施设大挑檐方式，使水平口的通风面积减小。垂直口设挡雨板时，挡雨板与水平夹角越小通风越好，但不宜小于 $15°$。水平口设挡雨片时，通风阻力较小，是较常用的方式，挡雨片与水平面的夹角多采用 $60°$。挡雨片高度一般为 $200\sim300\text{mm}$。在大风多雨地区和对挡雨要求较高时，可将第一个挡雨片适当加长。如图 9-68 所示。

当用石棉水泥波瓦做挡雨片时，常用型钢或钢三角架做檩条，两端置于支撑上，水泥波瓦挡雨片固定在檩条上。

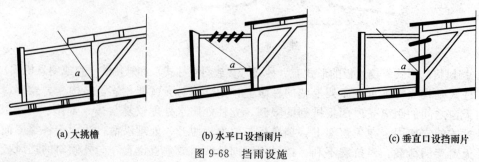

图 9-68　挡雨设施

（3）平天窗　平天窗是在带孔洞的屋面板上安装透光材料所形成的天窗。

① 平天窗的形式　平天窗的类型有采光板、采光罩和采光带三种。

采光板是在屋面板上留孔，装设平板透光材料。板上可开设几个小孔，也可开设一个通长的大孔。固定的采光板只作采光用，可开启的采光板以采光为主，兼作少量通风。如图9-69 所示。

采光罩是在屋面板上留孔装弧形透光材料，如弧形玻璃钢罩、弧形玻璃罩等。采光罩有固定和可开启两种。如图 9-70 所示。

采光带是指采光口长度在1m 以上的采光口。采光带根据屋面结构的不同形式，可布置成横向采光带和纵向采光带。如图 9-71 所示。

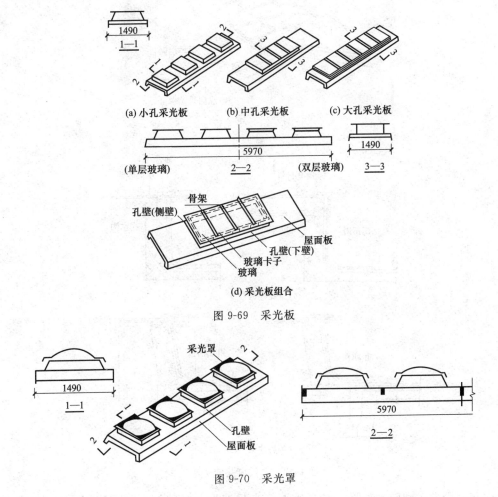

图 9-69　采光板

图 9-70　采光罩

② 平天窗的构造　平天窗构造的做法很多，视其类型、使用要求及材料和施工具体情况的不同，做法也略有差异，但其构造的主要内容基本相同。

a. 井壁是平天窗采光口四周凸起的边框。平天窗在采光口周围做井壁泛水，井壁上安放透光材料。泛水高度一般为 150～200mm。井壁有垂直和倾斜两种。井壁可用钢筋混凝土、薄钢板、塑料等材料制成。预制井壁现场安装，工业化程度高，施工快，但应处理好与屋面板之间的缝隙，以防漏水。如图 9-72 所示为平天窗井壁构造。

b. 玻璃与井壁之间的缝隙是防水的薄弱环节，可用聚氯乙烯胶泥或建筑油膏等弹性较好的材料垫缝，不宜用油灰等易干裂材料。

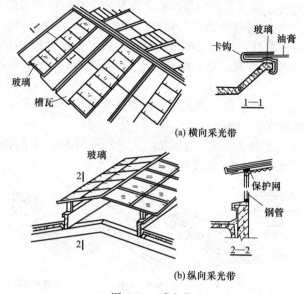

(a)横向采光带

(b)纵向采光带

图 9-71 采光带

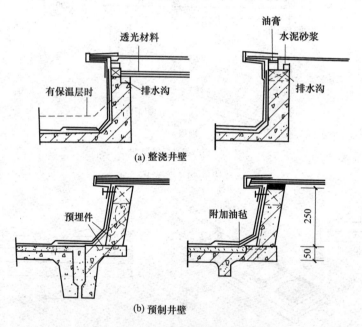

(a)整浇井壁

(b)预制井壁

图 9-72 平天窗井壁构造

c. 防太阳辐射和眩光。平天窗受直射阳光强度大、时间长，如果采用一般的平板玻璃和钢化玻璃透光材料，会使车间内过热和产生眩光，有损视力，影响安全生产和产品质量。因此应优先选用扩散性能好的透光材料，如磨砂玻璃、乳白玻璃、夹丝压花玻璃、玻璃钢等。也可在玻璃下面加浅色遮阳格卡，以减少直射光，增加扩散效果。

d. 安全防护。防止冰雹或其他原因破坏玻璃，保证生产安全，可采用夹丝玻璃。若采用非安全玻璃（如普通平板玻璃、磨砂玻璃、压花玻璃等），必须在玻璃下加设一层金属安全网。

e. 通风措施。南方地区采用平天窗时，必须考虑通风散热措施，使滞留在屋盖下表面的热气及时排至室外。目前采用的通风方式有两类：一是采光和通风结合处理，采用可开启的采光板、采光罩或带开启扇的采光板，既可采光又可通风，但使用不够灵活；二是采光和通风分开处理，平天窗只考虑采光，另外利用通风屋脊解决通风，构造较复杂。通风屋脊如图 9-73 所示。

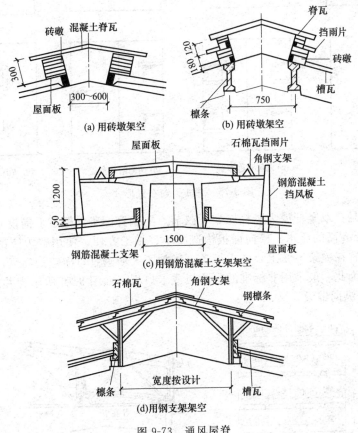

图 9-73 通风屋脊

（4）井式天窗　井式天窗是下沉式天窗的一种。下沉式天窗是将铺在屋架上弦的部分屋面板移到下弦铺设，利用屋架本身的高度，组成凹嵌在屋架中的一种天窗。它与上凸式天窗相比，省去了天窗架，减轻了屋盖自重，重心下降，利于抗震，且能改善日照和采光。但其

构造较为复杂，室内空间高度降低，下沉部分不宜清扫积雪和灰尘。如图 9-74 所示为井式天窗构造。

① 井式天窗的布置方式　井式天窗的布置方式有三种：单侧布置、两侧对称布置或错开布置、跨中布置。单侧或两侧布置的通风效果好，排水、清灰容易，但采光效果差。跨中布置的通风效果差，排水、清灰麻烦，但采光效果好。井式天窗布置形式如图 9-75 所示。

② 井底板铺设　井底板位于屋架下弦，搁置的方法有两种：横向铺板和纵向

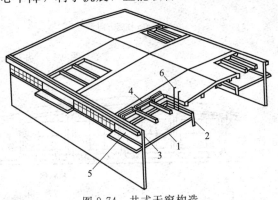

图 9-74 井式天窗构造

1—井底板；2—檩条；3—檐沟；
4—挡雨片；5—挡风侧墙；6—铁梯

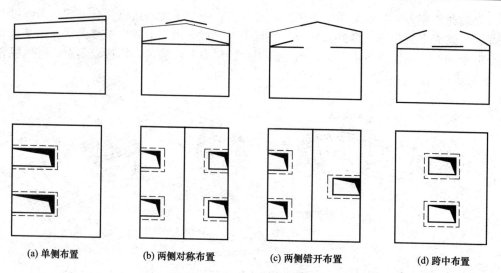

(a) 单侧布置　　(b) 两侧对称布置　　(c) 两侧错开布置　　(d) 跨中布置

图 9-75　井式天窗布置形式

铺板。横向铺设是在双竖杆或无竖杆屋架下弦节点上搁置檩条，檩条上铺设井底板，井底板边缘应做约 300mm 高的泛水。横向铺板构造简单、施工方便，使用较为广泛。纵向铺板是把井底板直接搁置在屋架下弦上，省去檩条，增加了天窗垂直口净空的高度，但有的板端与屋架腹杆相碰，为此一般采用非标准的出肋板或卡口板。如图 9-76 所示为井底板横向铺设，图 9-77 为井底板纵向铺设。

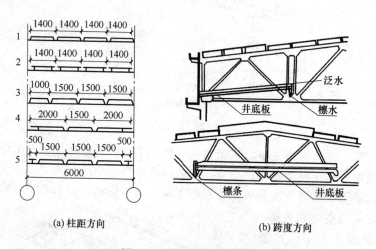

(a) 柱距方向　　　　　　　(b) 跨度方向

图 9-76　井底板横向铺设

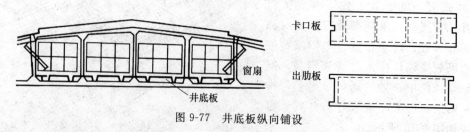

图 9-77　井底板纵向铺设

　　③ 挡雨设施　井式天窗通风口一般做成开敞式，不设窗扇，但井口必须设置挡雨设施。做法有：井上口挑檐、设挡雨片，垂直口设挡雨板等。井上口挑檐影响通风效果，因此多采

用井上口设挡雨片的方法。钢丝网水泥挡雨板安装构造如图 9-78 所示。

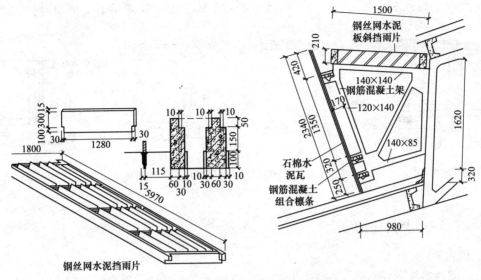

图 9-78　钢丝网水泥挡雨板安装构造

④ 窗扇设置　如果厂房有保暖要求，可在垂直井口或水平口设置窗扇。窗扇多为钢窗扇。沿厂房纵向的垂直口，可以安设上悬或中悬窗扇；与厂房长度方向垂直的横向垂直口，由于受屋架腹杆的影响，只能设置上悬窗扇。

受屋架坡度的影响，井式天窗横向垂直口是倾斜的，窗扇有两种做法。一种是矩形窗扇，可用标准窗组合，制作简单，但受力不合理，耐久性较差；另一种是平行四边形窗扇，它受力合理，但制作复杂。垂直口设窗扇如图 9-79 所示。

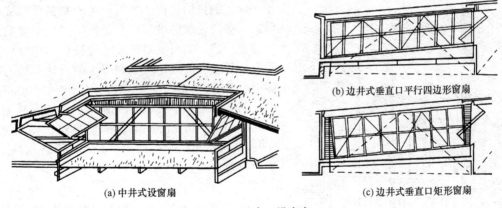

(a) 中井式设窗扇　　(b) 边井式垂直口平行四边形窗扇　　(c) 边井式垂直口矩形窗扇

图 9-79　垂直口设窗扇

⑤ 排水措施　井式天窗排水包括井口处的上层屋面板排水和下层井底板排水，构造较复杂。井式天窗有无组织排水、单层天沟排水、双层天沟排水等多种排水方式，可根据当地降雨量、车间灰尘量、天窗大小等情况进行选择。边井式天窗排水如图 9-80 所示。

a. 无组织排水。上下层屋面均做无组织排水，井底板的雨水经挡风板与井底板的空隙流出，构造简单，施工方便，适用于降雨量不大的地区。

b. 单层天沟排水。一种是上层屋檐做通长天沟，下层井底板做自由落水，适用于降雨量较大的地区。另一种是下层设置通长天沟，上层自由落水，适用于烟尘量大的热车间及降雨量大的地区。天沟兼作清灰走道时，外侧应加设栏杆。

c. 双层天沟排水。在降雨量较大的地区，灰尘较多的车间采用上下两层通长天沟有组织排水。这种形式构造复杂，用料较多。

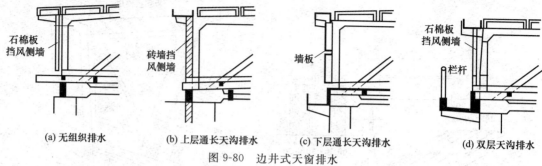

（a）无组织排水　　　（b）上层通长天沟排水　　（c）下层通长天沟排水　　（d）双层天沟排水

图9-80　边井式天窗排水

9.2.8　侧窗、大门构造

1. 侧窗

（1）侧窗的特点与类型　在工业厂房中，侧窗不仅要满足采光和通风的要求，还要根据生产工艺的需要，满足其他一些特殊要求。如有爆炸危险的车间，侧窗应便于泄压；要求恒温恒湿的车间，侧窗应有足够的保温隔热性能；洁净车间要求侧窗防尘和密闭等。由于工业建筑侧窗面积较大，在进行构造设计时，应在坚固耐久、开关方便的前提下，节省材料，降低造价。单层工业厂房侧窗如图9-81所示。

工业建筑侧窗一般采用单层窗，只有严寒地区在4m以下高度范围，或生产有特殊要求的车间（恒温、恒湿、洁净），才部分或全部采用双层窗。

工业建筑侧窗常用的开启方式有：平开窗、中悬窗、固定窗、垂直旋转窗等。

图9-81　单层工业厂房侧窗

（2）侧窗的尺度　单层厂房的侧窗可布置成矩形窗或横向通长的带形窗，带形窗多用于装配式大型墙板厂房。侧窗洞口的尺寸应符合《建筑模数协调统一标准》的规定，以利于窗的设计、加工制作标准化和定型化。洞口宽度：900～6000mm，其中：2400mm以内以300mm为扩大模数进级，2400mm以上以600mm为模数进级。洞口高度：900～4800mm，其中1200～4800mm以600mm为扩大模数进级。

（3）侧窗构造

① 木侧窗　工业建筑木侧窗的构造与民用建筑的木窗构造基本相同，但由于采光和通风的需要，厂房的侧窗面积较大，为了保证窗的整体刚度，窗料断面也随之增大，同时一个侧窗往往用几个基本窗拼框而成。考虑到我国木材紧缺的现状以及木侧窗使用中的问题，其应用有逐步被钢窗替代的趋势。木窗拼框节点如图9-82所示。

② 钢侧窗　钢侧窗具有耐久、不易变形、关闭严密、透光率高等特点，在工业厂房中应用较广，但导热性大，耐腐蚀性差，不宜用于腐蚀性介质的车间。常见的钢侧窗有实腹钢窗和空腹钢窗。

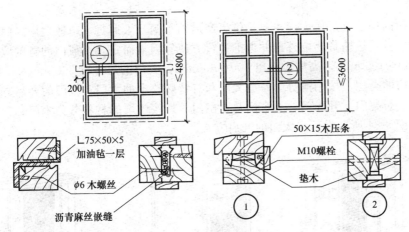

图 9-82　木窗拼框节点

　　a. 实腹钢窗。工业厂房钢侧窗多采用标准钢窗型钢，它适用于中悬窗、固定窗和平开窗，窗口尺寸以 300mm 为模数。为了便于制作和安装，基本钢窗的尺寸一般不宜大于 1800mm×2400mm（宽×高）。大面积的钢侧窗需由若干个基本窗拼接而成，即组合窗。横向拼接时，左右窗框间需加竖梃，当仅有两个基本窗横向组合，洞口尺寸≤2400mm×2400mm 时，可用 T 形钢作竖梃拼接。若有两个或两个以上基本窗横向组合，以及组合高度大于 2400mm 时，可用圆钢管作竖梃。竖向拼接时，当跨度在 1500mm 内，可用拔水板作横挡，跨度大于 1500mm 时，为保证组合窗的整体刚度和稳定性，需用角钢或槽钢作横挡，以支承上部钢窗重量。组合窗中所有竖梃和横挡两端必须插入窗洞四周墙体的预留洞内，并用细石混凝土填实。钢窗拼装构造如图 9-83 所示。

　　b. 空腹钢窗。空腹钢窗是用冷轧低碳带钢经高频焊接轧制成型。它具有重量轻、刚度大等优点，与实腹钢窗相比可节约钢材 40%～50%，但不宜用于有酸碱介质腐蚀的车间。

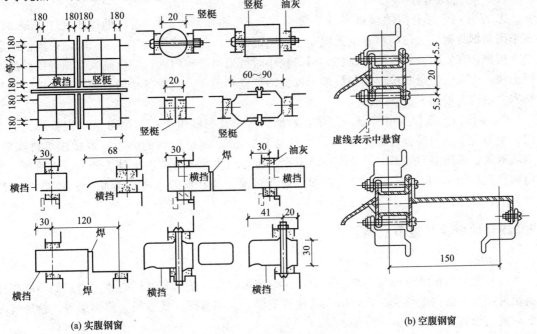

(a) 实腹钢窗　　　　　　　　　　　　　　　　(b) 空腹钢窗

图 9-83　钢窗拼装构造

2.厂房大门

（1）大门的尺寸 厂房大门主要是供生产运输车辆及人通行、疏散之用。门的尺寸应根据所需运输工具、运输货物的外形并考虑通行方便等因素而定。一般门的宽度应比满载货物的车辆宽 600～1000mm，高度应高出 400～600mm。大门的尺寸以 300mm 为模数。

（2）大门的类型 按用途分为一般大门和有特殊要求的大门；按门的开启方式分有平开门、推拉门、折叠门、升降门、卷帘门及上翻门等；按门扇的材料分为木门、钢板门、铝合金门等。如图 9-84 所示为厂房大门的开启方式。

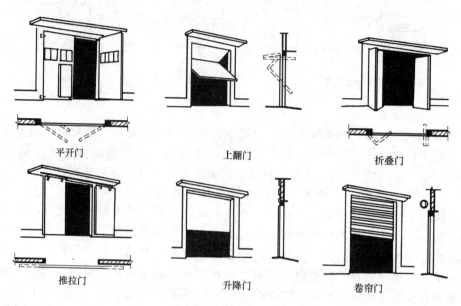

图 9-84 厂房大门的开启方式

（3）大门的构造

① 平开门 平开门的洞口尺寸一般不宜大于 3.6m×3.6m，当门的面积大于 5m² 时，宜采用角钢骨架。大门门框有钢筋混凝土和砖砌两种。门洞宽度大于 3.6m 时，采用钢筋混凝土门框，在安装铰链处预埋铁件。洞口较小时可采用砖砌门框，墙内砌入有预埋铁件的混凝土块，砌块的数量和位置应与门扇上铰链的位置相适应。一般每个门扇设两个铰链。平开钢木大门构造如图 9-85 所示。

② 推拉门 推拉门由门扇、门轨、地槽、滑轮及门框组成。门扇可采用钢板门、钢木门、空腹薄壁钢门等。每个门扇的宽度不大于 1.8m，根据门洞的大小，可做成单轨双扇、双轨双扇、多轨多扇等形式，常用单轨双扇。推拉门支承的方式有上挂式和下滑式两种，当门扇高度小于 4m 时，采用上挂式，即门扇通过滑轮挂在洞口上方的导轨上。如图 9-86 所示为上挂式推拉门构造。

9.2.9 地面及其他节点构造

1.地面

（1）地面的组成与类型 单层工业厂房地面由面层、垫层和基层组成。当它们不能充分满足适用要求或构造要求时，可增设其他构造层，如结合层、找平层、隔离层等；特殊情况下，还需设置保温层、隔声层等。

① 面层及其选择 有整体面层和块料面层两大类。由于面层是直接承受各种物理、化学

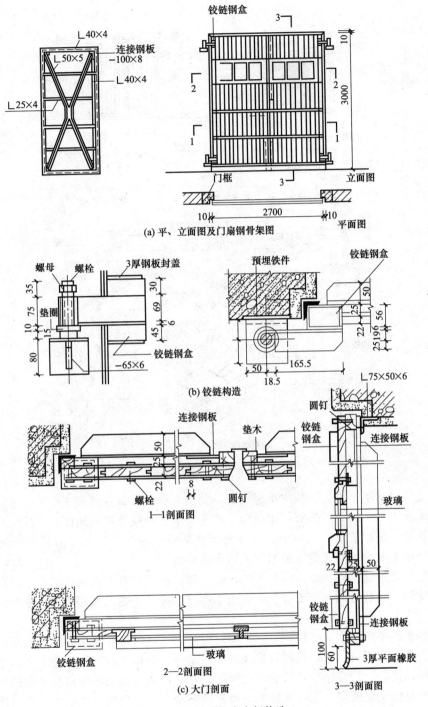

图 9-85 平开钢木大门构造

作用的表面层，因此应根据生产特征、使用要求和技术经济条件来选择面层。

② 垫层的设置与选择 垫层是承受并传递地面荷载至基层的构造层。按材料性质不同，垫层可分为刚性垫层、半刚性垫层和柔性垫层三种。

刚性垫层是指用混凝土、沥青混凝土和钢筋混凝土等材料做成的垫层。它整体性好，不

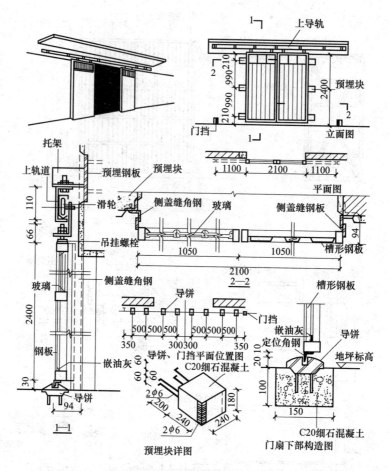

图 9-86　上挂式推拉门构造

透水、强度大，适用于直接安装中小型设备、受较大集中荷载且要求变形小的地面，以及有侵蚀性介质或大量水、中型溶液作用或面层构造要求为刚性垫层的地面。

半刚性垫层是指灰土、三合土、四合土等材料做成的垫层。其受力后有一定的塑性变形，可以利用工业废料和建筑废料制作，因而造价低。

柔性垫层是用砂、碎（卵）石、矿渣、碎煤渣、沥青碎石等材料做成的垫层。它受力后产生塑性变形，但造价低，施工方便，适用于有较大冲击、剧烈振动作用或堆放笨重材料的地面。

垫层的选择还应与面层材料相适应，同时应考虑生产特征和使用要求等因素。如现浇整体式面层、卷材及塑料面层以及用砂浆或胶泥做结合层的板块状面层，其下部的垫层宜采用混凝土垫层；用砂、炉渣做结合层的块材面层，宜采用柔性垫层或半刚性垫层。

垫层的厚度主要根据作用在地面上的荷载情况来定，其所需厚度应按《工业建筑地面设计规范》的有关规定计算确定。按构造要求的最小厚度及最低强度等级配合比，可参考下表选用。

混凝土垫层应做接缝。接缝按其作用可分为伸缝和缩缝两种。厂房内混凝土垫层因室内受温度变化影响不大，故不设伸缝，只设缩缝。缩缝分为纵向和横向两种，平行于施工方向的缝称为纵向缩缝，垂直于施工方向的缝称为横向缩缝。

表 垫层的厚度

序 号	名 称	最小厚度/mm	最低强度等级和配合比
1	混凝土	60	C7.5（水泥、砂、碎石）
2	四合土	80	1：1：6：12（水泥、石灰渣、砂、碎砖）
3	三合土	100	1：3：6（石灰、砂、粒料）
4	灰 土	100	2：3（石灰、素土）
5	粒 料	60	（砂、煤渣、碎石等）

纵向缩缝间距为 3～6m，横向缩缝间距为 6～12m。纵向缩缝宜采用平头缝；当混凝土垫层厚度大于 150mm 时，宜采用企口缝。横向缩缝则采用假缝的形式，即上部有缝，但不贯通地面，其目的是引导垫层的收缩裂缝集中于该处。

③ 基层（地基）是承受上部荷载的土壤层，是经过处理的基土层，最常见的是素土夯实。地基处理的质量直接影响地面承载力，地基土不应用过湿土、淤泥、腐殖土、冻土及有机物含量大于 8％的土做填料。若地基松软，可加入碎石、碎砖或铺设灰土夯实，以提高强度，用单纯加厚混凝土垫层和提高其强度等级的办法来提高承载力是不经济的。

④ 结合层、隔离层、找平层

a. 结合层　应根据面层和垫层的条件来选择，水泥砂浆或沥青砂浆结合层适用于有防水、防潮要求或稳固而无变形的地面。当地面有防酸防碱要求时，结合层应采用耐酸砂浆或树脂胶泥等。此外，块材、板材之间的拼缝也应填以与结合层相同的材料，有冲击荷载或高温作用的地面常用砂做结合层。

b. 隔离层　其作用是防止地面腐蚀性液体由上向下或地下水由下向上渗透扩散。如果厂房地面有侵蚀性液体影响垫层时，隔离层应设在垫层之上，可采用再生油毡（一毡二油）或石油沥青油毡（二毡三油）来防止渗透。地面处于地下水位毛细管作用上升范围内，而生产上又需要有较高的防潮要求时，地面需设置防水的隔离层，且隔离层应设在垫层下，可采用一层沥青混凝土或灌沥青碎石的隔离层。

c. 找平层　起找平或找坡的作用。当面层较薄，要求面层平整或有坡度时，垫层上需设找平层。在刚性垫层上，找平层一般为 20mm 厚 1：2 或 1：3 水泥砂浆；在柔性垫层上，找平层宜采用细石混凝土制作（不小于 30mm 厚）。找坡层常为 1：1：8 水泥石灰炉渣做成（最薄处 30mm 厚）。

（2）常见地面的构造做法

① 单层整体地面　是将面层和垫层合为一层直接铺在基层上。常用的地面有：

a. 灰土地面　素土夯实后，用 3：7 灰土夯实到 100～150mm 厚。

b. 矿渣或碎石地面　素土夯实后用矿渣或碎石压实至不小于 60mm 厚。

c. 三合土夯实地面　100～150mm 厚素土夯实以后，再用 1、3、5 或 1、2、4 石灰、砂（细炉渣）、碎石（碎砖），三合土夯实。这类地面可承受高温及巨大的冲击作用，适用于平整度和清洁度要求不高的车间，如铸造车间、炼钢车间、钢坯库等。

② 多层整体地面　此地面垫层厚度较大，面层厚度薄。不同的面层材料可以满足不同的生产要求。

a. 水泥砂浆地面　与民用建筑构造做法相同。为增加耐磨要求，可在水泥砂浆中加入适量铁粉。此地面不耐磨，易起尘，适用于有水、中性液体及油类作用的车间。

b. 水磨石地面　同民用建筑构造，若对地面有不起火要求，可采用与金属或石料撞击不起火花的石子材料，如大理石、石灰石等。此地面强度高、耐磨、不渗水、不起灰，适用于对清洁要求较高的车间，如汽轮发电机车间、计量室、仪器仪表装配车间、食品加工车间等。

c. 混凝土地面　有 60mm 厚 C15 混凝土地面和 C20 细石混凝土地面等。为防止地面开裂，可在面层设纵横向的分仓缝，缝距一般为 12m，缝内用沥青等防水材料灌实。如采用密实的石灰石、碱性的矿渣等做混凝土的骨料，可做成耐碱混凝土地面。此地面在单层工业厂房中应用较多，适用于金工车间、热处理车间、机械装配车间、油漆车间、油料库等。

d. 水玻璃混凝土地面　水玻璃混凝土由耐酸粉料、耐酸砂子、耐酸石子配以水玻璃胶黏剂和氟硅酸钠硬化剂调制而成。此地面机械强度高、整体性好，具有较高的耐酸性、耐热性，但抗渗性差，需在地面中加设防水隔离层。水玻璃混凝土地面多用于有酸腐蚀作用的车间或仓库。

e. 菱苦土地面　菱苦土地面是在混凝土垫层上铺设 20mm 厚的菱苦土面层。菱苦土面层由苛性菱镁矿、砂子、锯末和氯化镁水溶液组成，具有良好的弹性、保温性能，不产生火花，不起灰。适用于精密生产装配车间，计量室和纺纱、织布车间。

③ 块材地面　是在垫层上铺设块料或板料的地面，如砖块、石块、预制混凝土地面砖、瓷砖、铸铁板等。块材地面承载力强，便于维修。

a. 砖石地面　砖地面面层由普通砖侧砌而成，若先将砖用沥青浸渍，可做成耐腐蚀地面。石材地面有块石地面和石板地面，这种地面较粗糙、耐磨损。

b. 预制混凝土板地面　采用 C20 预制细石混凝土板做面层。主要用于预留设备位置或人行道处。

c. 铸铁板地面　有较好的抗冲击和耐高温性能，板面可直接浇筑成凸纹或穿孔防滑。

（3）地面细部构造

① 地面变形缝　地面变形缝的位置应与建筑物的变形缝一致。同时，在一般地面与振动大的设备基础之间应设变形缝，地面上局部堆放荷载与相邻地段的荷载相差悬殊时也应设变形缝。

变形缝应贯穿地面各构造层，宽度为 20～30mm，用沥青类材料填充。变形缝处理如图 9-87 所示。

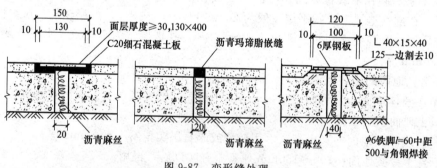

图 9-87　变形缝处理

② 地面坡度与地沟　生产中需经常冲洗或需排除各种液体的地面，必须设置排水坡和排水沟。较光滑的地面坡度取 1%～2%，较粗糙的地面坡度可取 2%～3%。地面排水一般多用明沟，明沟不宜过宽，以免影响通行和生产操作，一般为 100～250mm，过宽时加设盖板或箅子，沟底最浅处为 100mm，沟底纵向坡度一般为 0.5%。敷设管线的地沟，沟壁用砖砌，其厚度一般不小于 240mm，要求防水时，沟壁及沟底均应做防水处理。沟深及沟宽根据敷设检修管线的要求确定。盖板根据荷载大小制成配筋预制板。

③ 坡道　厂房出入口处为便于各种车辆通行，在门外侧设坡道，坡道两侧一般较门洞口各宽 500mm，坡度一般为 10%～15%，最大不超过 30%，若采用大于 10% 的坡度，其面层

应做防滑齿槽。

2. 钢梯

（1）作业平台钢梯　作业平台钢梯是指工人上下生产作业平台或跨越生产设备的交通联系工具，作业平台钢梯由踏步、斜梁、平台三部分组成。坡度一般较陡，有45°、59°、73°、90°四种。作业平台钢梯如图9-88所示。

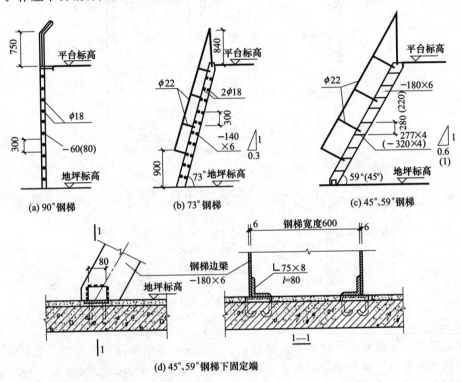

图 9-88　作业平台钢梯

（2）吊车梯　吊车梯是为吊车司机上下操作室而设。吊车梯的位置宜布置在厂房端部的第二个柱距内。一般每台设一部吊车梯吊车。吊车梯由梯段和平台两部分组成，梯段坡度一般为63°，宽度为600mm，平台标高应低于吊车梁底面1800mm以上，避免司机上下时碰头。吊车钢梯及连接如图9-89所示。

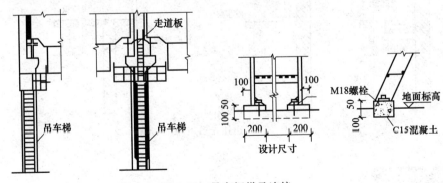

图 9-89　吊车钢梯及连接

（3）屋面检修梯　屋面检修梯是为屋面检修、清灰、清除积雪和擦洗天窗而设，同时兼作消防梯用。

屋面检修梯通常是沿厂房周边每200m以内设置一部,当厂房面积较大时,可根据实际情况增设1~2部。检修梯的形式多采用直立式,如图9-90所示。

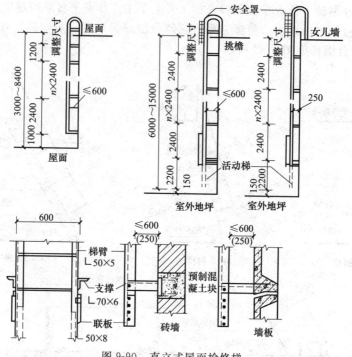

图9-90 直立式屋面检修梯

3. 走道板

安全走道板,为维修吊车轨道和检修吊车,沿吊车梁顶面铺设,由支架、走道板、栏杆组成。常用的走道板为预制钢筋混凝土板,其宽度有400m、600mm、800mm三种。走道板的两端搁置在柱子侧面的钢牛腿上,并与之焊牢。边柱走道板布置如图9-91所示。

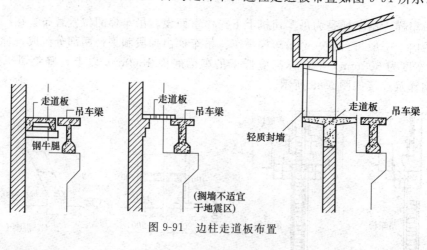

图9-91 边柱走道板布置

📝 本章小结

1. 工业厂房是进行工业生产的房屋,其特点:厂房平面要根据生产工艺的特点设计;厂房内部空间较大;厂房的建筑构造复杂;厂房骨架的承载力较大。

2. 单层工业厂房由承重构件（屋盖结构、吊车梁、连系梁、基础梁、柱、基础），围护构件（外墙、屋面、天窗），支撑构件（柱间支撑、屋盖支撑）组成。厂房的结构形式有排架和刚架两种。

3. 厂房的起重运输设备有悬挂吊车、梁式吊车、桥式吊车。

4. 单层厂房的定位轴线分为横向定位轴线和纵向定位轴线。纵、横向定位轴线在平面上形成有规律的网格称为柱网。定位轴线的定位以柱网布置为基础，是设备安装和施工放线的依据。

5. 单层工业厂房的屋盖结构分为无檩体系和有檩体系。无檩体系由大型屋面板、屋架或屋面梁、屋盖支撑组成。有檩体系由小型屋面板、檩条、屋架或屋面梁、屋盖支撑组成。

6. 大跨度和多跨度单层厂房中，仅靠侧窗不能满足自然采光和通风要求，常在屋面上设置天窗，天窗的类型有上凸式天窗、下沉式天窗、平天窗。

7. 单层厂房外墙构造按其材料类别可分为砖墙、砌块墙、板材墙等；按其承重形式则可分为承重墙、自承重墙和框架墙等。

8. 工业建筑的侧窗根据开启方式的不同可分为中悬窗、平开窗、立转窗和固定窗等类型。侧窗材料主要采用钢材和木材。由于单层厂房的侧窗面积较大，因此一个侧窗往往是由几个基本扇拼框组成。

9. 单层厂房大门的宽度与所用运输工具的尺寸密切相关。大门的常用材料有木、钢木、普通型钢和空腹型钢等，常见开启方式有平开、推拉、折叠、升降、上翻、卷帘等。平开门可采用钢筋混凝土门框或砖砌门框。推拉门有上挂式和下滑式两种。

10. 金属梯根据其作用的不同分为作业平台梯、吊车梯、屋面检修梯。

 复习思考题

1. 单层厂房荷载的传递路线是什么？
2. 单层厂房各主要构件之间是如何连接的？
3. 确定柱网尺寸时对跨度、柱距有什么要求？
4. 厂房的中柱、端柱以及横向变形缝处柱的横向定位轴线如何确定？
5. 杯形基础的构造要求是什么？
6. 基础梁的搁置形式及要求是什么？
7. 屋盖结构中无檩体系和有檩体系的区别是什么？
8. 单层厂房的支撑系统有几种？其作用和布置是什么？
9. 墙与柱相对位置有几种？
10. 按开启方式侧窗有几种形式？各适用条件是什么？
11. 矩形天窗由哪些构件组成？构造特点是什么？
12. 井式天窗主要的组成部分是什么？

参考文献

[1] 王崇杰. 房屋建筑学. 北京：中国建筑工业出版社，1997.
[2] 李必瑜. 房屋建筑学. 武汉：武汉工业大学出版社，2000.
[3] 同济大学等. 房屋建筑学. 北京：中国建筑工业出版社，2006.
[4] 王万江等. 房屋建筑学. 重庆：重庆大学出版社，2003.
[5] 郝峻弘. 房屋建筑学. 北京：清华大学出版社，2010.
[6] 李必瑜，魏宏杨. 建筑构造（上）. 北京：中国建筑工业出版社，2008.
[7] 刘建荣，翁季. 建筑构造（下）. 北京：中国建筑工业出版社，2008.
[8] 郑贵超，赵庆双. 建筑构造与识图. 北京：北京大学出版社，2009.
[9] 赵研. 建筑识图与构造. 北京：中国建筑工业出版社，2004.
[10] GB 50352—2005 民用建筑设计通则.
[11] GB 50016—2006 建筑设计防火规范.
[12] GB 50045—95（2005 版）高层民用建筑设计防火规范.
[13] GB 50038—2005 人民防空地下室设计规范.
[14] JGJ 39—87 托儿所、幼儿园建筑设计规范.
[15] GB 50386—2005 住宅建筑规范.
[16] GB 50001—2010 房屋建筑制图统一标准.
[17] GB 50104—2010 建筑制图统一标准.